JN303931

半導体デバイスの物理

岸野 正剛 著

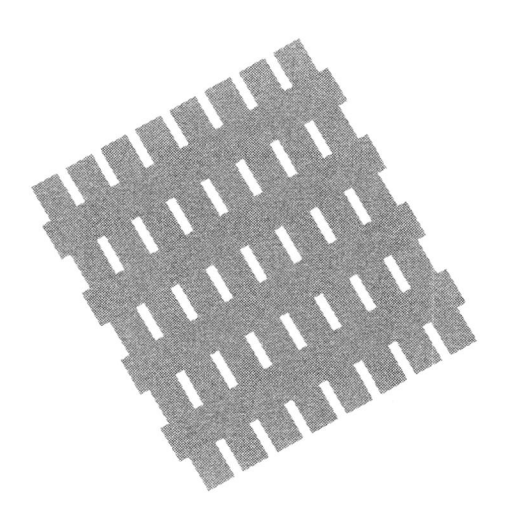

丸善出版

まえがき

　世の中では超 LSI（VLSI）と半導体（デバイス）を同義語と思っている人が多いようであるが，事実は，VLSI は半導体デバイスで作られているのである．いま，全盛を謳歌しているパソコンやワークステーションなどのコンピュータは VLSI を使って製造されており，現在の私達の生活は半導体デバイスを抜きにしては考えられない．

　現在もっとも多く使われている半導体デバイスは，遅れてやってきた MOS（Metal-Oxide-Semiconductor）デバイスである．遅れたというのは，Shockley 達の発明した接合型（バイポーラ）トランジスタに比べてである．MOS デバイスの開発が遅れた理由は，このデバイスの動作原理と密接な関係があるわけであるが，教科書的な本にはこのことが記述されていない場合が多い．執筆ページ数に制限があるからである．もう一つの理由は，バイポーラトランジスタは半導体デバイスの基礎事項として説明されるが，これには多くの紙面を要するからである．本書では MOS デバイスに重点を置くことにし，思い切ってバイポーラトランジスタの記述をほぼ削除し，MOS デバイスの開発が遅れた理由にかかわる，半導体表面や界面の電荷の問題をやや詳しく記述することにした．

　本書でもう一つ強調したいことは，簡単にではあるがデバイスの物理について量子論的な説明を加えたことである．これには二つの理由がある．一つには最近は微細な構造の先端デバイスが開発され始めて，実用的なデバイスにおいても量子論的な考察が必要になってきたことである．他の理由としては，もともと半導体デバイスの動作は，量子力学に基礎を置く原理に基づいているからである．それにもかかわらず，半導体デバイスの理論があまりにもきれいに整備されているために，半導体デバイスには量子論など必要でないかのような錯覚に陥りやすい．

しかし，このことはかならずしも望ましいことではないからである．

　そのよい例にキャリアの有効質量がある．この概念ほど分かりにくいものはない．"有効質量を用いれば結晶の中の電子の運動は（周期ポテンシャルが存在するにもかかわらず，何も存在しない）自由空間における運動と同じように見なしてよい"というのであるが，この説明は量子論抜きにしては理解できない．この理由についても正面から説明することにした．さらに，半導体デバイスで主役を演じる電子はフェルミ粒子であるが，自然界にはこれと性質が全く異なるボース粒子も存在することを記述して，電子の運動に対する理解が深まるように心掛けた．

　本書の11章以降にはVLSI技術に関連したデバイスの動作やこのデバイスに特有な効果などについても，時代の要請にあわせて多少記述した．また，13章にはVLSIデバイスの製造工程であるLSIプロセスの基本事項についても記述した．(V)LSIプロセスはきわめて複雑で，一般には分かりにくいものであるが，MOSデバイスの基本とLSIプロセスの基本が分かっていれば，一見複雑であっても要点は理解できるのでここで試みたわけである．本書の記述は出来るだけ平易にし，図表も可能な限り多く使用して，丁寧に読んでいただけさえすれば独習によっても理解できるように心掛けた．

　最後に，原稿の段階で一読してもらい有益なコメントをいただいた，私の講座の助手を勤めてもらっている吉田晴彦博士に深謝したい．また，本書の出版に際してお骨折りくださった丸善出版事業部の中村俊司氏にお礼申し上げたいと思う．

　　1995年　早春

　　　　　　　　　　　　　　　　　　　　　　　　　岸　野　正　剛

目　次

1　半導体中のキャリアの運動 …………………………………………1
　　1・1　半　導　体　と　は …………………………………………1
　　1・2　キ　ャ　リ　ア …………………………………………4
　　1・3　キャリアの散乱と電気抵抗 …………………………………5
　　1・4　キャリアの散乱と移動度 ……………………………………6
　　1・5　拡散とドリフト ………………………………………………9

2　エネルギーバンドと有効質量 ………………………………………13
　　2・1　格子の中でのキャリアの運動 ………………………………13
　　2・2　エネルギーバンド ……………………………………………16
　　　　　　　──かこみ1── ………………………………………20
　　2・3　有　効　質　量 ………………………………………………21

3　真性半導体と不純物半導体 …………………………………………25
　　3・1　エネルギーバンドとフェルミ準位 …………………………25
　　3・2　絶縁体と金属 …………………………………………………26
　　3・3　真　性　半　導　体 …………………………………………28
　　3・4　不　純　物　半　導　体 ……………………………………29
　　3・5　フェルミ統計とキャリア密度 ………………………………32

4　キャリアの注入とその振舞い ………………………………………39
　　4・1　局在準位と浅い準位，深い準位 ……………………………39

　　　　4・2　Shockley-Read モデル ……………………………… 41
　　　　4・3　少数キャリアの寿命 …………………………………… 46
　　　　4・4　光伝導効果 ……………………………………………… 48
　　　　4・5　過剰少数キャリアに対する連続の方程式 …………… 50
　　　　4・6　キャリアの注入とキャリアの分布 …………………… 52

5　表面, 界面と電子準位 ……………………………………………… 57
　　　　5・1　表面および界面の特殊性と電子構造 ………………… 57
　　　　5・2　表面, 界面の局在準位とキャリア …………………… 61

6　p-n 接合とその特性 ………………………………………………… 65
　　　　6・1　p-n 接合と p-n 接合ダイオード ……………………… 65
　　　　6・2　空乏層と空間電荷領域 ………………………………… 67
　　　　6・3　内　部　電　位 ………………………………………… 69
　　　　6・4　ポアソンの方程式を用いた解析 ……………………… 72
　　　　6・5　空乏層容量と C-V 特性 ………………………………… 76
　　　　6・6　電流-電圧特性 ………………………………………… 78
　　　　　　　　　──かこみ2── …………………………………… 86
　　　　6・7　p-n 接合の逆方向特性 ………………………………… 89
　　　　6・8　トンネルダイオード ……………………………………… 93
　　　　6・9　接合のスイッチング特性 ……………………………… 96

7　M-S 接合とその特性 ………………………………………………… 99
　　　　7・1　ショットキー障壁とエネルギーバンド図 …………… 99
　　　　7・2　鏡像力とショットキー効果 ………………………… 103
　　　　7・3　ショットキー障壁ダイオード ………………………… 105
　　　　7・4　オーミック接触 ……………………………………… 109

8　MOS 構造と MOS 電界効果 ……………………………………… 111
　　　　8・1　MOS ダイオード ……………………………………… 111

8・2　理想MOS構造 ……………………………………………113
　8・3　MOS電界効果 ……………………………………………114
　8・4　界面トラップと電界効果 ………………………………118
　8・5　MOS表面のポテンシャル分布 …………………………120
　8・6　MOS表面の電荷密度の表面ポテンシャル依存性 ……127
　8・7　実際のMOS構造 …………………………………………130
　8・8　反転しきい値電圧 ………………………………………131

9　MOSダイオードの諸特性と酸化膜および界面の電荷 ………133
　9・1　MOS・C-V 特性 ………………………………………133
　9・2　酸化膜および界面の電荷 ………………………………138
　9・3　MOS・C-t 特性とキャリアの動き …………………145

10　MOSトランジスタとMOSインバータ ………………………151
　10・1　MOSトランジスタの概要 ……………………………151
　10・2　エンハンスメント型とデプレッション型 …………155
　10・3　MOSTへの界面トラップの影響 ……………………157
　10・4　ロングチャネルモデルによる電流-電圧特性の解析 …158
　10・5　チャネルコンダクタンスと相互コンダクタンス ……168
　10・6　しゃ断周波数とスイッチング速度 …………………170
　10・7　MOSインバータ ………………………………………170

11　CMOSデバイスとラッチアップ ………………………………175
　11・1　CMOSインバータ ……………………………………175
　11・2　CMOSインバータの構造と特徴 ……………………178
　11・3　ラッチアップ現象とその対策 ………………………179
　11・4　SOIウェーハ …………………………………………182

12　微細MOSデバイスのショートチャネル効果 ………………185
　12・1　MOSTの微細化と問題点 ……………………………185

12・2　ショートチャネル効果 …………………………………187
　　12・3　サブスレッショルド特性 ……………………………189
　　12・4　ホットキャリアとその対策 …………………………191

13　LSI プロセスの基礎 …………………………………………195
　　13・1　LSI プロセスの概要 …………………………………195
　　13・2　寄生デバイス …………………………………………198
　　13・3　LOCOS プロセス ……………………………………199
　　13・4　Si ゲートプロセス ……………………………………201
　　13・5　nMOS プロセスと CMOS プロセス ………………204

付　　録 ……………………………………………………………207
　基本定数と換算表 ………………………………………………207
　付録A　有効質量の式の導出 …………………………………207
　付録B　フェルミ粒子とボース粒子およびその統計 ………209
　付録C　状態密度の導出 ………………………………………211
　付録D　トンネル現象 …………………………………………212
　付録E　サイリスタ ……………………………………………213
　付録F　LSI メモリデバイス …………………………………214
　参　考　書 ………………………………………………………219

索　　引 ……………………………………………………………221

1 半導体中のキャリアの運動

 半導体デバイスの動作はキャリアの移動に基づいている．したがって，半導体デバイスの動作を知るには，キャリアが半導体の中でどのように運動するかについてよく理解しておく必要がある．そこで，この章では半導体の性質について簡単に説明したあと，半導体デバイスの動作の基本になるキャリアには伝導電子と正孔があることを述べる．次いで，キャリアの散乱によってキャリアの移動速度が制限されて電気抵抗が増大すること，すなわち，電気抵抗の起源について説明するとともに，キャリアの移動度について考察する．以上の基本的な事項についての考察の後，キャリアの移動が電界（電圧）によるほか，キャリアの場所的な濃度差に基づく拡散によっても起ることを強調する．電子が電圧を加えることによって動くことはあまりにも良く知られているために，これが拡散によっても動くことがおろそかにされていて，そのためにn-p-n（またはp-n-p）バイポーラトランジスタの動作についての理解が困難になっているきらいがあるからである．

1・1 半導体とは

 われわれの周りには多くの物質がある．この物質は大別すると気体，液体そして固体である．これらを原子(atom)のスケールで見ると図1・1に漫画的に示すようになるであろう．すなわち，図1・1(a)の気体では各原子はまばらに配置しておりその密度は低い．図1・1(b)の液体では原子の密度は高くなるがその配置はランダムである．原子の密度がさらに高くなったものが図1・1(c)に示す固体である．

 固体には原子の配列の仕方によって3種類のものが存在する．一つは非晶質（アモルファス）と呼ばれるものでその構造は図1・1(b)の液体に似ている．しかし，この場合には非常に狭い範囲では原子の配置にある種の規則性がある．二つ目は図1・1(c)に示す結晶（単結晶）である．単結晶では原子は図1・1(c)に示すように規則正しく配

1 半導体中のキャリアの運動

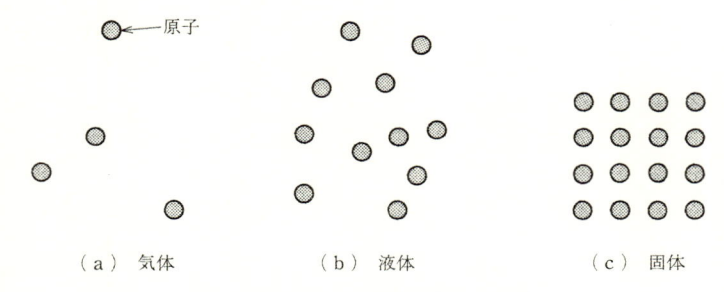

(a) 気体　　　(b) 液体　　　(c) 固体

図1・1　気体，液体，固体を表す原子の配列

列しているとともに，原子の密度が高くなっている．三つ目は多結晶と呼ばれるもので多くの小さいサイズの単結晶で構成されていて，各々の小さいサイズの単結晶の位置関係に規則性のないものである．われわれの身の囲りにある金属性の構造材料（鉄やアルミニウム）にはこの多結晶状態のものが多い．

さて，半導体であるがこれはもちろん固体であり，これには非晶質，多結晶および単結晶の3種類の状態のものがあるが，単結晶の場合が基本になるので本書ではこの場合に限って述べることにする．しかし，最近では非晶質や多結晶状態の半導体を使った半導体デバイスも多く実用化されており，その中には太陽電池，液晶デバイス駆動用の TFT（Thin Film Transistor：薄膜トランジスタ）などもあることを指摘しておきたい．

半導体はその名前の示す通り完全な導体でもなく，完全な絶縁体でもなく図1・2に

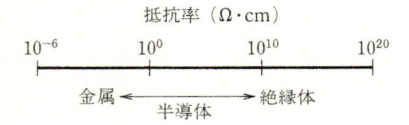

抵抗率（$\Omega \cdot cm$）
10^{-6}　　10^{0}　　10^{10}　　10^{20}
金属　←→　絶縁体
　　　半導体

図1・2　半導体（の抵抗率）の範囲

示すように，その電気抵抗率は金属と絶縁体の間に広い範囲の値をもっている．しかも，その電気抵抗が不純物の添加によって変化するばかりでなく，光を照射したり，（一定の条件の下に）電圧を加えたりすると，その抵抗率が変化する性質をもっている．これらの多様な性質が半導体を電子デバイスに応用することを可能にしていると同時に，この材料で作られる半導体デバイスを有用なものにしている．

本書で述べる半導体は必ずしも特定の物質に限るものではないが，本書の中心課題である MOS（Metal-Oxide-Semiconductor）デバイスはシリコン（Si）結晶のみで実用化されているので，本書はだいたいは Si を念頭において記述していると考えても

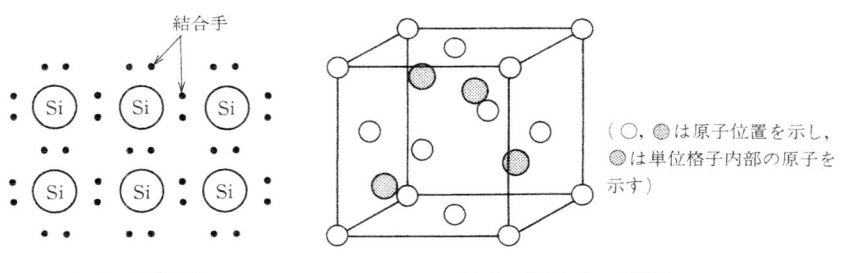

1・1 半導体とは 3

（ ○，◎は原子位置を示し，◎は単位格子内部の原子を示す）

（a）共有結合　　　　　（b）ダイヤモンド構造

図1・3　結晶：その結合と構造

らいたい．ただし，必要に応じてGaAsなどの化合物半導体とそのデバイスについても触れておきたいと思う．

Si結晶は図1・3に示すように原子間の結合状態は共有結合［図(a)］であり，結晶構造は図1・3(b)に示すようにダイヤモンド構造である．すなわち，あの宝石のダイヤモンド（炭素の単結晶）と同じ構造をしている．このためにSi単結晶はきわめて硬く，かつ，非常に強靱である．このお陰でこの結晶は半導体製造プロセスのきわめて過酷な条件にも耐えられるのである．図1・3(b)に示すダイヤモンド構造ではすべての構成原子は同じであるが，この図で単位格子を作る内部の原子のみが異なる元素で構成される場合には，その構造はせん亜鉛鉱構造と呼ばれ，GaAsなどはこの構造の結晶に属している．

ここで，Si結晶の原子密度を簡単に計算しておこう．図1・3(b)に示すダイヤモンド構造では，Si原子は単位格子の八つの角に各1個，六つの面心に各1個あり，それらはそれぞれ隣合う8個および2個の他の単位格子と原子を共有している．また，単位格子の内部には4個のSi原子が存在するので，単位格子当りのSi原子の数 n は次のようになる．

$$n = \frac{1}{8} \times 8 + \frac{1}{2} \times 6 + 4 \tag{1・1}$$

また，Si結晶の単位格子の一辺の長さ（格子定数）d は5.430Åなので，Si原子の密度 N_{Si} は次のように計算される．

$$N_{\mathrm{Si}} = \frac{8}{5.430^3 \times 10^{-24} \mathrm{cm}^3} \fallingdotseq 5 \times 10^{22} \mathrm{cm}^{-3} \tag{1・2}$$

なお，単結晶の各格子面は記号 (hkl) で表示されるが，これはミラー指数と呼ばれるもので，h，k，l はそれぞれ x，y，z 軸の切片の逆数にとられる．この様子を代表的な結晶面を使って簡単に示すと図1・4に描くようになる．すなわち，上記の理由

4　1　半導体中のキャリアの運動

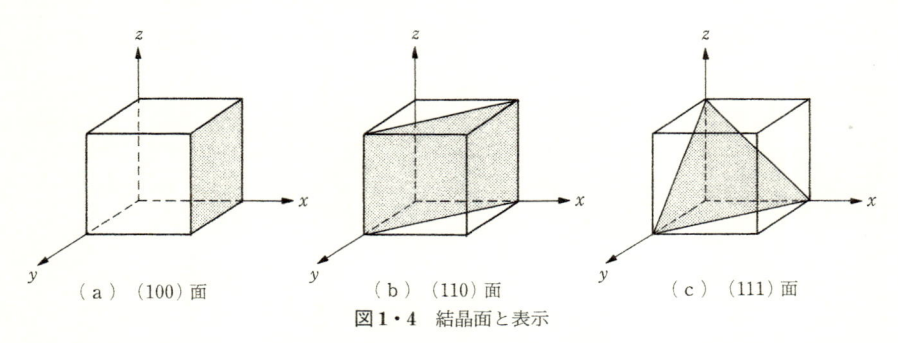

　　　（a）(100)面　　　　　　（b）(110)面　　　　　　（c）(111)面
図1・4　結晶面と表示

から(100)面は y 軸と z 軸に平行であり，(110)面は z 軸に平行になる．また，(111)面は少し複雑で図1・4 (c) に示されるように切片が x，y，z 軸で等しい値をとることになる．

1・2　キャリア

　半導体の中を移動する電荷の坦体すなわちキャリアには伝導電子(electron, エレクトロン) e^- と正孔 (hole, ホール) h^+ がある．伝導電子は自由空間を運動する負の電荷 $-q$ をもつ電子と実体は同じであるが，これは半導体という結晶格子の中を運動しているので，その質量 m_e は後で述べるように自由電子の質量 m とは異なっている．しかし，これ以降簡単のために特別の場合を除いて伝導電子を単に電子と呼ぶことにしたい．また，正孔は図1・5に示すように伝導電子の抜け殻である．正孔の電荷は正 (q) にとられ，質量も正として m_h で表示される．この m_h も有効質量である．後で

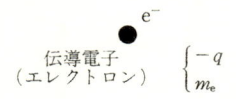

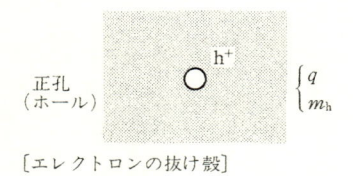

伝導電子　　　$\begin{cases} -q \\ m_e \end{cases}$
（エレクトロン）

正孔　　　$\begin{cases} q \\ m_h \end{cases}$
（ホール）

［エレクトロンの抜け殻］

$e^- + h^+ \longleftrightarrow$ エネルギー

図1・5　半導体のキャリア
　　　（伝導電子と正孔）

述べるように，電子（$-q$）と正孔（q）が合体するとエネルギー（光や熱など）になり，逆に半導体にエネルギーの高い粒子（光など）を照射すると伝導電子と正孔が発生することになる．

1・3　キャリアの散乱と電気抵抗

　半導体の中を運動するキャリアにはいろいろな障害物がある．キャリアはこれらの障害物によって散乱される．キャリアの散乱の様子は図1・6のように表される．すな

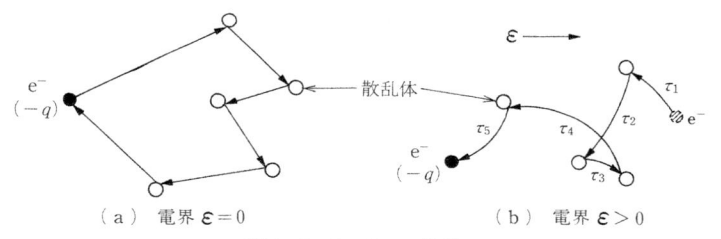

図1・6　キャリアの散乱

わち，図1・6(a)に示すように半導体に外部から電界を加えていなければ（$\varepsilon=0$），キャリアは散乱を繰り返してランダムな運動をするだけで正味の移動は示さない．しかし，図1・6(b)に示すように一定の方向に電界を加えると，（キャリアが電子ならば）キャリアはランダムな散乱を受けながらも電界 ε とは逆の方向に移動することになる．

　いま，キャリアが第1回目の散乱を受けてから次の散乱体に散乱されるまでの平均自由時間を τ とすると，散乱の機構が同じであると仮定すれば，図1・6(b)を参照して，τ は次の式で表される．

$$\frac{1}{\tau}=\frac{1}{\tau_1}+\frac{1}{\tau_2}+\frac{1}{\tau_3}+\cdots\cdots+\frac{1}{\tau_n} \tag{1・3}$$

この τ は散乱の緩和時間とも呼ばれる．

　次に，キャリア（電子，$-q$）に電界 ε が加わった場合のキャリアの運動を考えてみよう．このときのキャリアの運動の方程式は次の式で表される．

$$m_e\frac{dv}{dt}=q\varepsilon-m_e\frac{v}{\tau} \tag{1・4}$$

ここで，m_e は電子の質量，v は電子の速度である．右辺の第2項がなければ式(1・4)は普通のニュートンの運動方程式である．右辺の第2項は抵抗を表すので，散乱の緩和時間 τ が長いほど，すなわち，キャリアの散乱が少ないほど抵抗が小さくなること

がわかる．

さて，式（1・4）を解くと電子の速度 v は次の式で与えられる．

$$v = \frac{q\tau}{m_e}\varepsilon + Ce^{-t/\tau} \tag{1・5}$$

いま，時間 t が十分長い（$t \gg \tau$）と仮定する定常状態を考えると式（1・5）は次のように簡単な式に近似できる．

$$v = \frac{q\tau}{m_e}\varepsilon \tag{1・6}$$

キャリアが移動すると電流が流れるが，電流密度 J はキャリアの電荷 q と密度 n および速度 v に比例するので式（1・6）を使って，次の式

$$J = nqv \tag{1・7a}$$

$$= \frac{nq^2\tau}{m_e}\varepsilon \tag{1・7b}$$

で表される．式（1・7）においてはキャリアが電子であるから電荷は負になり，電流の流れる方向はキャリアの移動方向とは逆で，電界 ε の方向と同じになる．

式（1・7b）を用いると電気伝導度 σ と抵抗率 ρ はそれぞれ次の式

$$\sigma = \frac{nq^2\tau}{m_e} \quad (= qn\mu) \tag{1・8a}$$

$$\rho = \frac{m_e}{nq^2\tau} \quad \left(= \frac{1}{qn\mu}\right) \tag{1・8b}$$

で表される．ここで，カッコの中の μ は後で説明するようにキャリアの移動度である．

1・4 キャリアの散乱と移動度

われわれの考えているキャリアは図1・7に示すように半導体の中を運動している

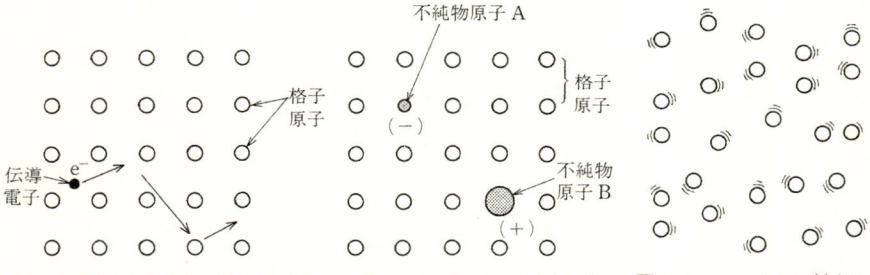

図1・7 静止した格子の中の電子

図1・8 キャリアに対する散乱体(1)—不純物原子

図1・9 キャリアに対する散乱体(2)—格子振動

のであるから,散乱体としては結晶格子がある.また,結晶の中に不純物原子などが存在していて格子の規則性が乱されていても,それは散乱体になりそうである.正確には次の通りである.静止している格子は後で説明するようにキャリアの散乱体とはならないので,有効な散乱体となるのは図1・8に示す不純物原子と図1・9に示す振動する格子(格子振動)である.不純物散乱の中でも電荷的に中性な不純物原子による散乱はその影響が小さい.不純物散乱の中で支配的なのは電荷をもつ不純物とのクーロン散乱である.

式(1・6)で表されるようにキャリア(いまの場合,電子,$-q$)の速度 v は電界 $\mathcal{E}$ に比例するので,その比例係数を μ_n とすると,キャリアの速度 v は

$$v = \mu_n \mathcal{E} \tag{1・9}$$

で表される.したがって,μ_n は式(1・6)と式(1・9)を比較することにより次の式で与えられることがわかる.

$$\mu_n = \frac{q\tau}{m_e} \tag{1・10 a}$$

この μ_n は電子のドリフト移動度(drift velocity)と呼ばれる.キャリアが正孔のときには移動度は μ_p で表され,正孔の有効質量 m_h を使って次の式で与えられる.

$$\mu_p = \frac{q\tau}{m_h} \tag{1・10 b}$$

2章で述べるように,正孔の有効質量 m_h は電子のそれ m_e よりも大きいので,μ_n は μ_p よりも大きくなる.電子と正孔の場合の電界 $\mathcal{E}$ に対するキャリアのドリフト速度の値は図1・10に示すようになる.また,キャリアは上に述べたように電荷をもつ不

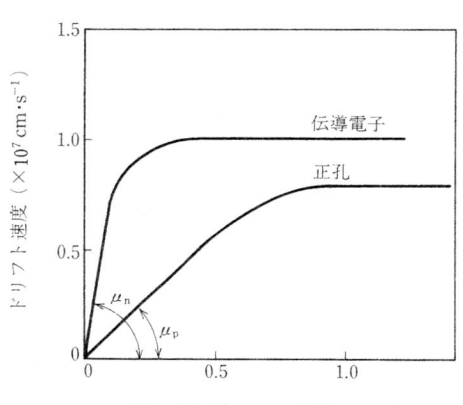

図1・10 ドリフト速度の電界依存性

1　半導体中のキャリアの運動

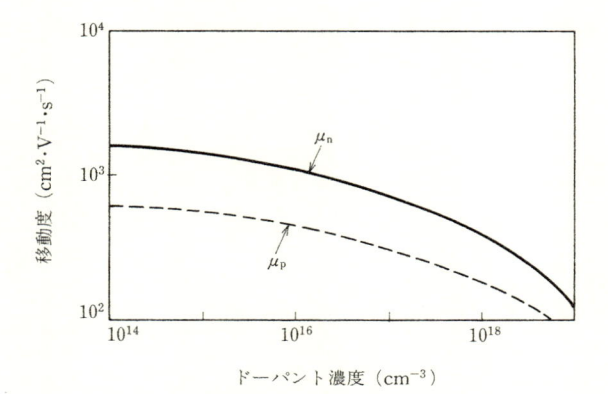

図1・11　移動度のドーパント濃度依存性

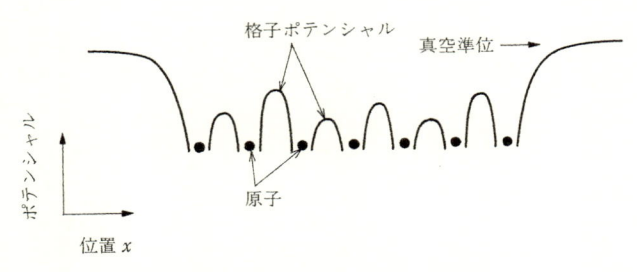

図1・12　格子のポテンシャルとその乱れ

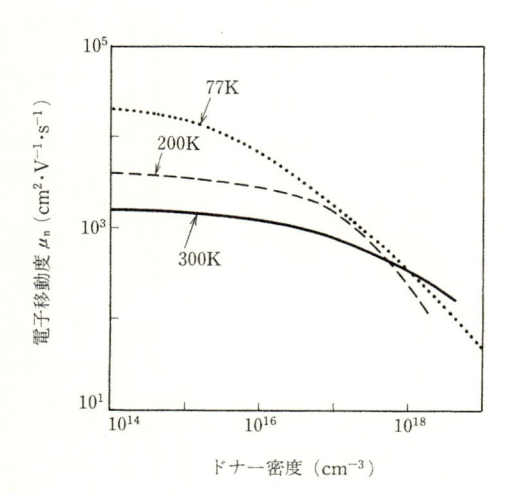

図1・13　移動度の温度および
　　　　ドナー密度依存性

純物によって有効に散乱されるので，ドーパントイオン（後で述べるドナーやアクセプタイオン）の存在のために，キャリアの移動度は半導体のキャリア密度（ドーパント濃度）に依存して図1・11に示すように変化する．

キャリアのもう一つの散乱機構である格子振動による散乱は，少し詳しく見ると格子ポテンシャルによる散乱ということになる．格子の温度が絶対零度でなく有限の場合には各格子のポテンシャルは一定ではなく，格子の熱振動に応じて図1・12に示すように各格子ポテンシャルには乱れが生じてくる．このためにキャリアはこの格子ポテンシャルの乱れによって散乱を受けることになる．この格子ポテンシャルの乱れは温度が高くなるほど著しくなるので，キャリアの移動度は図1・13に示すように温度が高くなるほど小さくなる．

格子振動による散乱と不純物散乱のそれぞれの緩和時間を τ_L, τ_I とすると，全体の緩和時間 τ は次の式

$$\frac{1}{\tau} = \frac{1}{\tau_L} + \frac{1}{\tau_I} \tag{1・11}$$

で与えられる．したがって，キャリアの移動度に対する散乱の影響は，低温では不純物散乱が支配的であり，高温では格子振動による散乱が支配的になる．

1・5 拡散とドリフト

キャリアの移動は図1・14に示すように2種類のメカニズムで起る．一つは拡散で

キャリアの移動 $\begin{cases} 拡散 \\ \quad キャリアの多い所 \to 少ない所 \\ ドリフト \\ \quad 電界によるクーロン力 \end{cases}$

図1・14　キャリアの移動は拡散とドリフトによる

ある．これは図1・15 (a) に示すように，ある場所の濃度の高い物体がその周囲の濃度の低い場所に時間 t の経過とともに移動する［図1・15 (b)］現象であり，ごく普通によく見うける物理現象である．それにもかかわらず半導体デバイスの勉強においてはこれが忘れられ勝ちなので，キャリアが拡散によっても移動することをここで強調しておきたい．

半導体デバイスの場合には二つの濃度差のある物体は，電荷を運ぶ伝導電子や正孔などのキャリアである．いま，キャリアを電子，その密度を n とし，図1・15 (b) に示すような電子密度の分布を想定すると密度の勾配は図に示すように $-dn/dx$ とな

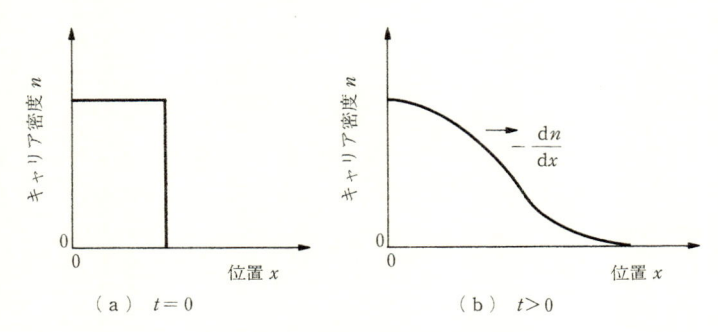

図 1・15　拡散によるキャリアの移動

るので，これを用いて電子の拡散による電流を考えてみよう．電子の拡散係数を D_n とすると，この電子の拡散に基づく電流密度（成分）$J_{n(D)}$ は，キャリア密度の勾配に比例するので，次の式で与えられる．

$$J_{n(D)} = (-q)D_n\left(-\frac{dn}{dx}\right) \tag{1・12 a}$$

$$= qD_n\frac{dn}{dx} \tag{1・12 b}$$

キャリアが正孔の場合の拡散による電流密度（成分）$J_{p(D)}$ を同様にして求めておくと，$J_{p(D)}$ は次の式

$$J_{p(D)} = -qD_p\frac{dp}{dx} \tag{1・13}$$

で与えられる．ここで，D_p は正孔の拡散係数である．

　キャリアの移動のもう一つのメカニズムは同じく図 1・14 に示した電界によるドリフトである．ドリフトは電界とキャリアの間に働くクーロン力に基づいてキャリアが移動する現象で，いわゆる"電圧を加えると電流が流れる"ということに対応している．したがって，キャリアの電荷（q か $-q$ か）によって，電界 $\mathcal{E}$ に対するキャリアの運動方向は変化する．いま，前に示した図 1・6 (b) のように電子に対してプラス方向の電界を加えると，電子は電界から引力を受けるので電界 $\mathcal{E}$ の向きと電子の移動方向は逆になる．しかし，電荷が正の正孔の場合にはプラスの電界 $\mathcal{E}$ に対して斥力を受けるので，正孔は電界 $\mathcal{E}$ の向きと同じ方向に移動することになる．

　以上の議論に従ってキャリアが電子と正孔の場合のドリフトによる電流密度（成分）$J_{n(E)}$，$J_{p(E)}$ を求めると，これらはキャリアの電荷，密度および速度（$v=\mu\mathcal{E}$）に比例するので，それぞれ次の式

$$J_{n(E)}(x) = qn\mu_n \mathcal{E}(x) \tag{1・14}$$

$$J_{p(E)}(x) = qp\mu_p \mathcal{E}(x) \tag{1・15}$$

で表される．ここで，電界 $\mathcal{E}$ は後の都合を考えて位置 x の関数とし $\mathcal{E}(x)$ で表した．また，当然のことであるが電流の流れる方向は常に電界の方向と一致する．

したがって，キャリアが電子の場合の電流密度 J_n は式 (1・12 b) と式 (1・14) を使って，次の式で与えられる．

$$J_n(x) = qD_n \frac{dn}{dx} + qn\mu_n \mathcal{E}(x) \tag{1・16}$$

また，正孔の場合の電流密度 $J_p(x)$ も同様に，式 (1・13) と式 (1・15) より，次の式

$$J_p(x) = -qD_p \frac{dp}{dx} + qp\mu_p \mathcal{E}(x) \tag{1・17}$$

で与えられる．

いま，両端に電圧を加えていない濃度勾配のある n 形の半導体棒を考えると，これには電流は流れないので式 (1・16) の J_n の値は 0 となる．すなわち，次の関係が成立する．

$$D_n \frac{dn}{dx} + n\mu_n \mathcal{E}(x) = 0 \tag{1・18}$$

この式は，半導体の中では電子の濃度勾配による拡散と釣り合うように（内部）電界が発生している，ことを示している．このために濃度勾配が存在するにもかかわらず，この n 形半導体には電流が流れないのである．このような状態では系は熱的に平衡であり，このときの電子密度の分布に対してはボルツマン分布が適用できる．

いま，電圧（ポテンシャル）を $V(x)$ とすると電界 $\mathcal{E}(x)$ は次の式で与えられる．

$$\mathcal{E}(x) = -\frac{dV(x)}{dx} \tag{1・19}$$

また，熱平衡状態のときのポテンシャル $V(x)$ の中での電子の密度 $n(x)$ は次のボルツマン分布

$$n(x) = Ce^{-(-q)V(x)/kT} = Ce^{qV(x)/kT} \tag{1・20}$$

で与えられることが知られている．ここで，C は定数である．

式 (1・20) の関係を式 (1・18) に代入すると，拡散係数 D_n と移動度 μ_n の間に次の関係が得られる．

$$D_\mathrm{n} = \frac{kT}{q}\mu_\mathrm{n} \tag{1・21}$$

正孔に対しても同様に次の関係

$$D_\mathrm{p} = \frac{kT}{q}\mu_\mathrm{p} \tag{1・22}$$

が得られる．式 (1・21) と式 (1・22) の関係はアインシュタイン (Einstein) の関係と呼ばれるものである．

バイポーラトランジスタの動作原理を説明する William B. Shockley 氏
(1950 年頃)
(1910～1989)
IEEE Trans. Electron Devices, July 1976, p. 599 (ⓒ 1976 IEEE)

　氏と John Bardeen, Walter Brattain によって（バイポーラ）トランジスタが発明されたことは，ここで述べるまでもないほど有名なことである．半導体デバイスの動作原理は，その理論的な基礎を量子力学に置く固体物理学に根ざしているだけに，半導体物性の詳細な探究なしにはトランジスタの発明はあり得なかった．氏の半導体物理の分野に残した足跡は実に広く深い．p-n 接合やバイポーラトランジスタの動作原理やそれに係わる物理はもちろんのこと，半導体物理自体についての氏の業績は偉大である．本書に述べてある Shockley-Read モデルはそのほんの一端である．トランジスタの発明によって氏は，Bardeen, Brattain とともに 1956 年度のノーベル物理学賞に輝いている．氏は最初は電界効果トランジスタ（FET：Field Effect Transistor）の発明を狙ったようであるが，半導体表面の魔物（MIS 構造の電荷）のためにこれは実現せず，接合型のバイポーラトランジスタで 3 端子デバイス（トランジスタ）の夢が叶ったようである．

2 エネルギーバンドと有効質量

　半導体の物性および半導体デバイスを知るには，エネルギーバンドの概念を理解することが不可欠である．この章ではまず半導体（結晶格子）の中でのキャリアの運動について簡単に述べ，この運動が格子の周期ポテンシャルによって制約を受けることを説明する．この制約はキャリアのとり得るエネルギーについての制限になるが，この制限によってキャリアの存在が許されるエネルギー領域と存在が許されないエネルギー領域，すなわち，エネルギー帯（バンド）が生じることを述べる．つづいて，半導体の中を運動するキャリアの有効質量について考察する．有効質量の値はエネルギーバンド構造を表す曲線の曲率の値に依存するが，なぜこのような奇妙なことが起るのか？　このことについて量子論に戻って考え，有効質量の実体について簡単に説明することにしたい．最後に，エネルギーバンド構造との関連で，直接遷移型と間接遷移型の半導体の区別についても触れておくことにする．

2・1　格子の中でのキャリアの運動

　電子は自由空間では何の制約もなく自由に運動することができる．このような電子は図2・1(a)に示すように自由電子と呼ばれている．ところが半導体など固体の中の電子は図2・1(b)に示すように，（結晶）格子の中で運動するのでまったく自由というわけにはいかない．また，半導体の中を運動する電子は電荷をもつ質点であると同時に，波動性をもつ粒子でもある．固体中のこのような電子は，次の式

$$\varphi(x) = e^{ikx} \tag{2・1}$$

で示される平面波で表されることが知られている．

　そして，図2・1(b)に漫画的に示した結晶格子の間隔は10^{-8}cm程度の大きさであるから，電子で構成される平面波は各格子で散乱されることになる．この電子の平面波は格子で散乱を受けながら半導体の中を進行（移動）するわけである．平面波の運

14   2 エネルギーバンドと有効質量

(a) 自由空間の電子　　(b) 結晶格子の中の電子

図2・1　自由空間の電子と格子の中の電子の運動

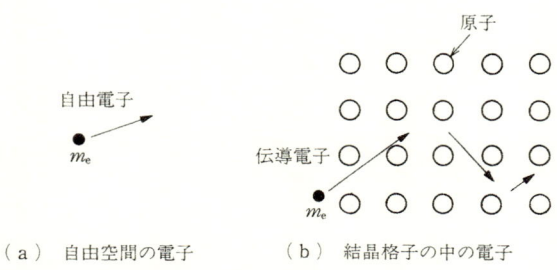

動の様子は水中に立てられた棒杭によって波面が乱される波にたとえられるであろう．水面を進行する波面は棒杭にぶつかると，その棒杭を中心として新しい波紋となって広がる．この波紋はさらに別の棒杭と衝突して新しい波紋を作ることになる．したがって，多数の棒杭がランダムに並んでいる場合には，これらの多くの波が干渉しあって複雑な波紋が発生することになる．

しかし，棒杭が規則正しく格子状に配列している場合には，波動論によれば各波は一定の規則にそって干渉し合い，最終的には単純化されて平面波の形になることがわかっている．すなわち，波は多くの棒杭が立っている水面を進行しても，棒杭が規則正しく格子状に配列している場合には実効的な散乱を受けないのである．したがって，半導体の中を運動する電子も，結晶格子が完全に規則正しく配列しており，かつ，静止していれば散乱を受けないことになる．このために1章で述べたように，静止した単なる格子は伝導電子に対する散乱体とはならないで，不純物原子や格子振動が有効な散乱体になるのである．

半導体の中の電子の運動は平面波として記述できることがわかったので，1次元の場合を仮定して半導体など固体の中の電子の運動について，もう少し詳しく考えてみることにしたい．その前に半導体などの結晶の内部での電子と結晶内のポテンシャル分布の関係について少し見ておこう．この様子は図2・2に示されるが，この図に描かれているように電子に対しては2種類のポテンシャル障壁がある．一つは結晶の外部と内部の境界にある障壁で，これは仕事関数 ϕ_m と呼ばれるものである．この障壁はエネルギー表示では $q\phi_m$ で表され，その大きさは真空準位とフェルミ準位のエネルギー差である．この障壁のために電子は固体の中に閉じ込められている．

伝導電子はこのフェルミ準位の近傍にある電気伝導に与る電子のことであるが，固

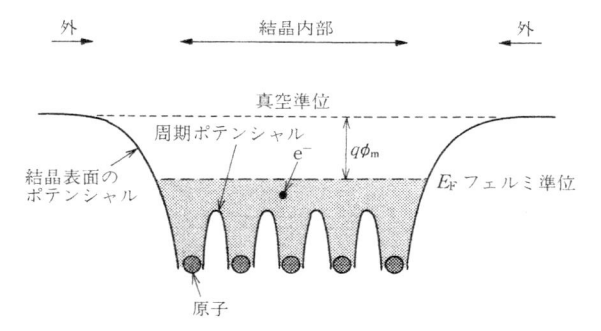

2・1 格子の中でのキャリアの運動　15

図2・2 格子の周期ポテンシャルと電子

体中の電子はすべてフェルミ準位 E_F 以下に存在し，これらの電子の運動に対しては各格子を構成する原子のポテンシャルがもう一つの障壁となる．このポテンシャルは図2・2に示すように周期的なポテンシャルである．この周期ポテンシャルは結晶の格子間隔 a だけずれたときに同じ値をとるので，このポテンシャルを $V(x)$ と書くと，次の関係が成り立つ．

$$V(x+a) = V(x) \tag{2・2}$$

式(2・2)の関係を示すポテンシャルが存在する場における電子の運動は，次のシュレーディンガー（Schrödinger）方程式で記述される．

$$\left[-\frac{\hbar^2}{2m}\frac{d^2}{dx^2} + V(x)\right]\varphi(x) = E\varphi(x) \tag{2・3}$$

この式を満たす波動関数 $\varphi(x)$ は，すでに概略を説明したように式(2・1)で表され

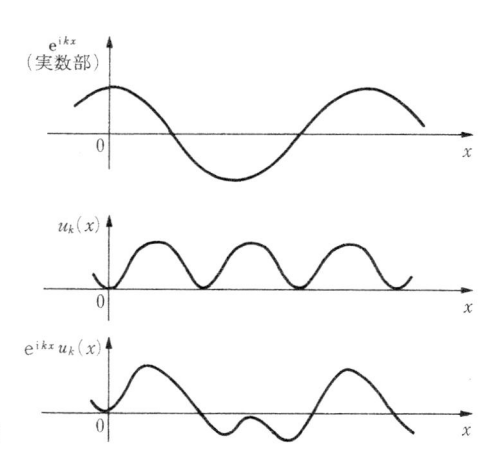

図2・3 格子内を運動する電子波の変調

るような平面波となる．ただ，このときの平面波は周期ポテンシャルの影響を受けるので，$\varphi(x)$ は次の形に変形される．

$$\varphi_k(x) = e^{ikx} u_k(x) \tag{2・4}$$

すなわち，固体内を運動する電子波は図2・3に示すように結晶の周期ポテンシャルによって変調を受けることになる．式(2・4)の関数 $u_k(x)$ は図2・3に示すように $V(x)$ と同じく結晶の周期性をもつ周期関数である．したがって，$u_k(x)$ と $u_k(x+a)$ の間にも次の関係が成立している．

$$u_k(x+a) = u_k(x) \tag{2・5}$$

式（2・4）と式（2・5）の内容は合せてブロッホ（Bloch）の定理と呼ばれる．

2・2 エネルギーバンド

固体の中を運動する電子は式（2・1）に示すように平面波の形をとるので，周期ポテンシャルが存在しなければ電子の運動エネルギー E_{0k} は次の式で与えられる．

$$E_{0k} = \frac{P^2}{2m} = \frac{\hbar^2}{2m} k^2 \tag{2・6}$$

ここで，$P = \hbar k$ とした．式(2・6)を描くと図2・4に示すようになる．すなわち，電子は波数（3次元になると波数ベクトルとなる）k に対して連続なエネルギーの値をとることができる．このことは運動する電子のとり得るエネルギーには制限がないことを示している．このときの電子が従うシュレーディンガー方程式は念のために示しておくと，$V(x)$ の項がなくなるので，次のようになる．

$$-\frac{\hbar^2}{2m}\frac{d^2}{dx^2}\varphi(x) = E_{k0}\varphi(x) \tag{2・7}$$

では，周期ポテンシャルが存在する現実の固体の中の電子の場合はどうであろうか？　この場合の固有関数は式（2・4）で表されるので，固体中の電子波が従う波動

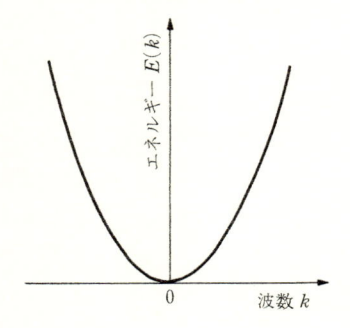

図2・4　自由電子の運動エネルギー

方程式は，式 (2・4) を式 (2・3) に代入して得られる次の式

$$\left[\frac{\hbar^2}{2m}\left(k^2 - 2ik\frac{d}{dx} - \frac{d^2}{dx^2}\right) + V(x)\right]u_k(x) = E_k u_k(x) \qquad (2・8)$$

ということになる．この式を解いてエネルギー E_k のとり得る値を求めれば，電子に許容されるエネルギーが得られるわけであるが，計算は簡単ではないので演算は概略のみを述べ，結果として得られるエネルギーバンドについて説明したいと思う．

まず，この場合に起っている現象を簡略化して説明する．いまの場合格子の中を運動する電子波は前に述べたように回折を起すが，格子の中に存在する電子波の波数としては，簡単のために入射波 k と回折波 k' のみが存在すると仮定する（他の波数は無視できるほど小さいとする，この近似は2波近似と呼ばれる）．すると，k と k' は結晶格子（間隔 a）と回折関係にあるので，a の逆格子 G を通して次の関係式

$$k - k' = G \qquad (2・9\,a)$$
$$k - k' = \Delta k \qquad (2・9\,b)$$
$$G = 2\pi/a \qquad (2・9\,c)$$

が成立する．k，k' の関係は図 2・5 に示すようになるので，回折角を θ とすると次の関係が満たされている．

$$\Delta k = 2k\sin\theta \qquad (2・10\,a)$$
$$k = 2\pi/\lambda \qquad (2・10\,b)$$

式 (2・10 a)，(2・10 b) は次のブラッグ (Bragg) の式の成立を示している．

$$2a\sin\theta = \lambda \qquad (2・11)$$

以上のことを念頭において式 (2・8) を，量子力学の近似法の一つである摂動論を用いて解くと，まず固有関数の係数についての連立方程式が得られる．そして，この連立方程式が意味のある解をもつためには係数で作られる次の永年方程式

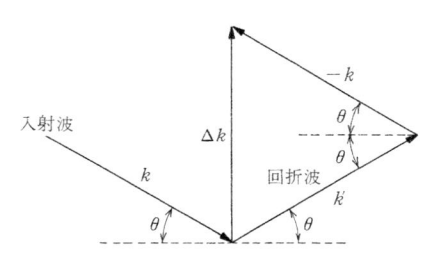

図 2・5　k，k' および Δk の関係　　　　$\Delta k = 2k\sin\theta$

2 エネルギーバンドと有効質量

$$\begin{vmatrix} E_{0k} - E_k & u_1 \\ u_1 & E_{0k'} - E_k \end{vmatrix} = 0 \qquad (2\cdot 12)$$

が成立しなくてはならないことがわかる．ここで，E_{0k}，$E_{0k'}$ はそれぞれ波数が k（入射波）および k'（回折波）のときの電子波のエネルギーを示し，E_k は任意の波数 k の場合のエネルギーを示している．また，u_1 はエネルギーを表す量とする．

さて，式 (2・12) を解くわけであるが，まず，物理的な状況を見ておこう．いま，$\theta = 90°$ の場合を考えると，入射波と回折波は互いに反対方向に進行するので，全体としては進行波ではなくなるが，二つの波は二つの定在波を作ることになる．この定在波のエネルギーは以下に述べるように元の（回折する前の波の）エネルギーとは異なるので，元の波は存在しなくなる．互いに反対方向に進行する波は振動の腹が格子位置にくるエネルギーの高い定在波と振動の腹が格子間位置にくるエネルギーの低い定在波の二つの定在波を作る．つまり，$\theta = 90°$ の関係を満たすときには電子波は同時に二つのエネルギーをもつように変化することになる．以上のことを式 (2・9) と式 (2・10) で考えると，このとき ($\theta = 90°$) 次の関係が成立していることがわかる．

$$k = \pi/a \qquad (2\cdot 13)$$

すなわち，図 2・6 に示すように，$k = \pi/a$ の関係を満たすときには電子波に許容されるエネルギーには二つの値が存在する．すなわち，エネルギーに飛びが生じるということである．

式 (2・12) に戻ると，この永年方程式において E_{0k}，$E_{0k'}$ はそれぞれ入射波と回折波のエネルギーであるが，これらは式 (2・6) に従う．一方，E_k の方は周期ポテンシ

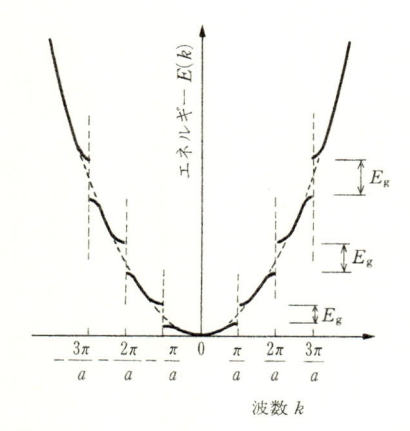

図 2・6　1 次元結晶内の電子のエネルギーと波数の関係

(a) 還元ゾーン表示　　　　　　(b) 位置表示

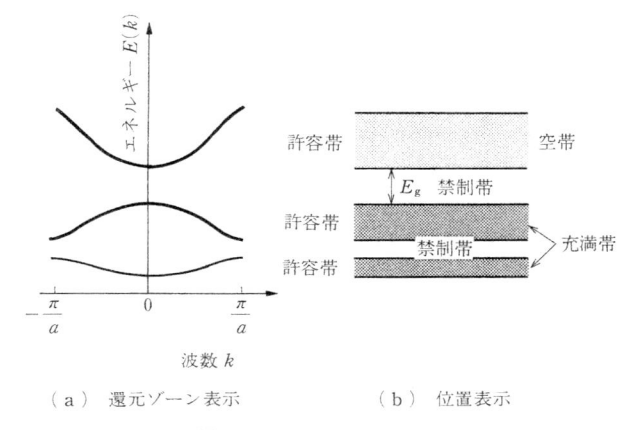

図2・7　エネルギーバンド図

ャルを考慮したときの波数 k の電子波のエネルギーである。式 (2・12) を解くと，$k=na/\pi$ のときに E_k は $+u_1$ と $-u_2$ の二つの値をとる。このことは $k=na/\pi$ のときにエネルギー E_k に飛びが現れ，その値 ΔE_k が次の式

$$\Delta E_k = 2u_1 \tag{2・14}$$

で与えられることを示している。この ΔE_k がエネルギーギャップ（またはバンドギャップ）E_g と呼ばれるもので，図2・6に示すように，固体の中で電子がとることのできないエネルギーの飛びである。

図2・6の表示方式（拡張ゾーン形式）を変えて k を $\pm\pi/a$ の範囲に限定する方式（還元ゾーン形式）を用いてエネルギーと波数の関係を描くと，図2・7(a) に示すようになる。図2・7(a) に太線で示される凹凸の曲線がエネルギーバンド図である。これを書き変えて横軸を結晶の位置とか深さにとる表示にすると図2・7(b) となり，本書でこれ以降しばしば使用するエネルギーバンド図になる。この図の E_g は式 (2・14) で示されるエネルギーギャップである。また，薄く塗りつぶした部分は電子の存在が許されるエネルギー帯（band，バンド）なので許容帯と呼ばれる。この内電子の詰まった帯は充満帯，空の帯は空帯である。許容帯と許容帯の間の電子の存在が許されない部分は禁制帯と呼ばれる。以上の説明に用いたモデルは"ほとんど自由な電子の近似"といわれるものである。エネルギーバンドは，もう一つのモデル"束縛された電子の近似"を使っても説明することができる。この説明は"かこみ1"に示しておいた。

―― かこみ1 ――

　ここで述べるモデルでは離散した個々の原子を次第に近づけて，多くの原子で構成される結晶を考え，このときの電子のエネルギー状態を考察する．出発点として1個の原子を考えると，電子のとり得るエネルギーは，量子論によれば，図1に示すような離散した準位になる．次に，2個の同種の原子を近づけるとその結合状態は図2に示すように，$\psi_1 + \psi_2$（結

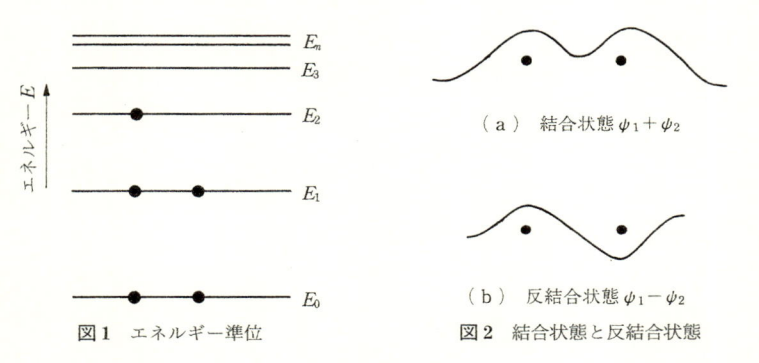

図1　エネルギー準位

（a）　結合状態 $\psi_1 + \psi_2$

（b）　反結合状態 $\psi_1 - \psi_2$

図2　結合状態と反結合状態

合状態）と $\psi_1 - \psi_2$（反結合状態）の二つの状態を採る．この二つの状態はエネルギー的に差があるので，元は一つであった原子の電子準位が二つに分裂することになる．したがって，例えば6個の原子が集まると各電子準位は図3に示すように6本に分裂する．図3では横軸に原子間距離がとってあるが，この図からわかるように原子間距離 d が大きい場合には，電子の準位は完全に離散的になるが，d が小さくなると群を作るようになり，各群の中では図に示すように電子準位は分裂する．結晶などの固体では原子の数はさらに多く，原子間距

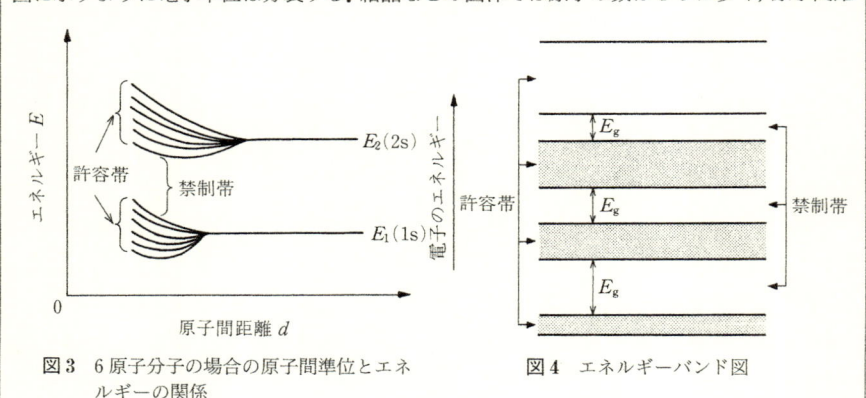

図3　6原子分子の場合の原子間準位とエネルギーの関係

図4　エネルギーバンド図

離はきわめて短くなるので，電子準位は無数に分裂することになる．これら無数に分裂した準位は集まってエネルギー幅をもった一つの帯になるので，これはエネルギーバンドと呼

ばれる．分裂した電子準位が存在する帯は許容帯と呼ばれ，許容帯と許容帯の間も帯と呼ばれ，これは本文でも述べた禁制帯である．エネルギーバンド図を縦軸にエネルギーをとって整理して描くと図4に示すようになる．

2・3 有効質量

　半導体結晶の中を運動する電子の質量は自由電子の質量 m_e とは異なって有効質量 m_e^* が使われ，これは次の式で表されることが知られている．

$$m_e^* = \hbar^2 \left(\frac{d^2 E}{dk^2} \right)^{-1} \tag{2・15}$$

式 (2・15) の中の E と k の関係は図 2・7 (a) に太線で示した結晶の中で運動する電子（キャリア）のエネルギー E と k の関係で表される．キャリアには電子と正孔があり，これらは後で詳しく述べるように，禁制帯を挟んで上下の許容帯に属している．したがって，電子と正孔の E と k の関係は図 2・8 に示すように異なったものとなり，電子は凹型の E-k 曲線（伝導帯）A に属し，正孔は凸型の B（価電子帯）に存在している．そして電子はバンド A の下端付近に実体をもって（●印）存在し，正孔はバンド B の曲線上の上端付近で電子の抜け殻（○印）として存在する．

　以上の背景の下に式 (2・15) を眺めると，$d^2 E/dk^2$ は図 2・8 に示す E-k 曲線の曲率を表すので，この値が大きいほど有効質量 m_e^* は小さいことになる．事実，電子の有

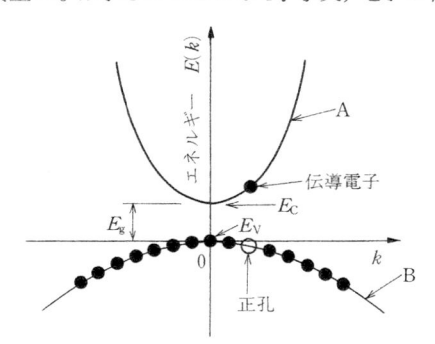

図 2・8　エネルギーバンド図上での伝導電子と正孔

効質量は正孔のそれよりも小さいが，これは図 2・8 の曲線 A と B を比較すると A の方が曲率が大きいことと対応している．これが普通に行われている有効質量についての説明であるが，この説明はいささか奇妙である．なぜならば，伝導電子は実体のある粒子なのに，式 (2・15) からは元の電子の質量 m_e はその姿が消えており，代りにエネルギーバンドの曲率が入ってきている．なぜであろうか？

2 エネルギーバンドと有効質量

　有効質量の謎は，われわれの問題にしているキャリアである電子が，半導体という結晶格子の中を運動しているということの中に潜んでいる．すなわち，既に述べたように半導体の中の電子は周期ポテンシャル $V(x)$ の中で運動している．しかも，前に述べたブロッホの定理によって，伝導電子は周期ポテンシャルの中で運動するにもかかわらず自由空間と同じように，その運動は平面波として考えて良い，ことになっている．このからくりの中に有効質量の意味が隠されているようである．

　そこで有効質量の謎を解くために，もう一度式 (2・3) を次のように，

$$\left[-\frac{\hbar^2}{2m_e}\frac{d^2}{dx^2}+V(x)\right]\varphi(x)=E\varphi(x) \tag{2・3a}$$

示し考えてみよう．半導体の中の電子に正味の運動をさせるには，電圧を加える必要があるので，これを $W(x)$ とすると式 (2・3a) の $V(x)$ の項は周期ポテンシャル $V(x)$ にこれが加わるので $V(x)+W(x)$ となり式 (2・3a) は

$$\left[-\frac{\hbar^2}{2m_e}\frac{d^2}{dx^2}+V(x)+W(x)\right]\varphi(x)=E\varphi(x) \tag{2・16}$$

となる．この式はポテンシャルの項が2種類あり，一般には解くことがきわめて難しい．しかし，ここで工夫して電子の質量の中に周期ポテンシャル $V(x)$ の寄与分を組み入れて質量 m_e を有効質量 m_e^* に変更し，かつ，これに伴ってエネルギー(固有値)も E から E' に変えるとともに波動関数 $\varphi(x)$ も $\psi(x)$ に変更することにすれば，式 (2・16) は次のようになる．

$$\left[E_0-\frac{\hbar^2}{2m_e^*}\frac{d^2}{dx^2}+W(x)\right]\psi(x)=E'\psi(x) \tag{2・17a}$$

$$E'=E_0+\frac{\hbar^2 k^2}{2m_e^*} \tag{2・17b}$$

式 (2・17a) において E_0 は定数なので，この式は比較的容易に普通に解くことが可能である．

　以上は量子論に基づいて得られる固体物理学の定理で，"周期的な結晶場の中でゆっ

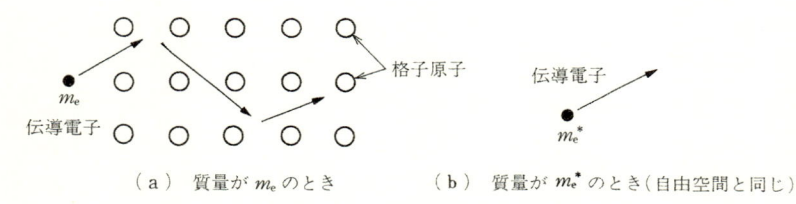

(a) 質量が m_e のとき　　　(b) 質量が m_e^* のとき(自由空間と同じ)

図2・9 有効質量 m_e^* の伝導電子の運動(自由空間と同じ扱い)

くり変化する付加的な場が加わるときには，伝導帯の下端にある電子は有効質量 m_e^* をもって自由空間における電子のように振舞う"というものの概略的説明である．したがって，以上の事柄を模式的に示すと，図2・9(a)に示すように実際の伝導電子は結晶格子の中を周期ポテンシャルによって回折を受けながら運動するのであるが，質量を有効質量 m_e^* に変更してやりさえすれば，伝導電子は図2・9(b)に示すように周期ポテンシャルのない自由空間を運動する電子のように取り扱ってよいのである．このことはわれわれにとってきわめて有難い好都合なことである．なお，これ以降は煩雑さを避けるために，伝導電子と正孔の有効質量は＊印を省いてただ単にそれぞれ m_e，m_h で表すことにする．

この章を終えるに当って最後に直接遷移型と間接遷移型の半導体の区別について簡単に触れておこう．実際の半導体のエネルギーバンド構造は一般には図2・8に示すような簡単なものではなく，E-k 曲線に多くの山や谷が現れる場合が多い．しかも，注意して見ると図2・10(a)，(b)に示すように，波数（ベクトル）k に関して $k=0$ の位置で伝導帯のバンドの谷と価電子帯の頂上の間隔が最小になる（E_g となる）ものと，$k \neq 0$ の条件で最小のギャップ（E_g）を示すものがある．図2・10(a)に示すエネルギ

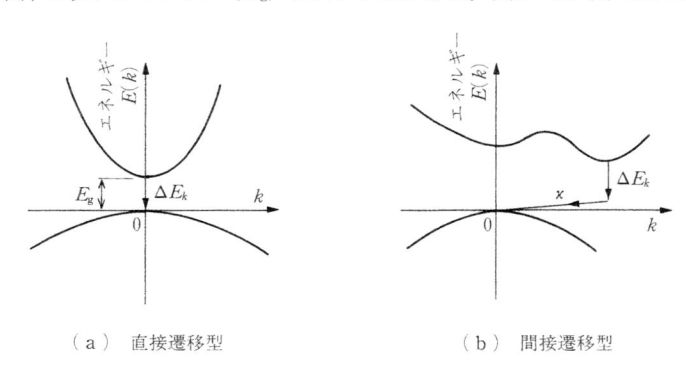

（a） 直接遷移型　　　　　　　　（b） 間接遷移型

図2・10　直接遷移型と間接遷移型の半導体

ーバンド構造をとる半導体は直接遷移型半導体と呼ばれ，図(b)に示す構造のものは間接遷移型の半導体と呼ばれる．

名称の由来はキャリアの遷移メカニズムに依っている．キャリア（電子）がバンド間を遷移する場合には運動量保存則とエネルギー保存則が成立しなくてはならないので，直接遷移型の場合には次の式

$$\begin{cases} \hbar(k_\mathrm{c}-k_\mathrm{v}-K)=0 & (2\cdot18\,\mathrm{a}) \\ E_\mathrm{c}-E_\mathrm{v}-h\nu=0 & (2\cdot18\,\mathrm{b}) \end{cases}$$

が成立する必要があり，間接遷移型の場合には次の式

$$\begin{cases} \hbar(k_\mathrm{c}-k_\mathrm{v}-K\mp\varkappa)=0 & (2\cdot19\,\mathrm{a}) \\ E_\mathrm{c}-E_\mathrm{v}-h\nu\mp h\omega_\varkappa=0 & (2\cdot19\,\mathrm{b}) \end{cases}$$

が満たされなければならない．これらの式で K は遷移したときに発生する光の波数（ベクトル），k_c, k_v は電子と正孔の波数（ベクトル），$\varkappa$ はフォノン（格子振動）の波数（ベクトル）である．

K の値は k_c や k_v に比べて小さいので無視することができる．したがって，図2・10 (a) に示す直接遷移型の半導体では $k=0$ の位置で遷移が起るので，運動量保存則は常に成立することになる．しかし，図2・10 (b) に示す間接遷移型の半導体では遷移は $k\neq0$ の位置で起るので，$K\fallingdotseq0$ の条件であっても運動量保存則が成立するには $\varkappa$ の寄与，すなわち，フォノンの寄与が必要となる．以上の結果，直接遷移型の半導体では伝導帯と価電子帯の間でキャリアの遷移確率が高く，間接遷移型では遷移確率が低い．このために直接遷移型半導体の GaAs などは発光デバイスの材料に使うことができるが，本書で主に述べる Si は間接遷移型の半導体なので発光デバイスの材料としては不向きである．

3 真性半導体と不純物半導体

　半導体には真性半導体と不純物半導体がある．真性半導体は名前の示す通りの半導体で，その抵抗値が金属と絶縁体の中間に位置するものである．真性半導体の抵抗値は物質に特有なものなので，物質が決まればその値は一つの値に決ってしまう．したがって，半導体が真性半導体としてしか存在しなかったならば，半導体デバイスを作ることはほとんど不可能である．不純物半導体は外因性半導体とも呼ばれるもので，真性半導体にキャリア（電子または正孔）を発生させる元素（不純物）を導入（ドープ）したものである．この不純物半導体の多様な性質が半導体という材料をバラ色にし，多くの半導体デバイスの開発を可能にしている．この章では，まずエネルギーバンドへの電子の詰まり方について述べた後，絶縁体，半導体および金属の違いをエネルギーバンド図を用いて説明する．次に，真性半導体と不純物半導体の性質を両者の違いを通して考察する．つづいて，半導体におけるキャリアの運動はフェルミ統計によって支配されるので，この統計を使って半導体のキャリア密度がどのように決るかについて検討し，最後にキャリア密度の温度依存性についても簡単に触れることにしたい．

3・1　エネルギーバンドとフェルミ準位

　固体の中には膨大な数の電子が存在するが，すべての電子が無条件に電気伝導に与る伝導電子として働くわけではない．電気伝導に与る伝導電子は固体の中を自由に移動することができなくてはならないからである．この節では固体の電気的な性質を明らかにするために，まず，固体の中の電子の存在の仕方について見てみよう．
"かこみ1"に示した1個の原子の場合には離散した電子準位があるが，よく知られているように電子はフェルミ（Fermi）粒子なのでエネルギーの最も低い基底準位からパウリ（Pauli）の排他律に従って2個ずつ詰まっていく．1個でなくて2個なのはスピンの向きには2種類あり，それらはそれぞれ物理的に異なった状態だからである．

3 真性半導体と不純物半導体

固体の場合には2章で述べたようにエネルギーバンドが形成されているので，電子は最もエネルギーの低い許容帯から，その許容帯の状態数に従って図3・1に示すように詰まっていく．したがって，エネルギーの低い下から順に各許容帯の状態数をそれぞれ N_1, N_2, N_3 とし，すべての電子の数を n として図3・1に示すようにすべての電

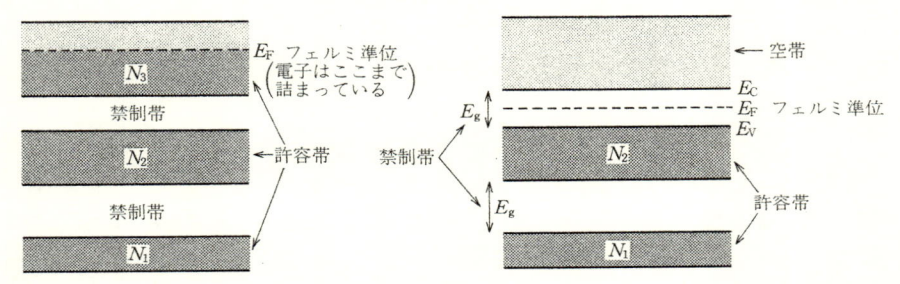

図3・1 エネルギーバンドの電子の詰まり方(1)―金属の場合

図3・2 エネルギーバンドの電子の詰まり方(2)―絶縁体と半導体の場合

子が詰まったとすると，n は次の式を満たしている．

$$N_1+N_2+N_3 > n > N_1+N_2 \tag{3・1}$$

すなわち，この場合には最後の許容帯（N_3）は電子で完全には占有されていない状態にとどまっている．このときには最後に収容された電子の位置が最高のエネルギー位置になるが，このエネルギーがフェルミ・エネルギー（準位）である．したがって，この場合にはフェルミ準位 E_F は比較的すっきりした形で決定される．

固体によってはこのような形ではフェルミ準位が決らない図3・2に示すような場合もある．図3・2では n 個の電子と許容帯の状態数の関係は次の式

$$n = N_1 + N_2 \tag{3・2}$$

を満たすようになり，最高のエネルギーをもつ電子は許容帯（N_2）の中に丁度収まってしまっている．このような場合のフェルミ準位は，この満たされた状態の最高のエネルギーの電子とさらにもう一つのよりエネルギーの高い電子（上の準位の空帯に存在することになる）を考えて，この電子のエネルギーとの和の1/2のエネルギー位置をフェルミ準位と決めることになっている．したがって，この場合のフェルミ準位 E_F の位置は図3・2に示すように禁制帯の丁度中央（$1/2\,E_g$）になる．

3・2 絶縁体と金属

この節ではエネルギーバンド図を用いて絶縁体と金属の違いについて考えてみよ

3・2 絶縁体と金属

う．絶縁体をとり上げたのはこの後の説明でわかるように，半導体と絶縁体のエネルギーバンド図は定性的には同じになるからである．絶縁体と金属の最大の違いは電気抵抗であるから，このことに注目して議論をすすめよう．このためにエネルギーバンドへの電子の詰まり方と，電子の動きやすさについて考えてみよう．

図3・3(a)にエネルギーバンド（許容帯）に電子がぎっしり詰まった様子を模式的に示したが，この状態は図3・2と同じように価電子帯の状態数 N_2 が電子で完全に満

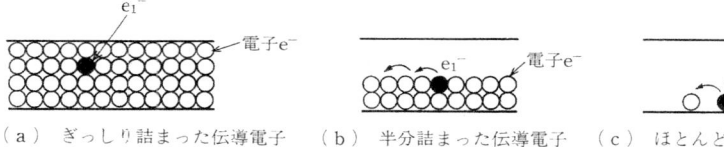

(a) ぎっしり詰まった伝導電子　　(b) 半分詰まった伝導電子　　(c) ほとんど空の伝導電子
　　($\mu_n \sim 0, n \gg 0$)　　　　　　　　($\mu_n > 0, n \gg 0$)　　　　　　　　($\mu_n > 0, n \gtrsim 0$)

図3・3 エネルギーバンドへの電子の詰まり方と電気伝導

たされている場合に対応すると考えて良いであろう．この状況で図3・3(a)に黒丸で示した電子 e_1^- に着目すると，この電子の周りには電子がぎっしり詰まっているので，この電子 e_1^- は動くことができない．また，この許容帯にある他の電子も同様に動くことができない．このような状態で電気伝導度 $\sigma = qn\mu$ [式(1・8a)参照]を考えると，この場合には $n \gg 0$ であるが移動度 μ はゼロなので $\sigma = 0$ となる．つまり電気伝導度は 0 となり，この逆数で表される抵抗率はきわめて大きく∞ということになる．このような性質を示す物質は絶縁体なので，図3・2に示すエネルギーバンド図は絶縁体の場合のものであることがわかる．

次に，図3・3(b)に示すように，許容帯のエネルギーバンドが電子で部分的にしか満たされていない場合を考えよう．この場合には着目する電子 e_1^- の周りにも電子は存在するが，すぐ上のエネルギーのわずかに高い（同じ許容帯の）位置に，まだ電子の収納されていない部分（状態数）が残っている．したがって，この電子 e_1^- はわずかなエネルギー（熱エネルギーなど）を付与されるだけで，この許容帯の中を自由に動くことができる．この事情は周囲の電子に対しても同様に当てはまるので，この許容帯に存在する電子はすべて自由に動くことができることがわかる．つまり，この許容帯の電子に対しては $\mu > 0, n \gg 0$ の条件が満たされている．このときの伝導電子とエネルギーバンドの関係は図3・1に示した場合と同じである．すなわち，そのエネルギーバンド図が図3・1の形で表されるものは金属であり，この電気伝導度は大きいことが納得される．なお，最もエネルギーの高い電子が存在する許容帯は価電子帯と呼ばれる

が，金属の場合には伝導電子の存在する伝導帯と価電子帯が一致することになる．

最後に，図3・3(c)に示す，ほとんど空の許容帯に少数の電子が存在している場合を考えよう．この場合には電子 e_1^- やその仲間の（きわめて少数の）電子は許容帯の中を自由に動くことができる（$\mu>0$, $n\gtrsim0$）ので，電気伝導度 σ は有限な値をもつようになり絶縁体ではなくなる．このような許容帯は伝導帯と呼ばれるが，この状態が（真性）半導体の場合に対応する．つまり，半導体の場合には電子で充満した許容帯の上の空帯（伝導帯）に何らかの理由で電子が励起されていることがわかる．

伝導帯（空帯）に電子が励起される場合の励起されやすさはバンドギャップの大きさ E_g にあり，この値が小さいときには価電子帯の電子はエネルギーギャップを越えて比較的容易に空帯に励起されるので，空帯は伝導帯に変化するのである．一般的にはエネルギーギャップ E_g の値がほぼ3.5eV以下のものが半導体で，それ以上のものが絶縁体とされているが，最近ではダイヤモンド（$E_g\sim5.5\mathrm{eV}$）でも半導体デバイスの材料に使われようとしているので，両者の区別は必ずしも明確ではない．

3・3 真性半導体

半導体には真性半導体と不純物半導体がある．真性半導体はキャリアを発生させる不純物元素を添加（ドープ）していない半導体である．したがって，この場合のキャリアはもっぱら次の式

$$(\text{エネルギー}) \rightarrow e^- + h^+ \qquad (3\cdot3)$$

に基づいて発生している．この状態を図に描くと図3・4に示すようになる．つまり，光または熱などのエネルギーによって価電子帯の電子が励起されて伝導帯に電子 e^- が生成するとともに，価電子帯に正孔 h^+ が生成する（電子-正孔対の発生）．したがって，真性半導体のキャリア密度 n_i（真性キャリア密度と呼ばれる）は，エネルギーギャップ E_g の値が小さいほど，また，温度が高いほど高くなる．

ここで，図3・4に示した記号を簡単に説明しておくと，E_C は伝導帯下端のエネルギー，E_V は価電子帯上端のエネルギーおよび E_i は真性フェルミ準位であり，これは

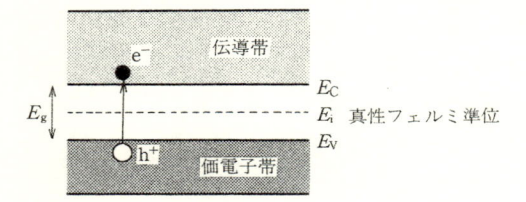

図3・4 真性半導体のエネルギーバンド図

常に禁制帯の中央に位置するものである．注意すべきことは，真性半導体の場合にはフェルミ準位 E_F は E_i と等しくなり，E_i は本来のフェルミ準位の意味をもっているが，不純物半導体のエネルギーバンド図に示される E_i は $E_i \neq E_F$ となり，その半導体の性質を示す目安にはなるが，本来のフェルミ準位の意味とは異なることである．

次に，真性半導体のキャリアの発生を結晶結合の立場から考えよう．半導体の代表である Si 結晶を例にとって考えると，この結晶は前にも述べたが図3・5に示すように共有結合をしている．各原子は図に示すようにそれぞれ四つの価電子を隣合う原子

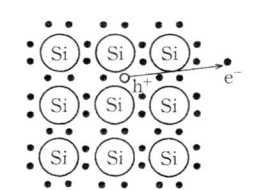

図3・5 共有結合手の切断とキャリアの発生

と共有している．この価電子は理想的な共有結合の状態では，図3・5に示すように，結合手の位置にのみ束縛されていて動くことはできない．しかし，熱エネルギーなどによってこの結合手が切れると，この電子は結晶の中を自由に動き回ることができるようになる．この自由に動くことのできる電子は伝導電子になり，電子の抜けた後に生じる抜け殻は正孔になる．少し不思議に思えるが，この正孔も結晶の中を自由に動き回ることができ，同じくキャリアとして働く．この説明は図3・4に示した禁制帯を越えて伝導帯に励起される伝導電子と価電子帯に発生する正孔の別の表現である．

3・4 不純物半導体

不純物半導体は，真性半導体にキャリアを発生させることのできる，不純物元素をドープ (dope) した半導体である．このように半導体にドープ（添加）される不純物はドーパント (dopant) と呼ばれる．ドープする不純物には電子を発生させるものと，正孔を発生させるものがある．まず，電子を発生させる場合から考えよう．これも Si 結晶を例にとって考えると，Si 原子はIV族の元素なので先に述べたように4個の価電子をもつが，P(リン)などのV族の元素は5個の価電子をもっている．いま，Si 結晶の中にV族の P をわずかにドープすると，図3・6 (a) に示す状況が出現する．すなわち，P 原子の5個の価電子の内4個は Si 原子と共有結合を組み結合手として働くが，残りの一つの価原子は余分になり，この電子は結晶の中を自由に動き回る伝導電子になることができる．これを式で示すと

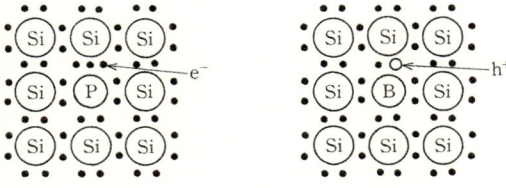

30　　　3　真性半導体と不純物半導体

（a）P（リン）ドープによる
　　　伝導電子の発生

（b）B（ボロン）ドープによる
　　　正孔の発生

図3・6　不純物ドープとキャリアの発生

$$P \rightarrow P^+ + e^- \tag{3・4}$$

となる．ここで，P^+はイオン化したリンである．このリンのイオン化にはそれに十分なエネルギー（活性化エネルギー）が必要である．このような電子を放出するイオンはドナーイオンと呼ばれる．

図3・6（a）や式（3・4）で表される状況をエネルギーバンド図の中に示すと図3・7（a）のようになる．すなわち，Pをドープすると禁制帯の中に浅い局在準位 E_D が発

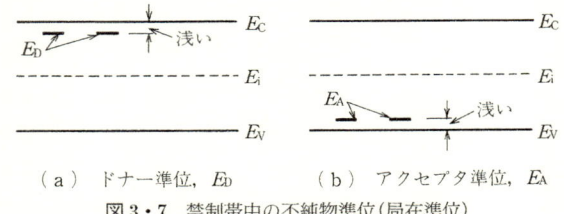

（a）ドナー準位，E_D　　　　（b）アクセプタ準位，E_A

図3・7　禁制帯中の不純物準位（局在準位）

生する．ここで浅いとは，後でもう少し詳しく説明するが，伝導帯の下端 E_C から測って小さいエネルギー差を示すということである．この浅い準位 E_D は半導体に電子を供与する（donate）準位なのでドナー（donar）準位と呼ばれ，同様な理由でP不純物はドナーと呼ばれる．このエネルギー差は上に述べた活性化エネルギーに対応する．以上のようにして作られる不純物半導体がn形半導体である．負（negative）の電荷のキャリアが多い半導体だからこのように呼ばれている．

次に，正孔を発生させる場合であるが，これはSi結晶にⅢ族元素の原子をドープすることによって行われる．Ⅲ族の代表としてB（ボロン）をドープした場合を考えると，共有結合の状態は図3・6（b）に示すようになる．この場合にはBは3個の価電子しかもっていないので，Si原子と共有結合を組んだ場合に価電子が1個不足する．この不足した状態は電子の抜け殻が一つ生じたとも考えられるので，これは正孔 h^+ として働くことになる．この状況を式で書くと

$$B \rightarrow B^- + h^+ \tag{3・5}$$

となる．ここでも B^- はイオン化したボロンであり，このイオン化にエネルギーが必要なことはもちろんである．B^- のようなイオンはアクセプタイオンと呼ばれる．

リンの場合と同様に，この状態をエネルギーバンド図に描くと図3・7(b)に示すようになり，禁制帯の中の価電子帯端 E_V に近いエネルギー位置に局在準位 E_A が発生する．この準位は価電子帯から電子を受け入れる（accept する）準位なのでアクセプタ（acceptor）準位と呼ばれ，同様な理由で B 元素はアクセプタと呼ばれている．以上のようにして作られる不純物半導体は p 形半導体である．この場合には正孔の密度が増大するので，正（positive）の電荷のキャリアが多い半導体だからである．Si，GaAs などの場合に実際に使われているドナー，アクセプタ準位を表3・1に示しておく．

表3・1 Si, GaAs のドナー(E_D)およびアクセプタ(E_A)準位

	ドーパント 不純物	エネルギー (eV)
Si	P (E_D)	0.044
	As (E_D)	0.049
	Sb (E_D)	0.039
	B (E_A)	0.045
GaAs	Te (E_D)	0.030
	Zn (E_A)	0.024

ここで，キャリアのドーパン周辺での運動範囲について少し述べておくと，この範囲 ΔR は水素原子モデルを使って簡単に計算できる．ただ，この場合は水素原子の場合と異なって結晶の中の電子の運動なので，誘電率を真空のそれ（ϵ_0）から結晶の誘電率 $K\epsilon_0$ に変更する必要がある（K は比誘電率）．すると水素原子のボーア半径 r_0 に相当する量がドーパントイオンの中心からの距離，つまり，キャリアの運動範囲 ΔR となるので，キャリアを電子とし有効質量 m_e を使うと ΔR は次の式

$$\Delta R = \frac{m}{m_e} K r_0 \tag{3・6}$$

で与えられる．ボーア半径 r_0 は 5.3×10^{-9} cm なので ΔR は 3 nm 程度になる．

次に，不純物半導体では p 形半導体とか n 形半導体という言葉が使われるが，半導体全体の電荷は中性であることをここで注意しておきたい．式（3・4）と式（3・5）から明らかなようにドナーイオン（＋電荷）と電子（－電荷）あるいはアクセプタイオン（－電荷）と正孔（＋電荷）はそれぞれ密度が同じなので，不純物元素をドープ

してn形とかp形になっても全体としては電気的に中性になっているのである．したがって，電界などが加わっていない半導体では次の電荷の中性条件が満たされている．

$$\rho = q[(p+N_D)-(n+N_A)] = 0 \tag{3・7}$$

ここで，p, nはそれぞれ正孔密度および伝導電子密度であり，N_D, N_A はそれぞれドナー密度およびアクセプタ密度である．このような状態の半導体は中性半導体と呼ばれている．

また，n形半導体では電子密度が正孔密度より高く，p形ではこの逆になるが，このような場合に密度の高い方のキャリアは多数キャリア（majority carrier, n形では電子，p形では正孔）と呼ばれ，密度の低い方のキャリアは少数キャリア（minority carrier, n形では正孔，p形では電子）と呼ばれる．最後に，S_i 半導体の場合に不純物のドープによって抵抗率がどのように変化するかについて調べた結果を図3・8に示しておこう．この曲線はIrvinらが最初に検討したのでアービン（Irvin）曲線と呼ばれている．

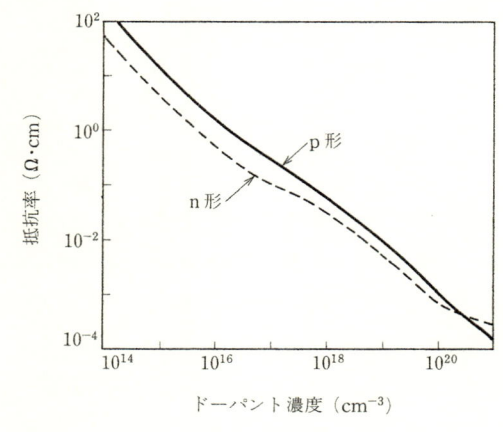

図3・8 抵抗率とドーパント濃度の関係を示すアービン曲線
S. M. Sze and J. C. Irvin, *Solid State Electron*, **11**(1968) 599.

3・5 フェルミ統計とキャリア密度

自然界には電子などのフェルミ粒子の他に光（フォトン）などのボース粒子もある（付録B参照）．フェルミ粒子はすでに述べたようにパウリの排他律に制約されるが，ボース粒子はこの制約を受けない．われわれの取り扱う電子や正孔はフェルミ粒子なのでもちろんこの制約を受けるとともに，名前の由来にもなっているフェルミ-ディラック（Fermi-Dirac）統計に従う．以降はフェルミ統計と略称することにする．

3・5 フェルミ統計とキャリア密度

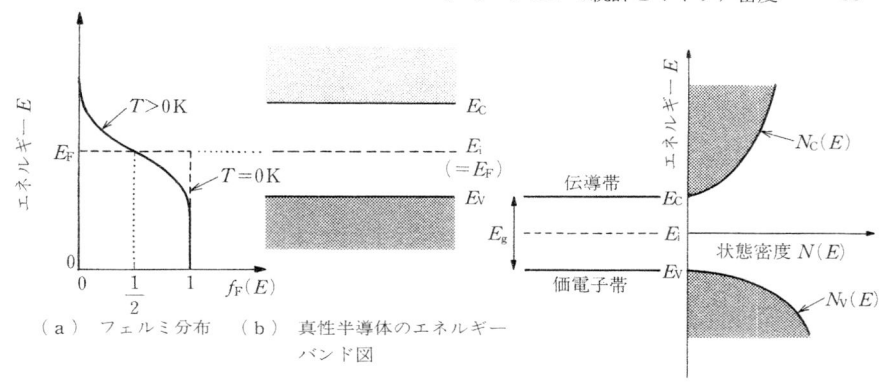

図3・9 フェルミ分布とエネルギーバンド図の関係(真性半導体の場合)

(a) フェルミ分布　(b) 真性半導体のエネルギーバンド図

図3・10 エネルギーバンド図と状態密度

フェルミ統計に従う粒子の分布は次のフェルミ分布関数 $f_F(E)$ によって決る．

$$f_F(E) = \frac{1}{e^{(E-E_F)/kT}+1} \qquad (3\cdot 8)$$

この分布関数は図3・9 (a) に示され，関数の値は粒子のエネルギー E がフェルミ・エネルギー E_F に等しいときに常に 1/2 の値をとる．また，図3・9 (a) に破線で示すように絶対零度においては E_F 以上のエネルギーでは粒子はまったく存在しない．しかし，温度が上昇($T>0$K)すると分布は実線で表されるようになり，フェルミ準位 E_F 以上のエネルギーにおいても粒子は存在できるようになり，その存在確率は式(3・8)で与えられる．エネルギーバンド図上での真性半導体内の電子の分布は図3・9(a)と(b)を対応させることにより推定することができる．

次に，(不純物)半導体のキャリア密度について考えよう．キャリア密度はフェルミ分布 $f_F(E)$ と図3・10 にそれぞれ $N_C(E)$ および $N_V(E)$ で表される伝導帯および価電子帯の状態密度の積に依存して以下に示すように変化する．電子に対する伝導帯の状態密度 $N_C(E)$ は電子のエネルギーを E とすると，次の式で与えられる(付録C参照)．

$$N_C(E) = (4\pi/h^3)(2m_e)^{3/2}(E-E_C)^{1/2} \qquad (3\cdot 9)$$

また，正孔に対する価電子帯の状態密度は同様にして，次の式で表される．

$$N_V(E) = (4\pi/h^3)(2m_h)^{3/2}(E_V-E)^{1/2} \qquad (3\cdot 10)$$

これらの式の m_e，m_h は電子，正孔の有効質量である．

電子，正孔の密度 n，p はそれぞれ図3・11 および図3・12 に示すように，$N_C(E)$ および $N_V(E)$ と(フェルミ分布で決る)キャリアの占有確率の積を積分することによ

3 真性半導体と不純物半導体

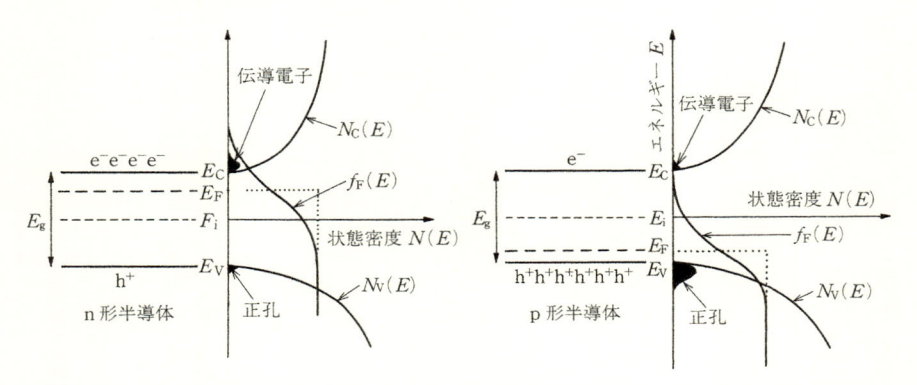

図 3・11 フェルミ分布の上方への移動とキャリア（伝導電子）密度の増大

図 3・12 フェルミ分布の下方への移動とキャリア（正孔）密度の増大

り得られるので，n，p は次のように計算される．

$$n=\int_{E_C}^{\infty} f_F(E)\cdot N_C(E)\mathrm{d}E \tag{3・11 a}$$

$$=N_C e^{-(E_C-E_F)/kT} \tag{3・11 b}$$

$$p=\int_{-\infty}^{E_V}[1-f_F(E)]\cdot N_V(E)\mathrm{d}E \tag{3・12 a}$$

$$=N_V e^{-(E_F-E_V)/kT} \tag{3・12 b}$$

ここで，N_C，N_V は次の式で表される伝導帯および価電子帯の実効状態密度である．

表 3・2 室温 (300 K) における Si, Ge, GaAs の基本定数

特性			Si	Ge	GaAs
エネルギーギャップ		E_g (eV)	1.12	0.66	1.42
真性キャリア密度		n_i (cm^{-3})	1.45×10^{10}	2.4×10^{13}	1.79×10^{6}
抵抗率		ρ_R ($\Omega\cdot$cm)	2.3×10^{5}	47	1×10^{8}
移動度	伝導電子 μ_n 正孔 μ_p	(cm$^2\cdot$V$^{-1}\cdot$s^{-1})	1 500 450	3 900 1 900	8 500 400
有効質量	伝導電子 m_e 正孔 m_h	(g)	0.33 m 0.56 m	0.22 m 0.31 m	0.068 m 0.56 m
比誘電率		K	11.9	16	13.1
実効状態密度	伝導帯 N_C 価電子帯 N_V	(cm^{-3})	2.8×10^{19} 1.04×10^{19}	1.04×10^{19} 6.0×10^{18}	4.7×10^{17} 7.0×10^{18}
電子親和力 χ		(V)	4.05	4.0	4.07
原子密度		(cm^{-3})	5.0×10^{22}	4.42×10^{22}	4.42×10^{22}
結晶構造			ダイヤモンド	ダイヤモンド	せん亜鉛鉱
格子定数		(nm)	54.30	56.46	56.53
融点		(°C)	1 415	937	1 238
降伏電界		(V・cm^{-1})	$\sim 3\times 10^{5}$	$\sim 10^{5}$	$\sim 4\times 10^{5}$

$$N_\mathrm{C} = 2\left(\frac{2\pi m_\mathrm{e} kT}{h^2}\right)^{3/2} \tag{3・13}$$

$$N_\mathrm{V} = 2\left(\frac{2\pi m_\mathrm{h} kT}{h^2}\right)^{3/2} \tag{3・14}$$

実際の N_C, N_V などの値は Si の他 Ge, GaAs の場合も含めて表 3・2 にまとめて示しておいた．また，式（3・11）および式（3・12）の計算においてはフェルミ分布関数はボルツマン分布関数に近似されている．これは普通の半導体（後で述べる縮退した半導体ではないという意味）では，キャリア密度はそれほど高くないので，n 形半導体で考えると，次の関係

$$E_\mathrm{C} - E_\mathrm{F} > kT \tag{3・15}$$

が十分満たされ，伝導帯にいる電子に対しては式（3・8）は次のように

$$f(E) \fallingdotseq \mathrm{e}^{-(E-E_\mathrm{F})/kT} \tag{3・16}$$

ボルツマン分布の式に近似できるからである．

ここで，式（3・11 b）と式（3・12 b）で表される p, n の積は，次の式

$$np = N_\mathrm{C} N_\mathrm{V} \mathrm{e}^{(E_\mathrm{V}-E_\mathrm{C})/kT} = N_\mathrm{C} N_\mathrm{V} \mathrm{e}^{-E_\mathrm{g}/kT} \tag{3・17}$$

で与えられ，この値はバンドギャップ E_g と温度に依存して決る一定値になる．真性半導体では伝導電子の密度 n と正孔の密度 p は常に等しく，かつ，この値は真性キャリア密度 n_i に等しくなるので，次の関係

$$p = n = n_\mathrm{i} \tag{3・18 a}$$

が成立するとともに，この関係を式（3・17）に代入して n_i を求めると，真性キャリア密度 n_i は次の式

$$n_\mathrm{i} = (N_\mathrm{C} N_\mathrm{V})^{1/2} \mathrm{e}^{-E_\mathrm{g}/2kT} \tag{3・18 b}$$

で与えられる．なお，この式からわかるように，真性キャリア密度 n_i の値は図 3・13 に示すように，温度 T によって大幅に変化する．また，式（3・18 b）の関係を用いると式（3・17）の関係は次の式で表される．

$$pn = n_\mathrm{i}^2 \tag{3・19}$$

これは同じ半導体の多数キャリア密度と少数キャリア密度の間で熱平衡のときに成立する重要な関係で，質量作用の法則と呼ばれるものである．

次に，式（3・18 b）で表される n_i を使って電子および正孔の密度 n, p をそれぞれ簡単な形で表しておこう．すなわち，式（3・11 b）および式（3・12 b）で与えられる n, p は式（3・18 b）を使うと，それぞれ次の式

3 真性半導体と不純物半導体

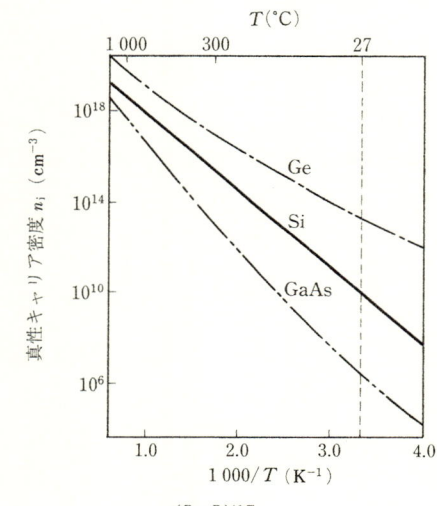

図3・13 真性キャリア密度の温度依存性
C. D. Thurmond, *J. Electrochem. Soc.*, **122**(1975)1133.

$$n = n_\mathrm{i} e^{(E_\mathrm{F} - E_\mathrm{i})/kT} \qquad (3 \cdot 20\,\mathrm{a})$$

$$p = n_\mathrm{i} e^{(E_\mathrm{i} - E_\mathrm{F})/kT} \qquad (3 \cdot 20\,\mathrm{b})$$

で表すことができる．なぜなら，n_i はその意味から式（3・11 b）と式（3・12 b）を使うと次の式で表すこともできるからである．

$$n_\mathrm{i} = N_\mathrm{C} e^{-(E_\mathrm{C} - E_\mathrm{i})/kT} = N_\mathrm{V} e^{-(E_\mathrm{i} - E_\mathrm{V})/kT} \qquad (3 \cdot 21)$$

また，式（3・20 a），（3・20 b）の関係を使うとn形半導体とp形半導体のフェルミ準位 E_Fn および E_Fp はそれぞれ次の式

$$E_\mathrm{Fn} = E_\mathrm{i} + kT \ln(N_\mathrm{D}/n_\mathrm{i}) \qquad (3 \cdot 22\,\mathrm{a})$$

$$E_\mathrm{Fp} = E_\mathrm{i} - kT \ln(N_\mathrm{A}/n_\mathrm{i}) \qquad (3 \cdot 22\,\mathrm{b})$$

で与えられる．なお，ここで，ドーパントはすべて活性化しているとして $n = N_\mathrm{D}$，$p = N_\mathrm{A}$ とした．式（3・22 a），（3・22 b）を用いてn形およびp形半導体のエネルギーバンド図をはっきりした形で描くと，それぞれ図3・14 (a)，(b)に示すようになる．

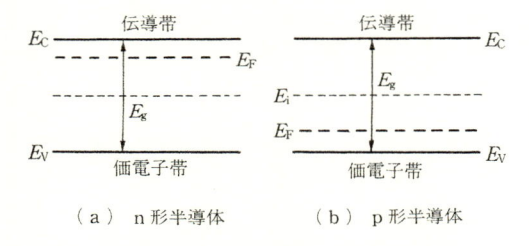

（a） n形半導体　　（b） p形半導体

図3・14 n形とp形半導体のエネルギーバンド図

すなわち，n形半導体ではフェルミ準位は真性フェルミ準位 E_i から離れて伝導帯端 E_c に近づき，p形半導体ではフェルミ準位は E_i から逆の方向に離れて価電子帯端 E_v に近づくことになる．

最後に，不純物半導体の場合におけるキャリア密度の温度依存性について簡単に触れておこう．不純物半導体ではすでに説明したように，ドープした不純物原子がイオン化して電子や正孔などのキャリアを放出するには，活性化エネルギーが必要である．この活性化エネルギーには表3・1に示した不純物準位のエネルギー値を採れば良いので，その値は室温の熱エネルギー（$kT \fallingdotseq 0.026\mathrm{eV}$）と同程度であることがわかる．したがって，室温ではほとんどのドナー準位やアクセプタ準位からは，それぞれ電子および正孔が放出されていると考えて良い．つまり，次の関係

$n \fallingdotseq N_D$ (3・23 a)

$p \fallingdotseq N_A$ (3・23 b)

が成立している．

以上のことを考慮して，次に実際の半導体におけるキャリア密度の温度依存性を考えよう．いま，ドナー密度 N_D が $1\times10^{15}\mathrm{cm}^{-3}$ の n 形半導体を想定すると，キャリア密度の温度依存性は図3・15に示すようになる．この図で飽和領域と示されている室温付近では式 (3・23 a) に示すようにドーパント不純物はほぼ100％イオン化しておりキャリアは出払っている．したがって，この領域は出払い領域とも呼ばれる．だからこの領域ではキャリア密度 n は $1\times10^{15}\mathrm{cm}^{-3}$ になっている．また，温度が室温よりも高くなると，式 (3・18 b) に従って真性キャリア密度 n_i が増加するので電子密度 n も著しく増大し，全体のキャリア密度は図に示すように n_i に支配されるようになる．逆

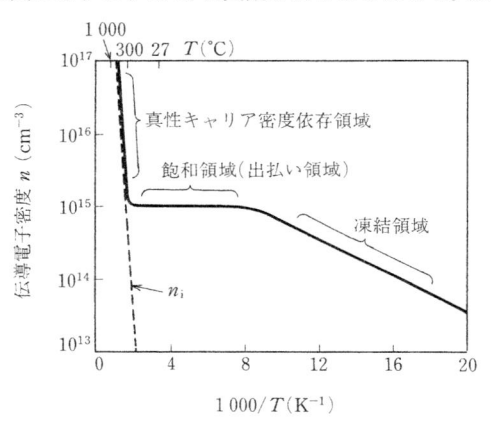

図3・15 キャリア（伝導電子 n）密度の温度依存性（Si，$N_D=1\times10^{15}\mathrm{cm}^{-3}$ のとき）

に，室温より温度が下がるとドーパントイオンは凍結されてイオン化できなくなるので式 (3・23 a) は成立せず $n < N_D$ となるので，図に示すようにキャリア密度はドーパント濃度 N_D より減少する．この領域は凍結領域と呼ばれている．

この章を終えるに当り，キャリア密度の表示記号について簡単に補足しておきたい．例えば，n_p と書くと p 形半導体の伝導電子の密度であり，n_n と書くと n 形の同じく電子密度である．すなわち，下ツキの記号は半導体の形（タイプ）を示している．また，n_{po} と書くと p 形半導体の熱平衡状態の電子密度である．p_{po} は熱平衡時における正孔の密度を表している．

Andrew S. Grove 氏
(1936〜　　)
写真提供　インテルジャパン㈱

半導体デバイスを勉強した人で氏の著書 "Physics and Technology of Semiconductor Devices" を知らない人は，まず，いないであろう．日本の半導体デバイスやプロセスの技術者にとって，バイブルともいわれた本だからである．氏の学位論文は流体力学（化学工学専攻）だそうである．氏はまったく異なる半導体デバイスの分野に入り，まもなく MOS キャパシタについて素晴らしい仕事をした．大学を終えた後 Fairchild を経て Intel に入り，その後社長になってインテルを世界最大の半導体メーカーに育てた．インテルは単に売上が多いだけではない．いまや，必需品になっているパソコンの心臓部を構成するマイコン（MPU：Micro Processor Unit）という超 LSI の，インテルのシェアは全世界の 8 割であるという．技術で世界の半導体産業を制覇しているのである．氏は，ハンガリーからの移民で，あの 1956 年の動乱のときにアメリカに逃れて，苦学して勉強した人である．そして，氏は言われる "人生では将来はまったく予想できない，しかし，人生には無限のチャンスがある"．私たち，後を歩むものには，励みになる言葉ではないだろうか．

4 キャリアの注入とその振舞い

　半導体デバイスではその動作にキャリアの運動が必要である．キャリアはエネルギーバンド構造的には禁制帯に存在する局在準位から放出される．また，キャリアは禁制帯の局在準位によって捕獲されもする．このキャリアの放出と捕獲は半導体デバイスにおいて基本的に重要なので，局在準位について簡単に述べたあと，キャリアの放出と捕獲の法則について Shockley-Read モデルを用いて説明する．この後キャリアの注入によって起る半導体の性質の変化（光伝導効果）について述べる．つづいて，半導体の中で運動するキャリアが従わなくてはならない連続の方程式について説明し，この関係を用いてキャリアを半導体に注入したときのキャリア密度の分布などについて考察する．キャリアの分布は後で述べる p-n 接合ダイオードやバイポーラトランジスタの電流-電圧特性などを決定するので，半導体の中でのキャリア密度の分布はきわめて重要な課題である．

4・1　局在準位と浅い準位，深い準位

　ほぼ完全な半導体結晶の中に部分的に異常な部分が生じると，結晶学的には格子欠陥が発生したという．これを電子構造の立場から見ると禁制帯の中に図 4・1 に示すように局在準位が発生していることになる．なぜ，局在準位と呼ばれるかというとその理由は次のように説明される．部分的に発生した欠陥，例えば，Si 原子と置換した，または格子間に侵入した異種元素の原子や Si 結晶中の点欠陥などは，結晶全体に連続的に存在しているわけではなく，エネルギー的にも広い範囲にわたって連続して分布しているわけでもない．したがって，これらの広い意味での格子欠陥の作る電子準位は場所的にもエネルギー的にも局在準位的になり，図 4・1 に同じく示すフェルミ・エネルギー E_f や伝導帯端 E_c のように連続したものにはならない．局在準位はトラップ（捕獲中心）と呼ばれ図 4・1 に示すように，しばしば E_t で表される．

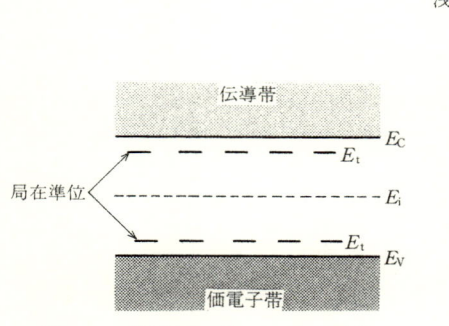

図4・1 禁制帯内に作られる局在準位

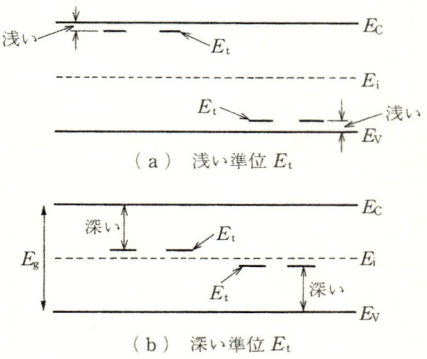

図4・2 浅い準位と深い準位

局在準位には電子を捕獲して中性になるドナー的な準位と正孔を捕獲して（すなわち，電子を放出して）中性になるアクセプタ的な準位がある．また，別の見方をすれば，局在準位は伝導帯や価電子帯などの許容帯からエネルギー差の小さい，図4・2(a)に示す浅い準位と，逆に許容帯からエネルギー差の大きい，図4・2(b)に示す深い準位に分けられる．後者の深い準位は禁制帯の中央付近に位置しているとも表現できる．

浅い準位の代表例としては，すでに見てきたドナー準位やアクセプタ準位がある．これらの浅い準位がキャリアの放出源として有効である理由については次の節で説明する．深い準位についても次節で詳しく述べるが，この準位はキャリアの生成-再結合中心 (Generation-Recombination center ; G-R センター) として働くことがよく知られている．したがって，深い準位はデバイスの基本的な特性であるキャリアの寿命 (lifetime) や p-n 接合のリーク電流と密接な関係があるので，特に注意して理解する必要がある．参考のために Si 結晶中の代表的な深い準位を表4・1に示しておいた．

表4・1 Si 中の不純物の作る深い準位

不純物元素	エネルギー(eV)	タイプ
Au	$E_c - 0.54$	A
	$E_v + 0.35$	D
Fe	$E_v + 0.40$	D
Cu	$E_v + 0.52$	A
	$E_v + 0.37$	A
W	$E_c - 0.37$	A
	$E_v + 0.34$	D

A はアクセプタ，D はドナーを示す

4・2 Shockley-Read モデル

禁制帯中に局在準位が存在する場合に，これらがどのような働きをするかは Shockley-Read モデルを使って説明することができる．このモデルでは図4・3に示すように，禁制帯中に局在準位（キャリアの捕獲中心，トラップ）の存在が想定され，トラップと伝導帯間での電子のやりとり，およびトラップと価電子帯との間の正孔のやりとり（実効的には電子のやりとり）が考察される．なお，図4・3ではトラップのエネルギー位置 E_t を一応 E_i の近傍にとっているが，以下の議論ではトラップは必ずしも深い準位のみを表しているわけではない．

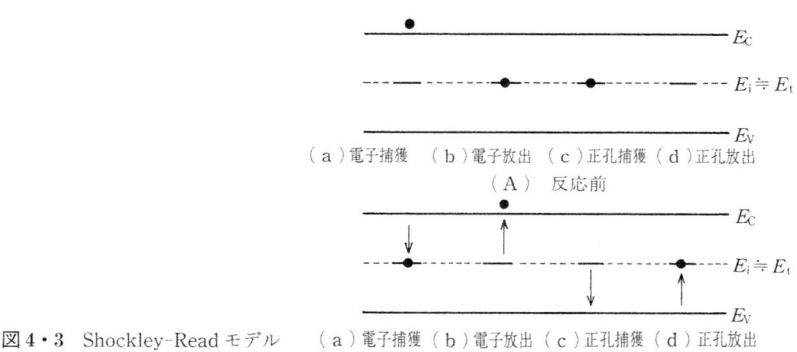

　　　　　　　　　　　　　　　　　　　　　　　　　　　　　　　　　　E_C
　　　　　　　　　　　　　　　　　　　　　　　　　　　　　　　　　　$E_i ≒ E_t$
　　　　　　　　　　　　　　　　　　　　　　　　　　　　　　　　　　E_V
　　　　　　　　　　　（a）電子捕獲　（b）電子放出　（c）正孔捕獲　（d）正孔放出
　　　　　　　　　　　　　　　　　　（A）　反応前

　　　　　　　　　　　　　　　　　　　　　　　　　　　　　　　　　　E_C
　　　　　　　　　　　　　　　　　　　　　　　　　　　　　　　　　　$E_i ≒ E_t$
　　　　　　　　　　　　　　　　　　　　　　　　　　　　　　　　　　E_V

図4・3 Shockley-Read モデル　　（a）電子捕獲（b）電子放出（c）正孔捕獲（d）正孔放出
　　　　　（電子の移動で説明）　　　　　　　　　　（B）　反応後

このモデルを使って次の四つの事象が起る割合 (rate) を考えよう．第1は電子が伝導帯からトラップへ捕獲される割合 r_1，第2はトラップから電子が放出されて，これが伝導帯へ移る割合 r_2，第3はトラップが正孔を捕獲する割合 r_3（電子の動きで考えると，トラップに捕獲されていた電子が価電子帯へ放出される割合）および第4のトラップが正孔を放出する割合 r_4（電子で考えると，価電子帯の電子がトラップに捕獲される割合）である．これらの四つの事象はそれぞれ(a)電子捕獲，(b)電子放出，(c)正孔捕獲および(d)正孔放出と呼ばれ，これらの事象が起る前後のトラップの電子の占有状態は，それぞれ図4・3(A)，(B)に示す通りである．

これらの事象が起る割合を次に数式的に表してみよう．
　(a)　電子捕獲の割合 r_1 は，電子の捕獲断面積 σ_n，キャリアの熱速度 v_{th}（前に述べたように約 $10^7 \mathrm{cm \cdot s^{-1}}$），伝導帯の電子密度 n および空いている状態のトラップの密度 $N_t(1-f)$ に比例するので，次の式で表される．

$$r_1 = \sigma_n v_{\mathrm{th}} n N_t (1-f) \tag{4・1}$$

ここで, f はトラップにおける電子の存在確率を示すフェルミ分布で, いまの場合トラップのエネルギーは E_t なので, 次の式で与えられる.

$$f = \frac{1}{1 + e^{(E_t - E_F)/kT}} \tag{4・2}$$

(b) 電子放出の割合 r_2 は, 電子の放出確率 e_n, トラップの密度 N_t およびトラップに電子が捕獲されている確率 f に比例するので, 次の式で表される.

$$r_2 = e_n N_t f \tag{4・3}$$

(c) 正孔捕獲の割合 r_3 は, 正孔の捕獲断面積 σ_p, キャリアの熱速度 v_{th}, 価電子帯の正孔の密度 p, トラップの密度 N_t およびトラップに電子が捕獲されている確率 f に比例するので, 次の式

$$r_3 = \sigma_p v_{\mathrm{th}} p N_t f \tag{4・4}$$

で表される.

(d) 正孔放出の割合 r_4 は, 正孔の放出確率 e_p および電子が存在していないトラップの密度 $N_t(1-f)$ に比例するので, 次の式で表される.

$$r_4 = e_p N_t (1-f) \tag{4・5}$$

次に, 以上のようにして求められた各割合 r_1, r_2, r_3 および r_4 を用いて禁制帯に存在するトラップの性質について考えてみよう. 上に述べたドナーやアクセプタ準位も禁制帯に作られるトラップなので, これらの準位からのキャリアの放出確率, ここでは, それぞれ e_n, e_p に対応するが, これらを求めてみよう. いま, 熱平衡状態で考えると, トラップからのキャリアの放出割合 r_2 とトラップへのキャリアの捕獲割合 r_1 は等しいので, 次の関係が成立する.

$$\sigma_n v_{\mathrm{th}} n N_t (1-f) = e_n N_t f \tag{4・6}$$

また, キャリア密度 n は式 (3・20 a) で表されるので, $n = n_i e^{(E_F - E_i)/kT}$ として式 (4・6) を計算すると, トラップからの電子の放出確率 e_n は次の式

$$e_n = \sigma_n v_{\mathrm{th}} n_i e^{(E_t - E_i)/kT} \tag{4・7}$$

で与えられる. また, 正孔のトラップからの放出確率 e_p も同様にして次の式

$$\sigma_p v_{\mathrm{th}} p N_t f = e_p N_t (1-f) \tag{4・8}$$

と式 (3・20 b) で表される $p = n_i e^{(E_i - E_F)/kT}$ の関係を用いて計算でき, 次の式

$$e_p = \sigma_p v_{\mathrm{th}} n_i e^{(E_i - E_t)/kT} \tag{4・9}$$

で与えられる.

4・2 Shockley-Readモデル

式(4・7)と式(4・9)を見ると，電子の放出確率 e_n が高くなるのは $E_t - E_i$ の値が大きいとき，正孔の放出確率が高いのは $E_i - E_t$ の値が大きいときであることがわかる．すなわち，電子に対しても正孔に対してもキャリアの放出確率が高くなるのは $E_t - E_i$ の絶対値が大きいときということになる．E_i は禁制帯の中央に位置しているので，$E_i - E_t$ が大きいということはトラップは伝導帯または価電子帯に近い浅い準位ということである．以上のことは式(4・7)および式(4・9)に式(3・21)を代入して得られる次の式

$$e_n = \sigma_n v_{th} N_c e^{-(E_c - E_t)/kT} \qquad (4・10)$$

$$e_p = \sigma_n v_{th} N_v e^{-(E_t - E_v)/kT} \qquad (4・11)$$

を見るとさらに分かりやすいかもしれない．以上の考察からキャリアを放出するドナーやアクセプタ準位としては図4・2(a)に示す浅い準位が有効なことがわかる．

次に，非平衡な定常状態について考えてみよう．なぜこのようなことを考えるかというと，半導体デバイスの動作メカニズムにはキャリアの非平衡状態から平衡状態への遷移現象が使われているからである．例えば，半導体に電圧を加えると非平衡状態になるが，キャリアは平衡状態に戻ろうとする．この平衡状態に戻ろうとする作用がデバイスの動作原理に使われている．ここでは非平衡状態ではあるが，例えば，半導体に電圧を加えて保持したような定常状態を考えることにしたい．

定常状態ではキャリア密度の時間変化はない（$dn_n/dt = 0$，$dp_n/dt = 0$）ので，電子捕獲の割合 r_1 と電子放出の割合 r_2 の差 $r_1 - r_2$ の値は，正孔の捕獲，放出の割合の差 $r_3 - r_4$ に等しい．したがって，次の関係が成立する．

$$r_1 - r_2 = r_3 - r_4 \qquad (4・12)$$

式(4・12)に上記の r_1，r_2，r_3 および r_4 を代入すると，次の関係

$$\sigma_n v_{th} n(1-f) - e_n f = \sigma_p v_{th} pf - e_p(1-f) \qquad (4・13)$$

が得られる．したがって，このときにトラップに存在する電子の分布 f_t は，この式において $f = f_t$ と置いて解くことにより次の式で与えられる．

$$f_t = \frac{\sigma_n v_{th} n + e_p}{\sigma_n v_{th} n + e_n + \sigma_p v_{th} p + e_p} \qquad (4・14)$$

この式に式(4・7)，式(4・9)を代入すると f_t の詳しい式が得られるが，いま問題を簡略化して見通しを良くするために次のような仮定をおくことにする．

$$\sigma_n = \sigma_p = \sigma \qquad (4・15)$$

すると，f_t は比較的簡単に計算でき，次の式が導出できる．

$$f_\mathrm{t} = \frac{n + n_\mathrm{i} e^{(E_\mathrm{i}-E_\mathrm{t})/kT}}{n + p + n_\mathrm{i}[e^{(E_\mathrm{t}-E_\mathrm{i})/kT} + e^{(E_\mathrm{i}-E_\mathrm{t})/kT}]} \tag{4・16}$$

次に，キャリアの生成-再結合速度について考えよう．キャリアの再結合速度の逆はキャリアの生成速度なので，キャリアの再結合速度（割合）を U とすれば $-U$ はキャリアの生成速度（割合）ということになる．キャリアの再結合割合 U は上記のキャリアの捕獲割合，放出割合（r_1，r_3 および r_2，r_4）を用いると，次の式

$$U = r_1 - r_2 (= r_3 - r_4) \tag{4・17}$$

で与えられる．したがって，この式に式(4・1)および式(4・3)で表される r_1，r_2 を代入して整理すると U として次の式

$$U = \frac{\sigma_\mathrm{p} \sigma_\mathrm{n} v_\mathrm{th} N_\mathrm{t} (pn - n_\mathrm{i}^2)}{\sigma_\mathrm{n}[n + n_\mathrm{i} e^{(E_\mathrm{t}-E_\mathrm{i})/kT}] + \sigma_\mathrm{p}[p + n_\mathrm{i} e^{(E_\mathrm{i}-E_\mathrm{t})/kT}]} \tag{4・18}$$

が得られる．ここで，式(4・15)の関係を再び使って簡略化すると，U は次の式

$$U = (\sigma v_\mathrm{th} N_\mathrm{t}) \frac{(pn - n_\mathrm{i}^2)}{(n+p) + 2 n_\mathrm{i} \cosh[(E_\mathrm{t} - E_\mathrm{i})/kT]} \tag{4・19}$$

に近似できる．

式(4・19)を見ると，キャリアの生成（$-U$）および再結合（U）割合は同じ式で表され，キャリアの生成-再結合速度が大きい値をとるのは式(4・19)の値が大きくなるときで，次の条件が満たされるときであることがわかる．

(a) トラップの密度 N_t が高いとき，

(b) $E_\mathrm{t} - E_\mathrm{i} \fallingdotseq 0$ のとき，すなわち，トラップのエネルギー位置が禁制帯の中央付近にあるとき，

(c) $pn - n_\mathrm{i}^2 > 0$，すなわち，熱平衡からのずれが大きいとき．

以上の条件からトラップの中で禁制帯の中央付近に存在する深い準位がキャリアの生成-再結合中心として有効に働くことがわかる．

深い準位が有効な理由についてここで簡単に考察しておこう．図4・4に二つのトラップ E_t1 と E_t2 を示した．E_t2 の方がより深い準位で $E_\mathrm{t2} \fallingdotseq E_\mathrm{i}$ と仮定する．トラップ E_t

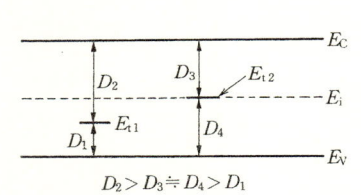

図4・4 深い準位がキャリアの有効な生成-再結合中心になる理由

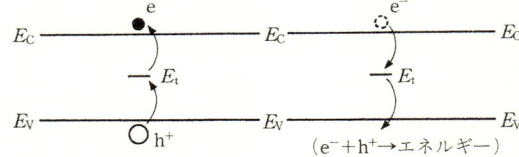

図4・5 キャリアの生成と再結合(準位を介しての遷移)
(a) キャリアの生成（生命寿命）
(b) キャリアの再結合（再結合寿命）

4・2 Shockley-Readモデル

を通してのキャリアの生成と再結合は図4・5(a), (b)に示した．キャリアの再結合は図4・5(b)に示すように，まず，伝導帯の電子がトラップ E_t に捕獲され（r_1に依存），次に，この電子が価電子帯に放出されて（正孔が捕獲されて）正孔と再結合する（r_3に依存）二つの過程を経て起る．したがって，式(4・18)から明らかなように，再結合割合 U は $n_i e^{(E_t-E_i)/kT}$ と $n_i e^{(E_i-E_t)/kT}$ の両方で決る．両者を式(3・21)を用いて書き換えると，それぞれ，$N_C e^{-(E_c-E_t)/kT}$，$N_V e^{-(E_t-E_v)/kT}$ となる．したがって，(E_c-E_t) と (E_t-E_v) の両方の値が大きいとき，つまり，$E_t \fallingdotseq E_i$ のとき再結合割合 U は大きくなるので，図4・4に示す E_{t1} と E_{t2} を比較すると，再結合中心としてはより深い準位 E_{t2} の方が有効なことがわかる．以上のような中間準位を経てのキャリアの再結合は間接再結合と呼ばれ間接遷移型の半導体では支配的な再結合過程である．これはすでに述べたように，次に述べるバンド間再結合が間接遷移型の半導体では起り難いからである．

次に，もう一つの再結合過程であるバンド間再結合（または直接再結合）について述べよう．これは図4・6に示すように伝導帯の電子と価電子帯の正孔が直接的に再結合する機構によって起る．図4・6には(a 1)と(b)にキャリアの発生［これは電子-正孔対（electron-hole pair）の発生といわれる］が示され，図4・6(a 2)には再結合が示されている．

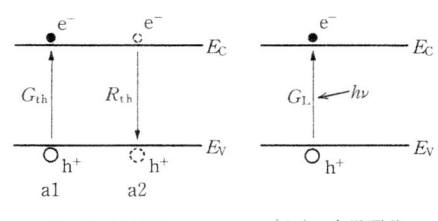

図4・6 キャリアのバンド間遷移　　（a）熱遷移　　（b）光学遷移

いま，熱平衡状態におけるキャリアの再結合速度（または割合）（recombination rate）を R_{th} とし，生成速度（generation rate）を G_{th} とすることにしよう．そしてn形半導体を仮定し，多数キャリア密度と少数キャリア密度をそれぞれ n_n, p_n とすると，直接再結合の場合の再結合割合 R は，これらの密度の積に比例し次の式で与えられる．

$$R = a n_n p_n \tag{4・20}$$

熱平衡の状態ではキャリアの再結合速度と生成速度は等しいので，次の関係

$$G_{th} = R_{th} = a n_{n0} p_{n0} \tag{4・21}$$

が成立する．したがって，熱平衡からずれたときの再結合速度（割合）を前と同じよ

うに U とおくと，U は次の式で与えられる．

$$U = R - G_{th} \fallingdotseq an_{n0}(p_n - p_{n0}) \tag{4・22}$$

ここで，$n_{n0} = n_n$ と近似した．これは本書で取扱う条件（後述の低水準注入の条件）では多数キャリア密度は，キャリアの注入などによっても，熱平衡状態の値から大きくはずれることはないからである．

　直接（またはバンド間）再結合は直接遷移型の半導体で起りやすい再結合過程で，この再結合割合は間接遷移型の半導体ではその値がかなり小さい．直接再結合には光を伴う再結合（radiative recombination）があるが，この再結合が起ると光が発生するので GaAs などの直接遷移型の半導体では半導体レーザや発光ダイオードなどの光デバイスが作られている．なお，光によってキャリアが発生する割合は，熱励起の G_{th} と区別して図4・6(b)に示すように G_L で表すことにする．

4・3　少数キャリアの寿命

　過剰な少数キャリアの寿命（lifetime）は後で述べるように，過剰少数キャリアが消滅するまでの時間を意味しているが，直接再結合の場合には式(4・22)の係数を使って，次の式で与えられる．

$$\tau_p = \frac{1}{an_{n0}} \tag{4・23}$$

ここでは n 形半導体を考えているので，τ_p はこの場合の少数キャリアである正孔の寿命となっている．

　次に，深い準位が存在する場合の少数キャリアの寿命がどのようになるかについて考えよう．その前に，少数キャリアの寿命には前提条件が重要になるので，ここでキャリアの注入条件について考察しておこう．半導体に外部からキャリアを導入することをキャリアの注入というが，注入の方法には電流を流し込む方法や光を照射する方法などがある．ここではっきりしておきたいことはキャリアの注入量についてである．キャリアの注入量に関しては低水準注入と高水準注入がある．図4・7に低水準注入(A)と高水準注入(B)の場合の注入前後のキャリア密度の変化を平衡状態と対比させて示した．

　いま，熱平衡状態の n 形半導体（$n_{n0} \gg p_{n0}$，$n_{n0}p_{n0} = n_i^2$）を考えると，このときの各キャリア密度は図4・7に"熱平衡"と示されている棒グラフのようになる．この半導体に少数キャリアの正孔を密度 p_n だけ注入することを考える．p_n の密度がそれほど

4・3 少数キャリアの寿命

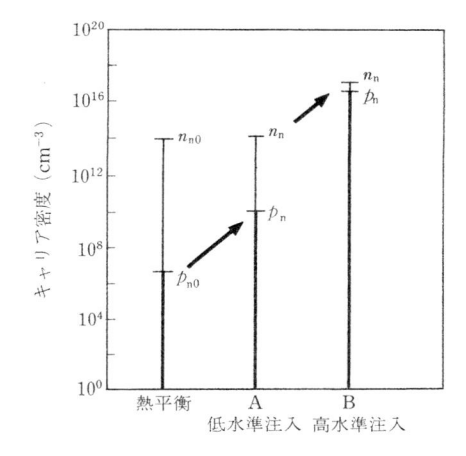

図4・7 キャリアの注入水準

高くないときには図4・7に"A"で示すように,少数キャリア密度は大幅に変化する($p_n \gg p_{n0}$)が,多数キャリア密度はほとんど変化しない($n_n \fallingdotseq n_{n0}$).このような条件の注入は低水準注入と呼ばれる.しかし,注入する少数キャリアの密度がきわめて高くなると,図に"B"で示すように,多数キャリア密度の方も大きく変化する($n_n \gg n_{n0}$)ようになる.このような注入は高水準注入と呼ばれる.実際のデバイス(バイポーラトランジスタなど)では高水準注入の場合もよくあるが,問題が複雑になるので本書では低水準注入の場合に限ることにしたい.

さて,低水準注入を仮定してキャリアの再結合割合 U を考えるのであるが,式(4・19)をいま考えている n 形半導体に適用するために,次のように書き換える.

$$U = \sigma v_{th} N_t \frac{(p_n n_n - p_{n0} n_{n0})}{n_n + p_n + 2n_i \cosh[(E_t - E_i)/kT]} \qquad (4 \cdot 24)$$

低水準注入では,さらに $n_n > p_n$,$n_n \fallingdotseq n_{n0}$ および $n_n \gg n_i$ の条件が成り立つ.また,トラップが禁制帯の中央近傍付近に存在すると仮定すると $E_t \fallingdotseq E_i$ となり,式(4・24)は次のように簡単な式に近似できる.

$$U = \sigma v_{th} N_t (p_n - p_{n0}) = \sigma v_{th} N_t \Delta p_n \qquad (4 \cdot 25)$$

したがって,正孔(過剰少数キャリア)の寿命 τ_p は,前と同じように,式(4・25)の係数 $\sigma v_{th} N_t$ を使って次の式で与えられる.

$$\tau_p = \frac{1}{\sigma_p v_{th} N_t} \qquad (4 \cdot 26)$$

ここで,正孔の捕獲断面積として σ_p を使った.式(4・26)からわかるように,この場合

には多数キャリア密度 n_{n0} に依存しないでトラップの密度 N_t に依存している．この場合のトラップは上で仮定したように深い準位 ($E_t \fallingdotseq E_i$) なので，結局，少数キャリアの寿命は深い準位の密度が高いほどその値が短くなることがわかる．少数キャリアの寿命には電子の場合もあるので，これも示しておくと同様な議論によって次の式

$$\tau_n = \frac{1}{\sigma_n v_{th} N_t} \tag{4・27}$$

で与えられる．ここで，σ_n は電子の捕獲断面積である．実際の半導体デバイスでは式(4・23)で与えられる値よりも式(4・26)および式(4・27)で与えられる値の方が小さくなるので，こちらの方で少数キャリアの（再結合）寿命は決っている．

また，少数キャリアの寿命には再結合寿命（recombination lifetime）τ_r の他に生成寿命（generation lifetime）τ_g がある．両者の違いを説明しておくと，キャリアの生成は図4・5(a)に示すように，価電子帯の電子がトラップを飛び石として伝導帯に移ることにより伝導帯に電子，価電子帯に正孔が発生して完結するが，この現象が完結するまでの時間がキャリアの生成寿命である．一方，再結合寿命は図4・5(b)に示すように伝導帯の電子がトラップを介して価電子帯の正孔と再結合するまでの時間である．一般には生成寿命 τ_g の方が（キャリア密度などが効く）再結合寿命 τ_r より長い．また，再結合寿命の測定については次節で原理のみ簡単に示すことにする．また，生成寿命 τ_g は後で9・3節で示すようにMOSダイオードを用いて測定することができる．

4・4 光 伝 導 効 果

キャリアの注入によって起る面白い現象に光伝導効果（photoconduction effect）がある．これは図4・8に示すように，例えば，p形半導体の表面にバンドギャップ E_g よりエネルギーの大きい光 ($h\nu > E_g$) を一様に照射すると，光を照射している間は半導体のキャリア密度が増大し，電気伝導度が高くなる現象である．図4・8に示すように半導体に光を照射したとき，光照射によるキャリアの生成割合を G_L とし，再結合割合を U とすると，このp形半導体の少数キャリア密度 n_p の時間変化は次の式

$$\frac{dn_p}{dt} = G_L - U \tag{4・28}$$

で表される．U に式(4・22)と式(4・23)をp形半導体として適用すると，次の式

$$U = \alpha p_{p0}(n_p - n_{p0}) \tag{4・29 a}$$

$$= \frac{1}{\tau_n}(n_p - n_{p0}) \tag{4・29 b}$$

4・4 光伝導効果   49

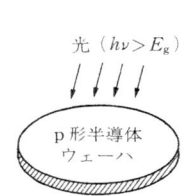

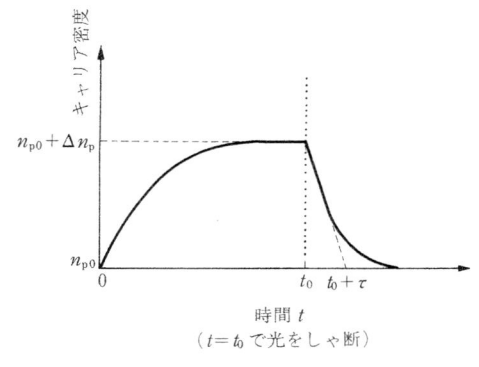

図4・8 光によるキャリアの注入　　**図4・9** 光照射によるキャリアの増大と光のしゃ断によるキャリアの減衰

が得られる．ここで，τ_n は次の式で与えられる．

$$\tau_n = \frac{1}{\alpha p_{p0}} \tag{4・30}$$

式(4・29b)を式(4・28)に代入すると，次の微分方程式

$$\frac{dn_p}{dt} = G_L - \frac{n_p - n_{p0}}{\tau_n} \tag{4・31}$$

が導出される．この微分方程式を境界条件（$t=0$ のとき $n_p = n_{p0}$）の下に解くと，

$$n_p = G_L \tau_n (1 - e^{-t/\tau_n}) + n_{p0} \tag{4・32}$$

と光を照射したときのキャリア密度 n_p が得られる．この式の様子は図4・9の点線より左側に示す曲線のようになる（$\Delta n_p = G_L \tau_n$）．

光を照射している定常状態では，式(4・32)において $t = \infty$ とおくと，次の式

$$n_p = G_L \tau_n + n_{p0} \tag{4・33a}$$

が得られ，キャリア（電子）密度が増大する．キャリアの発生機構を考えると正孔の密度も同じ量だけ増大するはずであるから，正孔の密度 p_p は次の式で与えられる．

$$p_p = G_L \tau_n + p_{p0} \tag{4・33b}$$

式(4・33a)，(4・33b)を用いて光を照射している場合の電気伝導度 σ を求めると，σ は

$$\sigma = q(\mu_n n_p + \mu_p p_p) \tag{4・34a}$$

$$= q(\mu_n n_{p0} + \mu_p p_{p0}) + q(\mu_n + \mu_p) G_L \tau_n \tag{4・34b}$$

となる．式(4・34b)を見ると電気伝導度 σ は第1項の平衡状態のときの値よりも，第

2項の分 $q(\mu_n+\mu_p)G_L\tau_n$ だけ増大していることがわかる．これが光伝導効果 (photoconductivity effect) である．なお，光の照射を例えば $t=t_0$ で中止すると，図 4・9の点線より右に示すように，過剰な少数キャリア密度は減少を始め，図に示すような減衰曲線が得られる．この減衰曲線の（破線で示す）接線と横軸の交点から少数キャリアの再結合寿命 $\tau_r(\tau_n)$ を求めることができる．

4・5 過剰少数キャリアに対する連続の方程式

まず，キャリアの輸送方程式を考えよう．いま，図4・10に示す微小体積 $d\mathcal{V}$ を流束 $F_n(x,\ t)$ のキャリア（電子）が通過することを想定し，通過前後のキャリア密度 n

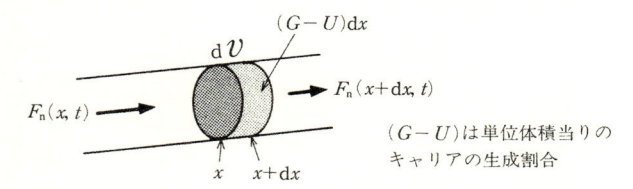

図4・10 キャリアの輸送

の変化を考えよう．ここで $F_n(x,\ t)$ を単位時間当り単位面積当りの流束とし，体積 $d\mathcal{V}$ の中で単位体積当り $(G-U)$ だけのキャリアの生成があると仮定する（G，U はキャリアの生成および再結合割合）．以上の仮定により微小体積 $d\mathcal{V}$ を通過前後のキャリア密度の変化は，次の式で表される．

$$\frac{\partial}{\partial t}n(x,\ t)dx = F_n(x,\ t) - F_n(x+dx,\ t) + (G-U)dx \qquad (4\cdot 35)$$

ここで，流束 F の項を次のように書き換えることにする．

$$F_n(x,\ t) - F_n(x+dx,\ t) = -\frac{\partial F_n}{\partial x}dx \qquad (4\cdot 36)$$

すると，式(4・35)と式(4・36)より，次の式が得られる．

$$\frac{\partial n}{\partial t} = -\frac{\partial F_n}{\partial x} + G - U \qquad (4\cdot 37)$$

また，キャリアの流束 F_n は1章で議論したように，拡散とドリフトによるので，式(1・16)で表される電流密度の式から電荷 $(-q)$ を除いて，次の式

$$F_n(x) = -D_n\frac{dn}{dx} - n\mu_n\mathcal{E}(x) \qquad (4\cdot 38)$$

で与えられる．この $F_n(x)$ を式(4・37)に代入すると次の式が導かれる．

4・5 過剰少数キャリアに対する連続の方程式

$$\frac{\partial n}{\partial t} = D_\mathrm{n}\frac{\mathrm{d}^2 n}{\mathrm{d}x^2} + n\mu_\mathrm{n}\frac{\mathrm{d}\mathcal{E}(x)}{\mathrm{d}x} + G - U \tag{4・39}$$

半導体デバイスでは少数キャリアの振舞いが重要になるので，式(4・39)を少数キャリアに適用しよう．まず，p形半導体を仮定しキャリアが正孔の場合を考えると，流束 $F_\mathrm{p}(x)$ は式(4・38)と同様に，次の式

$$F_\mathrm{p}(x) = -D_\mathrm{p}\frac{\mathrm{d}p}{\mathrm{d}x} + p\mu_\mathrm{p}\mathcal{E}(x) \tag{4・40}$$

で与えられる．電荷の中性条件から $F_\mathrm{p}(x)$ と $F_\mathrm{n}(x)$ は等しくなるので，式(4・38)と式(4・40)よりこの場合の $\mathcal{E}(x)$ は次の式で表されることがわかる．

$$\mathcal{E}(x) = \frac{1}{p_\mathrm{p}\mu_\mathrm{p} + n_\mathrm{p}\mu_\mathrm{n}}\left(D_\mathrm{p}\frac{\mathrm{d}p_\mathrm{p}}{\mathrm{d}x} - D_\mathrm{n}\frac{\mathrm{d}n_\mathrm{p}}{\mathrm{d}x}\right) \tag{4・41}$$

ここで，p形半導体を仮定したので $p \to p_\mathrm{p}$, $n \to n_\mathrm{p}$ とした．また，電荷の中性条件より $\mathrm{d}p_\mathrm{p}/\mathrm{d}x = \mathrm{d}n_\mathrm{p}/\mathrm{d}x$ となるとともに，低水準注入の条件では $p_\mathrm{p} \gg n_\mathrm{p}$ なので，式(4・41)は簡単になり，次の式に近似できる．

$$\mathcal{E}(x) = -\frac{(D_\mathrm{n} - D_\mathrm{p})}{p_\mathrm{p}\mu_\mathrm{p}} \cdot \frac{\mathrm{d}n_\mathrm{p}}{\mathrm{d}x} \tag{4・42}$$

次に，式(4・42)を用いp形半導体を想定して式(4・39)の右辺の第2項の大きさを見積もってみよう．すると次の式が得られる．

$$-n_\mathrm{p}\mu_\mathrm{n}\frac{\mathrm{d}\mathcal{E}(x)}{\mathrm{d}x} = \frac{n_\mathrm{p}\mu_\mathrm{n}}{p_\mathrm{p}\mu_\mathrm{p}}(D_\mathrm{n} - D_\mathrm{p})\frac{\mathrm{d}^2 n_\mathrm{p}}{\mathrm{d}x^2} \tag{4・43}$$

p形半導体では $p_\mathrm{p} \gg n_\mathrm{p}$ が成立しているので，この式の値は非常に小さくなることがわかる．すなわち，少数キャリアの振舞いに対しては拡散が支配的で，電界 $\mathcal{E}$ によるドリフト成分はその影響が小さいことがわかる．

以上の議論に従って，低水準注入の場合の過剰な少数キャリアに対しては，式(4・39)は簡単になり，次の式に近似できる．

$$\frac{\partial n_\mathrm{p}}{\partial t} = D_\mathrm{n}\frac{\mathrm{d}^2 n_\mathrm{p}}{\mathrm{d}x^2} + G - U \tag{4・44 a}$$

ここではp形半導体を仮定しているので $n \to n_\mathrm{p}$ とした．また，過剰な少数キャリアが正孔の場合にも同様にして次の式が得られる．

$$\frac{\partial p_\mathrm{n}}{\partial t} = D_\mathrm{p}\frac{\mathrm{d}^2 p_\mathrm{n}}{\mathrm{d}x^2} + G - U \tag{4・44 b}$$

式(4・44 a)，(4・44 b)は過剰な少数キャリアに対する連続の方程式と呼ばれ，半導体に注入された少数キャリアの従う重要な式である．

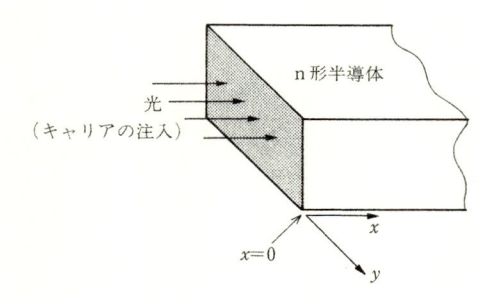

図4・11 十分長い長さの半導体の端面からのキャリアの注入

4・6 キャリアの注入とキャリアの分布

キャリアの注入とそれによって変化する半導体中のキャリア密度の分布は半導体デバイスにとってきわめて重要である．そこで，ここでは二つの典型的な例について，光によるキャリアの注入を用いてこの現象を説明しよう．キャリアの注入によって起るキャリア密度の分布は境界条件によって大きく変化するので，この点には特に注意が必要である．まず，図4・11に示すように，n形半導体の端面にエネルギーの大きい光（$h\nu > E_g$）を一様に照射させてキャリアを注入することを考えよう．ここでは半導体の長さは半無限大（キャリアの拡散長より十分長い）と仮定することにする．

注入された過剰少数キャリアの振舞いを記述するには，式(4・44b)の連続の方程式を使うことができる．いまの場合，キャリアの生成割合は光によるものなので G_L となるが，注入して増加したキャリア密度 Δp_n は，ともかく次の式で与えられる．

$$\Delta p_n = p_n - p_{n0} \tag{4・45}$$

ここで，p_n は光照射後のn形半導体の正孔の密度であり，p_{n0} は熱平衡時の値である．いま，定常状態（$\partial p/\partial t = 0$）で考えると，半導体の端面（$x=0$）においては，式(4・45)で表される過剰な少数キャリアが常に存在し，内部（$x>0$）ではこの過剰な少数キャリアはその寿命 τ_p に従って減衰するので，$G_L - U$ は次の式

$$G_L - U = -\frac{p_n(x) - p_{n0}}{\tau_p} \tag{4・46}$$

で与えられる．この式を(4・44b)に代入すると，次の微分方程式が得られる．

$$-\frac{p_n(x) - p_{n0}}{\tau_p} + D_p \frac{d^2 p_n(x)}{dx^2} = 0 \tag{4・47}$$

この微分方程式を解くには境界条件として，次の条件を使えばよい．

$$\left.\begin{array}{ll}\Delta p_\mathrm{n}=p_\mathrm{n}(0)-p_\mathrm{n0} & (x=0 \text{ のとき})\\ \Delta p_\mathrm{n}=0 & (x=\infty \text{ のとき})\end{array}\right\} \tag{4・48}$$

式(4・47)を解くと一般解として，次の式が得られる．

$$p_\mathrm{n}(x)=p_\mathrm{n0}+Ae^{-x/L_\mathrm{p}}+Be^{x/L_\mathrm{p}} \tag{4・49}$$

ここで，L_p は正孔の拡散長と呼ばれるもので，電子の拡散長 L_n と一緒に記すと，

$$L_\mathrm{p}=\sqrt{D_\mathrm{p}\tau_\mathrm{p}} \tag{4・50}$$

$$L_\mathrm{n}=\sqrt{D_\mathrm{n}\tau_\mathrm{n}} \tag{4・51}$$

となる．式(4・48)で表される境界条件を用いて係数 A，B を決定すると，$B=0$，$A=p_\mathrm{n}(0)-p_\mathrm{n0}$ となる．ゆえに，式(4・47)の解は次のように求まる．

$$p_\mathrm{n}(x)=p_\mathrm{n0}+[p_\mathrm{n}(0)-p_\mathrm{n0}]e^{-x/L_\mathrm{p}} \tag{4・52}$$

いまの場合には光によるキャリアの注入であるから，多数キャリア密度 $n_\mathrm{n}(x)$ も過剰分は同じになり，次の式で与えられる．

$$n_\mathrm{n}(x)=n_\mathrm{n0}+[p_\mathrm{n}(0)-p_\mathrm{n0}]e^{-x/L_\mathrm{p}} \tag{4・53}$$

このときの注入された過剰キャリア密度の分布を描くと図4・12に示すようになる．式(4・52)と式(4・53)から明らかなように過剰キャリア密度については電子も正孔も等しいので図にもまったく同じ分布が描かれている．これは厳密にいうと非平衡状態のときにも電荷の中性条件が満たされているので $\Delta p_\mathrm{n}=\Delta n_\mathrm{n}$ の条件が成立するからである．この関係は低水準注入の条件では常に成立している．ここで得られた過剰少数キャリアの分布は，p-n 接合ダイオードにおける順バイアスのときのキャリア密

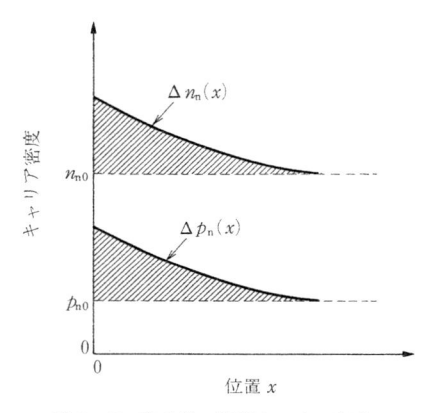

図4・12 注入後の過剰キャリア密度の変化(1)

4 キャリアの注入とその振舞い

度の分布と本質的に同じであることを指摘しておくので参考にして欲しい.

次に，キャリアの注入は同じく光に依るのであるが，境界条件を図4・13に示すように変更した場合について考えよう．この場合にも光でn形半導体の端面を照射するわけであるが，今回は半導体の長さが短く $W(W<L_p)$ であり，しかも光の照射面 $(x=0)$ から W だけ離れた裏面には，すべての過剰少数キャリアを効率良く捕獲できる高密度の深い準位が存在していると仮定する.

このように仮定すると，使用する微分方程式は式(4・47)と同じであるが，境界条件は次のように変化する.

$$\begin{aligned}\Delta p_n &= p_n(0)-p_{n0} &&(x=0 のとき)\\ \Delta p_n &= 0 &&(x=W のとき)\end{aligned}\right\} \quad (4・54)$$

この境界条件を用いて式(4・47)を解くと，$p_n(x)$, $n_n(x)$ として次の式

$$p_n(x)=p_{n0}+\left[p_n(0)-p_{n0}\right]\frac{\sinh[(W-x)/L_p]}{\sinh(W/L_p)} \quad (4・55)$$

$$n_n(x)=n_{n0}+\left[p_n(0)-p_{n0}\right]\frac{\sinh[(W-x)/L_p]}{\sinh(W/L_p)} \quad (4・56)$$

が得られる.

また，sinhの項を，$W \ll L_p$ と仮定して，近似すると $p_n(x)$, $n_n(x)$ の式は簡単になり，それぞれ次の式で与えられる.

$$p_n(x)=p_{n0}+[p_n(0)-p_{n0}](W-x)/W \quad (4・57)$$

$$n_n(x)=n_{n0}+[p_n(0)-p_{n0}](W-x)/W \quad (4・58)$$

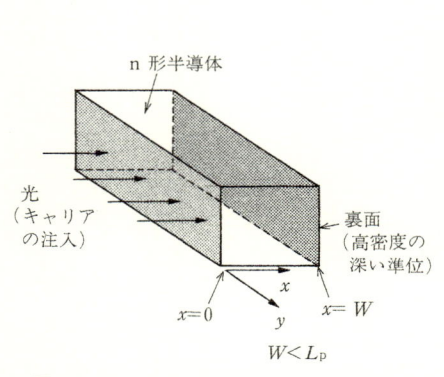

図4・13 限られた幅の半導体の端面からのキャリアの注入

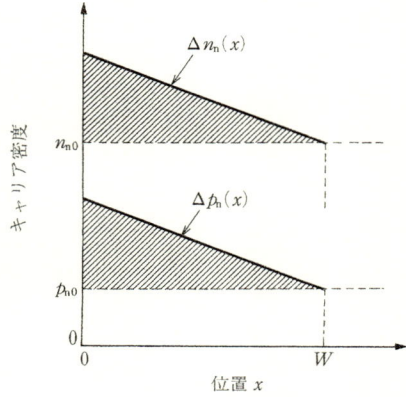

図4・14 注入後の過剰キャリア密度の変化(2)

$p_n(x)$, $n_n(x)$ の様子を図に描くと図 4・14 に示すようになる．この図を図 4・12 と比較すると，この図ではキャリア密度が直線的に減衰している．これは半導体の長さ(幅) W の大きさがキャリアの拡散長 L_p よりも十分短いからである．$\Delta p_n(x)$ と $\Delta n_n(x)$ の分布が同じになっているのは，前の場合と同様に電荷の中性条件が満たされているからである．なお，図 4・14 に示す過剰少数キャリア密度の分布はバイポーラトランジスタのベース領域に注入されたキャリア密度の分布と同じである（W は中性ベース領域の幅に対応する）．この点にも注意しておく必要がある．

江崎玲於奈 氏
(1925～　　)
写真提供　毎日新聞社

　エサキ・ダイオードとして知られている，氏の発明による，半導体 p-n 接合で起るトンネル現象はあまりにも有名である．この功績で 1973 年度のノーベル物理学賞は（トンネル現象への寄与が共通ということで）超伝導分野の Giaever, Josephson とともに氏に与えられた．しかし，氏はこれに留まらず，半導体を使った人工超格子の研究できわめて大きな貢献をしている．この研究は最近話題になっていて，将来の大発展が期待されている量子デバイスの基本になる技術に関するものである．最近，氏は筑波大学の学長として若者の教育，とくに，創造的な人材を育てる教育に情熱を注いでおられる．氏はある討論会で"天才と呼ばれる人は別であるが，人間のもつ二つの知性（判断力と創造力）の和は誰でも一定である"と述べている．誤解を恐れないで解釈すると，判断力とはテストを受けて高い点を取れる能力だそうであるから，難しい入学試験をパスできない人は創造力が高いことになる．常日頃，記憶力に乏しく"頭が悪い"と嘆いている私たち凡人にとっては，氏の発言は嬉しい福音ではなかろうか．

5 表面, 界面と電子準位

　半導体では表面や界面が重要であるとよくいわれる．表面や界面というとその形状や構造が話題になることが多いが，半導体デバイスにおいて表面や界面が重要なのはその電子構造についてである．なぜならば，表面に深い準位の発生などによる電子構造の異常が生じると，これによってキャリアの捕獲や生成が起り，デバイスの特性が著しい影響を受けるようになるからである．さらに，本書の7章以降では半導体の表面や界面を使ったデバイスについて述べるが，その中で電界効果を使うデバイス（MISまたはMOSデバイス）では，界面の電子構造が特別に重要である．すなわち，絶縁膜（酸化膜）と半導体の界面に高密度の深い準位（界面準位，最近では界面トラップ電荷と呼ばれる）が存在すると，電界効果が作用しないので，デバイスそのものが作製できなくなるのである．この章では表面や界面の電子構造について述べたあと，表面や界面に存在する深い準位が半導体のキャリアにどのように影響するかについて考察することにしたい．

5・1　表面および界面の特殊性と電子構造

　半導体は結晶で構成されているが，結晶の表面をミクロに原子的なサイズで眺めると，表面の様子は内部とは大きく異なっている．いま，Si結晶の場合で考えて，Si原子の結合状態を内部から表面まで模式的に描くと図5・1に示すようになる．すなわち，内部では各Si原子は互いに結合手でもって隣の原子と格子を組んでいて，構造的な欠陥がない限り，結合する相手の原子が存在しないということはない．ところが，表面では事情が異なり図5・1に示すように結合を組む相手の原子が存在しないことが普通に起っている．この結合する相手のない結合手（bond）は未結合手（dangling bond）と呼ばれるものであるが，このような未結合手が生じると，それは次に述べる界面トラップ電荷（従来，界面準位と呼ばれていた，以降界面トラップと略称する）

58   5 表面,界面と電子準位

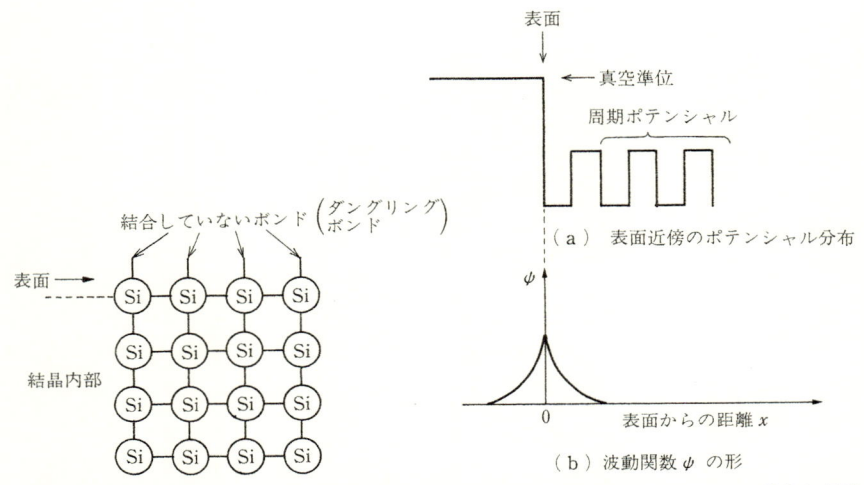

図5・1 結晶表面における原子の結合状態

図5・2 表面近傍のポテンシャル分布と表面に局在した波動関数
(a) 表面近傍のポテンシャル分布
(b) 波動関数 ψ の形

と同じように禁制帯に局在準位が発生する．これは表面に生じるので表面準位（surface state）と呼ばれる．

表面準位を最初に検討したのは Tamm で，彼は図5・2(a)に示す（結晶格子に対する）クローニッヒ-ペニー（Kronig-Penney）のモデルを用い，図に示すように，表面ではポテンシャルの周期性がと切れると考えた．この状態で電子の振舞いを記述する波動関数を考えると，波動関数は図5・2(b)に示すように，その値が表面で最大となり，表面から離れるにしたがって減衰する局在状態になることを指摘した．このことは電子構造的には表面に局在準位が発生することを示している．表面準位については Shockley も検討し，別の立場から考察しているが，同様に禁制帯中に局在準位が発生すると結論づけている．

次に，界面トラップであるが，これは半導体と絶縁膜（本書では主に酸化膜）の界面において半導体側に生じる局在準位を指している．いま，酸化膜と Si 結晶の界面を考えると，SiO_2/Si の界面の様子は図5・3に模式的に描くようになる．この図において●印は Si 原子を，○印は酸素原子を表すわけであるが，SiO_2/Si の界面においては何個かに1個の Si 原子は図に示すように結合する相手の原子が存在せず，未結合手（ダングリングボンド）が発生する．この未結合手は局在準位を作るわけであるが，これは図5・2に示した表面準位と類似な理由によって発生する．界面に発生する局在準

5・1 表面および界面の特殊性と電子構造

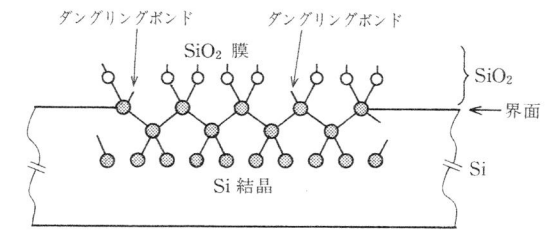

図5・3 SiO₂/Si界面の結合状態

● Si原子　○ 酸素原子

位は以前は界面準位（interface state）と呼ばれていたが，最近では後でも述べるように界面トラップ電荷（interface trap charge, Q_{it}）と呼ばれることが多い．

表面準位が深い準位から浅い準位まで連続的に分布する理由を模式的に表すと，図5・4および図5・5に描くようになる．すなわち，SiとSi原子の結合手（bond）を切るのに必要なエネルギーは，3・3節の真性半導体の項で説明した電子-正孔対の発生に必要なエネルギーに対応するので，エネルギーギャップ E_g（以上）になる．禁制帯の中で E_g に対応する（または近い）深いエネルギー位置を探すと，図5・4(b)に示すように，伝導帯端 E_c からも価電子端 E_v からも最も離れた禁制帯の中央（ミッドギャップ）近傍になる．Si結晶表面におけるSi原子の結合手の状態には図5・5(a)に示すように完全に切れたものもあるし，多少ひずんだ状態のものもあり，さまざまであろう．つまりエネルギー準位的にはミッドギャップを中心にして図5・5(b)に示すように連続的に分布するであろう．

界面トラップのエネルギー分布も表面準位の場合とほぼ同じように考えることができる．ただ，界面トラップの場合にはSi原子面がSiO₂膜と接しているので，同じよう

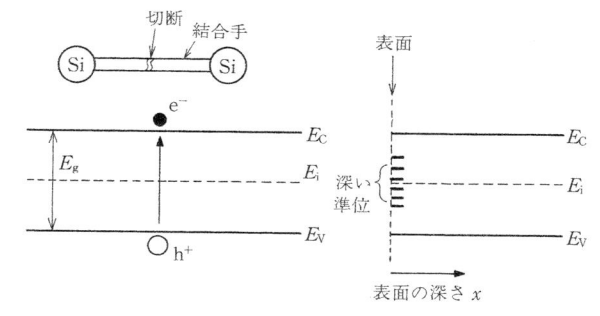

（a）Si結合手（ボンド）の切断エネルギーとエネルギーバンド図　　（b）表面の局在準位

図5・4　結合手の切断と局在準位の発生

(a) 表面の結合手の状態

(b) 表面準位

図 5・5　表面準位の連続分布

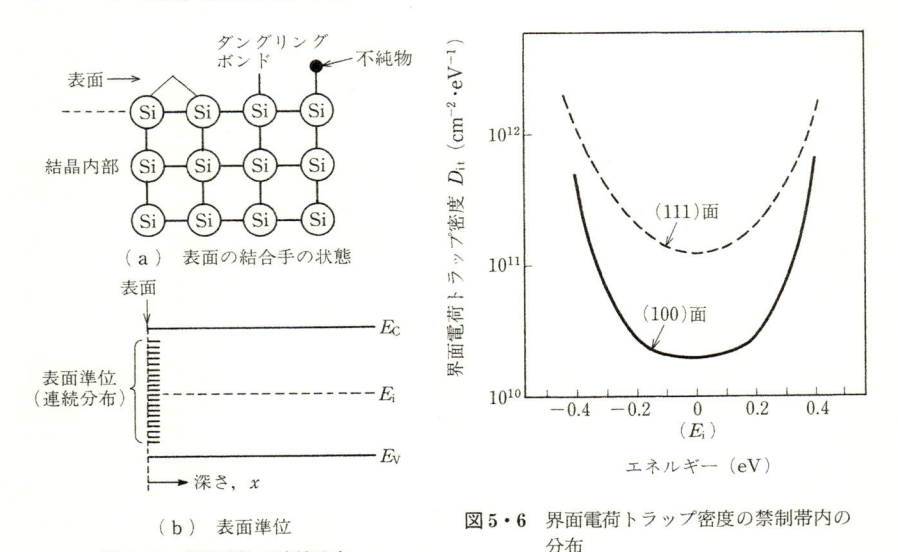

図 5・6　界面電荷トラップ密度の禁制帯内の分布

に連続分布はするがトラップの密度などは大きく異なってくる．実際の SiO_2/Si の界面に存在する界面トラップ密度の禁制帯内でのエネルギー分布は図 5・6 に示すようになっている．この図では横軸の中央付近がミッドギャップの位置（E_i）になるが，界面トラップ密度はこの近傍のエネルギー位置で最低値をとる．

図 5・6 では界面トラップ密度の最低値はほぼ $1\times10^{10}\mathrm{cm}^{-2}\cdot\mathrm{eV}^{-1}$ であるが，最近の良質な Si の MOS（Metal‐Oxide‐Semiconductor）デバイスではこの値は $10^9\mathrm{cm}^{-2}\cdot\mathrm{eV}^{-1}$ のオーダーにも入っている．界面トラップの密度が $1\times10^{10}\mathrm{cm}^{-2}\cdot\mathrm{eV}^{-1}$ であるということは，SiO_2/Si 界面がきわめて良好なことを示しているのであるが，このことを以下に簡単に説明しておこう．いま，Si 結晶をへき開したときに表面における Si 原子の未結合手が 1 原子当り 1 個だとすると，1・1 節の式(1・2)で示したように Si 原子の密度は $5\times10^{22}\mathrm{cm}^{-3}$ なので，未結合手の面密度 N_{st}^* は，次の式に近似できるであろう．

$$N_{st}^* \sim (5\times10^{22}\mathrm{cm}^{-3})^{2/3} \fallingdotseq 1.5\times10^{15}\mathrm{cm}^{-2}(\mathrm{eV}^{-1}) \qquad (5\cdot1)$$

ここで，eV^{-1} をカッコの中に入れたのは界面トラップ密度の単位に合わせるためである．Si のバンドギャップ E_g の値は 1.12eV なので式(5・1)のように表示しても大きな間違いは生じないであろう．

式(5・1)の値は $1\times10^{10}\mathrm{cm}^{-2}\cdot\mathrm{eV}^{-1}$ に比べて 5 桁も大きい．すなわち，1×10^{10}

表5・1 Si 表面の原子密度および結合手の密度

結晶面	原子密度(cm^{-2})	結合手の密度(cm^{-2})
(111)	7.85×10^{14}	11.8×10^{14}
(110)	$9.6\ \times10^{14}$	9.6×10^{14}
(100)	$6.8\ \times10^{14}$	6.8×10^{14}

S. M. Sze, Physics of Semiconductor Devices, John Wiley & Sons(1981), p. 386.

cm$^{-2}\cdot$eV^{-1} という界面トラップ密度の値は異常に小さいのである。この原因は界面のSi 原子面上において、表面ならば未結合手になるはずの Si の結合手が SiO$_2$ の結合手と界面でうまく格子を組んでいることを示している。このお陰で後で示すように Si のMOS デバイスでは電界効果が有効に働き、電界効果トランジスタ(Field Effect Transistor：FET) が実用化されて広く使われている。GaAs や Ge ではその表面に酸化膜などの絶縁膜を付着させても、界面トラップの密度は大幅には低下せず、その結果これらの材料では MOSFET はいまだに実用化されていない。このために SiO$_2$ と Si の組合せは神様が与えて下さった組合せであると言う人がいる位である。

次に、図5・6 に示した界面トラップ密度の凹形の曲線を見ると、この密度が結晶面 (hkl) によって異なることを示しており、(100) 面の密度が (111) 面のそれよりも低いことがわかる。これは表5・1 に示すように、結合手の面密度が結晶面によって異なるからである。すなわち、(100) 面は (111) 面や (110) 面に比べて結合手の密度が一番小さい。以上のような理由から Si を使って製造される MOS デバイスには(100)面またはこれに近い結晶面の Si ウェーハが使用されている。

5・2 表面，界面の局在準位とキャリア

まず、表面準位のキャリアへの影響について考えよう。表面準位はすでに説明したように深い準位であるから、キャリアの生成-再結合中心として有効に働く。したがって、表面では再結合割合 U の値が大きくなる。この効果を見るために n 形半導体を想定して、式(4・25)でも示した次の U を考えよう。

$$U = \sigma v_{\text{th}} N_t (p_n - p_{n0}) \tag{5・2}$$

いまの場合は表面のキャリア密度 $p_n(0)$ が問題になるので p_n を $p_n(0)$ とし、N_t を $N_t^* x_1$ としよう。ここで、N_t^* は表面近傍にある表面準位などの深い準位（体積密度）で、x_1 はこれらの準位が存在している表面からの深さで、その値はきわめて小さいとする。したがって、両者の積 $N_t^* x_1$ はほぼ表面準位の密度 N_{st} を表している。以上の仮

5 表面,界面と電子準位

(a) $N_t^* \fallingdotseq 0$ のとき

(b) $N_t^* > 0$ のとき

(c) 表面近傍の局在準位の分布

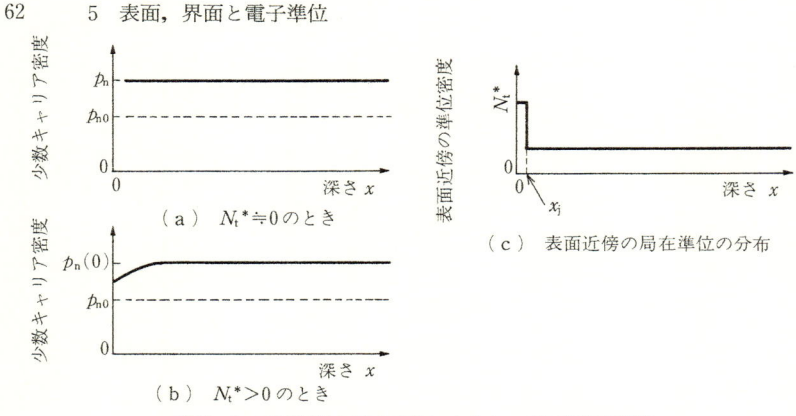

図5・7 表面近傍の局在準位によるキャリア密度の減少

定の下に U を表面の再結合速度 U_s に改めて式(5・2)を書き換えると次のようになる.

$$U_S = \sigma v_{th} N_t^* x_i [p_n(0) - p_{n0}] \tag{5・3}$$

いま,何らかの方法で n 形半導体に一様に少数キャリア(正孔)の注入を行ったとしよう.もしも表面準位が存在しなければ,増加した過剰な正孔密度の分布 $p_n(x)$ は図5・7(a)に示すように深さ方向 x に対して一様になる.しかし,図5・7(c)に示すように,表面近傍 x_i 程度の非常に浅い領域に表面準位などの深い準位が高密度に存在すると,正孔密度の分布 $p_n(x)$ は図5・7(b)に示すように表面近傍で減少することになる.これは表面準位が過剰な少数キャリアに対して捕獲中心として働くからである.このような理由から U_S を表す式(5・3)の右辺のカッコの前の係数 $\sigma v_{th} N_t^* x_i$ を次のように置く.

$$s_p = \sigma v_{th} N_{st} \tag{5・4}$$

s_p は表面再結合速度と呼ばれる.ここで,$N_t^* x_i = N_{st}$ とした.

次に,同じく n 形半導体の表面に高密度の表面準位が存在する場合の表面の性質をエネルギーバンド図を用いて考察しよう.いま,半導体のキャリア密度が比較的高いと仮定すると,表面準位密度が低ければフェルミ準位 E_F は伝導帯端 E_c に近いことになる.しかし,表面には高密度の表面準位が存在するので,伝導帯の電子は容易にこの表面準位に捕獲されて,表面ではキャリア密度が減少し高抵抗化する.その結果,表面でのエネルギーバンド図は図5・8(a)に示すように,フェルミ準位 E_F の位置が真性フェルミ準位 E_i に近づくことになる.表面準位の影響は内部までは及ばないので,内部のエネルギーバンド図は図5・8(b)に示すように,比較的高濃度の n 形半導体の

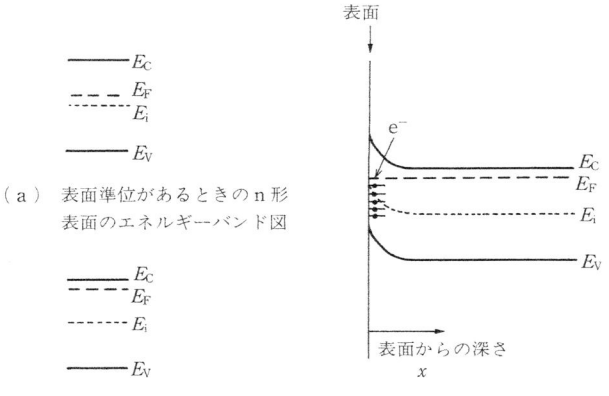

5・2 表面,界面の局在準位とキャリア

(a) 表面準位があるときのn形表面のエネルギーバンド図

(b) 内部のn形半導体のエネルギーバンド図

(c) 全体のエネルギーバンド図

図5・8 表面準位への電子のトラップとエネルギーバンドの曲り

ままの状態を示している.したがって,フェルミ準位 E_F が一定の条件でこのn形半導体全体のエネルギーバンドを描くと,図5・8(c)に示すように,表面で半導体のエネルギーバンド図が上に曲ることになる.このことは表面準位が高濃度に存在すると半導体の電気的な性質が表面と内部で大きく変化することを示しており,後でも述べるように表面準位の存在は半導体デバイスの電極の特性にも大きな影響を及ぼす.

界面トラップのキャリアへの影響はどうであろうか? 界面トラップは後で8章で述べるようにMOSデバイスの電界効果に対して重大な影響を及ぼす.詳細については8章で述べるので,ここでは基本的な事項のみ簡単に説明したい.SiO_2/Si 構造のエネルギーバンド図は図5・9に示すように描かれる.ここで図(a)に示すエネルギーバンド図の中で左側の狭い縦長の領域は酸化膜のエネルギーバンド図を示している.したがって,$E_c{}'$, $E_v{}'$ はそれぞれ酸化膜の伝導帯下端および価電子帯上端のエネルギーを表し,$E_g{}'$ は酸化膜のエネルギーギャップ($\sim 9\,\mathrm{eV}$)を示している.このため $E_g{}'$ は(比例はしていないが)大きく記されている.右側のエネルギーバンド図はもちろんn形半導体(Si, $E_g = 1.12\,\mathrm{eV}$)のエネルギーバンド図である.

この SiO_2/Si 界面に高密度の界面トラップが存在すると,フェルミ準位以下の界面トラップが伝導帯の電子を捕獲することになるので,半導体の表面では図5・8(a)の場合と同じようにキャリア密度が減少し抵抗が高くなる.したがって,エネルギーバンド図は図5・9(b)に示すように,表面で上に曲ることになる.この場合にも界面トラップの存在によって半導体表面の抵抗が変化するのであるから,この構造を使用して

64   5 表面，界面と電子準位

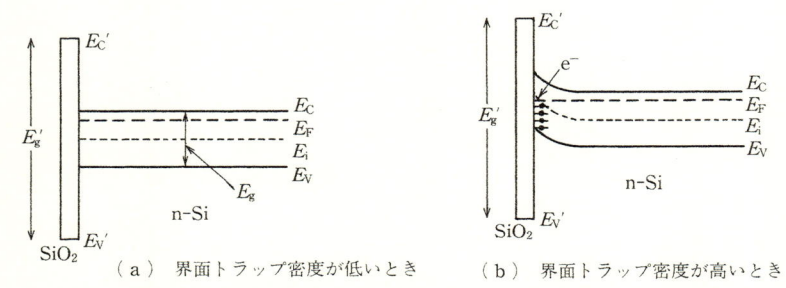

(a) 界面トラップ密度が低いとき　　(b) 界面トラップ密度が高いとき

図 5・9 SiO_2/Si 界面の界面トラップ密度とエネルギーバンドの曲り（n 形 Si のとき）

デバイスを作ると問題が生じることは容易に予想できると思う．また，界面に局所的に捕獲された電荷（電子などの）自体がデバイス特性に悪い影響を及ぼすことも予想できるであろう．以上簡単に述べた理由からもわかるように，界面トラップの制御は MOS デバイスにとってきわめて重要な問題である．

6　p-n接合とその特性

　p-n接合は半導体デバイスの基本である．p-n接合はp-n接合ダイオードやp-n-p（またはn-p-n）バイポーラトランジスタにおいて重要であるばかりでなく，MOS（Metal-Oxide-Semiconductor）電界効果トランジスタにとっても同様に重要である．p-n接合は一見やさしいが，内容には奥深いものがある．時々，生半可にp-n接合を知っている学生が，"p-n接合ダイオードはやさしいが，バイポーラトランジスタの動作はむずかしくてわからない"というのを聞くが，p-n接合が良く理解できていればこのような変な発言は起りようがない．この章ではp-n接合について詳しく説明する．まず，p-n接合の構造について述べた後，p-n接合で起る物理現象について詳述し，p-n接合に整流作用が生じる原因—内部電位の発生—について述べる．この後，p-n接合の整流性，順方向，逆方向電流および逆方向特性やトンネル現象などについても説明する．また，"かこみ"の形ではあるが，バイポーラトランジスタの動作原理についてもやさしい説明を付記することにする．

6・1　p-n接合とp-n接合ダイオード

　p形半導体とn形半導体を接合したものはp-n接合と呼ばれ，簡単には図6・1(a)に示す通りである．実際のp-n接合の作製は，13章に簡単に述べるように，ドーパント不純物の熱拡散を利用して行っており，p形半導体とn形半導体を直接的に接合させるわけではない．p-n接合におけるキャリア密度の変化を，接合の両側にドープした不純物イオンの電荷密度の分布を利用して表すと，図6・1(b)および(c)に示すように，p-n接合には2種類の接合がある．この図においてN_Dはn形半導体のドナーイオンの密度であり，N_Aはp形半導体のアクセプタイオンの密度である．

　図6・1(b)ではp-n接合においてp領域のアクセプタイオンによる負の電荷密度からn領域のドナーイオンによる正の電荷密度まで急激に変化している．3章で述べた

66   6 p-n 接合とその特性

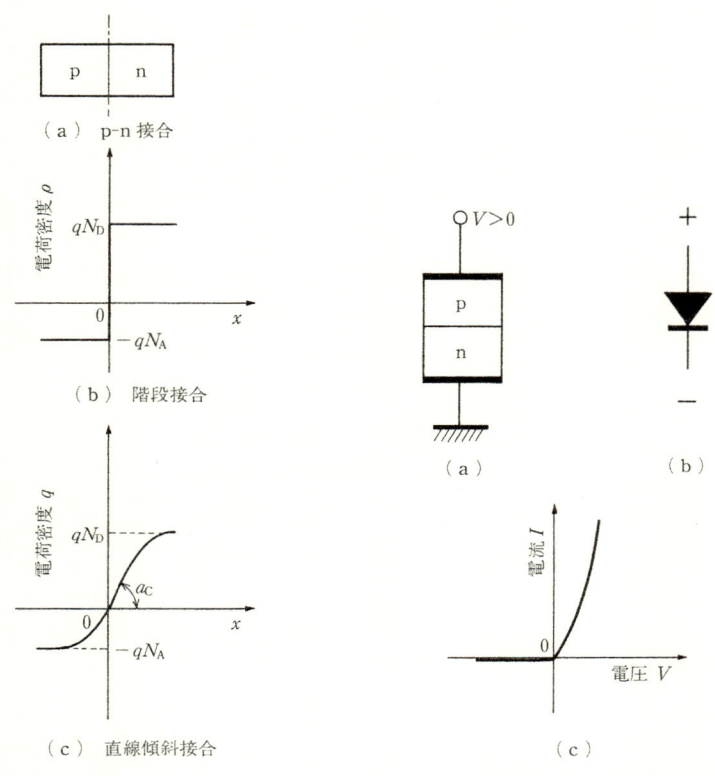

図 6・1 p-n 接合とドーパントイオンの電荷分布
(a) p-n 接合
(b) 階段接合
(c) 直線傾斜接合

図 6・2 p-n 接合と電流-電圧特性

ように，$N_A \simeq p$，$N_D \simeq n$ であることを考えると，このタイプの接合では接合でキャリア密度が急激に変化していることを示している．このような接合は階段接合（step junction）と呼ばれる．図 6・1(c) に示すように p 領域から n 領域に電荷密度がゆるやかに変化する接合は直線傾斜接合（linearly graded junction）と呼ばれる．本書では概念の理解を優先させたいので，説明がしやすくわかりやすい階段接合を用いて記述することにする．

　p-n 接合はこれに電極を付けると，そのまま p-n 接合ダイオードという半導体デバイス（device, 素子）ができ上る．p-n 接合ダイオードの断面構造の概念図は図 6・2(a) に示す通りで，デバイスの記号としては図 (b) に示すものが使われる．ダイオードとは 2 極端子の整流作用を示す素子のことであるが，p-n 接合ダイオードは図 6

・2(c) に示すような電流-電圧（I-V）特性を示す．すなわち，p形半導体側へ正電圧を加える（順バイアスの）場合には小さい電圧の印加で，図(c)に示すように電流が急激に流れ始めるが，これに負電圧を加える（逆バイアスの）状態では図からわかるように，電流はほとんど流れない（後で詳述するように，厳密にはまったく流れないわけではない）．このように正負いずれか一方向にのみ電流が流れる性質は整流作用と呼ばれるが，p-n接合ダイオードは整流器，検波器として使われるだけでなく，スイッチング素子としても広く使われている．

6・2　空乏層と空間電荷領域

　p形半導体とn形半導体を冶金学的に接合すると，その接合で何が起るかについて考えてみよう．p形半導体とn形半導体のエネルギーバンド図は図6・3(a)，(b)に示すようになるので，両者を接合したp-n接合のエネルギーバンド図は図(c)に示すよ

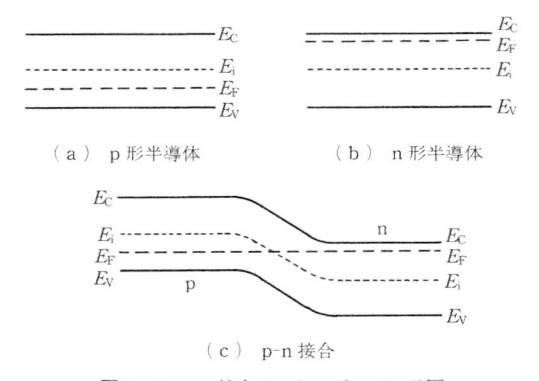

図6・3　p-n接合のエネルギーバンド図

うになる．図6・3(c)は次のようにして描かれている．すなわち，二つの物体を冶金学的に接合したのであるから，平衡状態ではフェルミ準位 E_F は一定になるはずなので，とにかく接合の両側でフェルミ準位を一定にしてp形とn形半導体のエネルギーバンド図をくっつける．そして伝導帯下端 E_C，価電子帯上端 E_V および真性フェルミ準位 E_i を接合の近傍で滑らかにつなげる．これで完成である．

　図6・3(c)を見ると，p形とn形半導体を接合した付近ではフェルミ準位は真性フェルミ準位 E_i と交差しており，接合の近傍ではキャリア密度がきわめて低く，抵抗が大きくなっていることが予想される．実は，この抵抗が大きくなっている領域はキャリア密度の欠乏している空乏層と呼ばれる部分であるが，この領域がどのようにして

6 p-n 接合とその特性

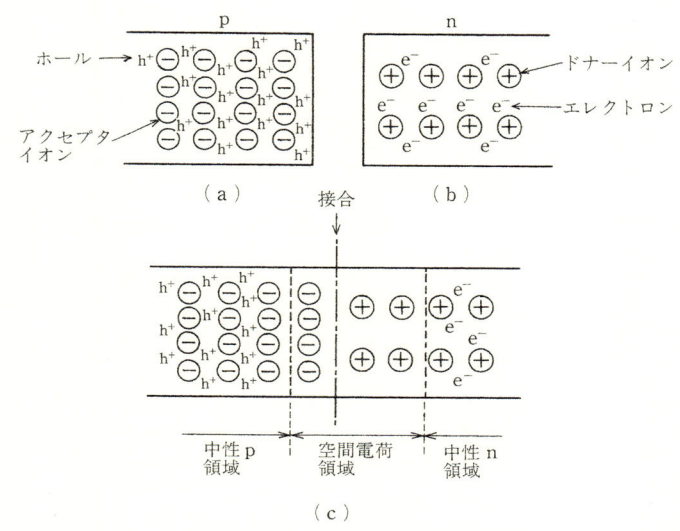

図6・4 p-n 接合と空間電荷領域

発生するかについて次に考えてみよう．

　p形とn形半導体の電荷成分を考えると，図6・4に示すように，p形半導体では負電荷のアクセプタイオンと正電荷の正孔（h^+）が同じ数だけ存在し電気的な中性が保たれている．一方，n形半導体では正電荷のドナーイオンと負電荷の電子（e^-）で電荷の中性条件が満たされている．いま，この二つの半導体を図6・4(c)に示すように接合すると，接合の近傍で電子（e^-）と正孔（h^+）が再結合し，相当数のキャリアが消滅し，接合の近傍の両側にイオンのみがとり残される．なぜならば，アクセプタやドナーなどのイオンは質量が大きいばかりでなく，Si格子の中に置換型に埋め込まれているので動けないが，キャリアである電子や正孔は前に述べたように，ドナーやアクセプタイオンから離れてある程度の範囲内で運動できるので，両者は容易に合体し，いわゆる電子-正孔の再結合が起るからである．その結果，図6・4(c)に示すように接合の近傍には，電子や正孔などのキャリアは消滅し，負イオン⊖のアクセプタと正イオン⊕のドナーで構成される空間電荷領域が形成される．

　このようにして形成された空間電荷領域では，この領域の形成過程からわかるようにキャリアが欠乏している．そこでこの領域は空乏層領域とも呼ばれる．したがって，空間電荷領域と空乏層領域の範囲は，図6・5に示すように，まったく同じであって両者には物理現象の見方の違いから異なった呼称が付いているだけである．なお，空間

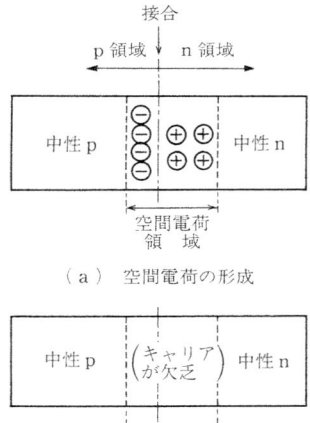

図6・5 空間電荷領域と空乏層
(a) 空間電荷の形成
(b) 空乏層の形成

図6・6 空間電荷による内部電界 $\mathcal{E}_{bi}$ の発生

電荷領域は名前の示すように電気的に中性ではないが，この領域の両側のp形半導体およびn形半導体の領域は電気的に中性である．このためにこれらの領域は中性p，中性nというふうに記されている．空間電荷領域においてはp領域では負イオンが固定され，n領域では正イオンが固定されて残されているので，当然の結果として図6・6に示すように，正イオンから負イオンの方向に向かって電界が発生する．この電界は内部電界 $\mathcal{E}_{bi}$ と呼ばれる．この電界の分布 $\mathcal{E}(x)$ は図6・6の下側に示す通りで，空間電荷領域の両端で最低値（ゼロ）を示し，接合の地点で最大値 $\mathcal{E}_{max}$ を示す．

6・3 内 部 電 位

p-n接合には内部電界（built-in potential） $\mathcal{E}_{bi}$ が発生していることがわかった．これをわかりやすくするために，この節ではわれわれになじみの深い電圧で考えることにしよう．ところで，われわれは1章において，電流はキャリアの拡散と電界によるドリフトに基づいて起ることを述べたが，p-n接合の場合にはキャリア密度の大きな勾配があるので，この点に特に注意する必要がある．なぜならば，p-n接合を形成する半導体では室温で考えるとほとんどのドナー，アクセプタイオンは活性化されてイオン化しているので，キャリア密度 p, n は次の式に近似できる．

$$p \fallingdotseq N_A, \quad n \fallingdotseq N_D \tag{6・1}$$

6 p-n接合とその特性

したがって，接合近傍での接合前のキャリア密度の分布は図6・1に示す空間電荷の分布と同じようになっていると考えてよい．つまり，接合近傍では正電荷の正孔についても，負電荷の電子についても大きな濃度勾配ができているのである．

p-n接合にはこのようにキャリア密度の大きな濃度勾配があるにもかかわらず，平衡状態ではキャリアの拡散による電流が流れない．なぜであろうか？ 1・1節の式 (1・17) をこの接合近傍の（濃度勾配のある）正孔に適用すると，いまの場合電流は流れないので $J_p(x)=0$ とおいて，次の式が成立する．

$$-qD_p\frac{dp}{dx}+qp\mu_p\mathcal{E}_p(x)=0 \qquad (6\cdot 2\mathrm{a})$$

また，同じく電子に対しても式 (1・16) を用いて，同様に次の式が成り立つ．

$$qD_n\frac{dn}{dx}+qn\mu_n\mathcal{E}_n(x)=0 \qquad (6\cdot 2\mathrm{b})$$

以上の結果，p形およびn形領域の電界 $\mathcal{E}_p(x)$, $\mathcal{E}_n(x)$ は，それぞれ次の式で表される．

$$\mathcal{E}_p(x)=\frac{kT}{q}\frac{1}{p}\frac{dp_p}{dx} \qquad (6\cdot 3\mathrm{a})$$

$$\mathcal{E}_n(x)=\frac{kT}{q}\frac{1}{n}\frac{dn_n}{dx} \qquad (6\cdot 3\mathrm{b})$$

これらの電界はp-n接合の空乏層を含むそれぞれの領域では大きな値になるが，これが濃度勾配により起こると予想される拡散電流を止めている．すなわち，拡散電流を止めている内部電界 $\mathcal{E}_{bi}$ はこれらの電界によって構成されている．しかし，空乏層内の電界の大きさは図6・6に示すように，接合からの距離によって変化するので，内部電界 $\mathcal{E}_{bi}$ を一つの式で表すことはできない．しかし，ともかくこの内部電界 $\mathcal{E}_{bi}$ は p-n接合におけるキャリア密度の勾配によって流れようとする拡散電流と釣り合っている．この様子を漫画的に描くと図6・7に示すようになる．すなわち，キャリア密度の濃度勾配によって流れようとする拡散電流を止めているのが内部電界 $\mathcal{E}_{bi}$ である

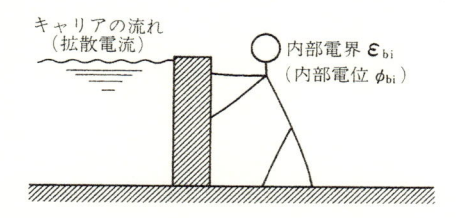

図6・7 キャリアの流れを止めている内部電界(内部電位)

6・3 内部電位

ことがわかる．

次に，内部電位について考えよう．電界 $\mathcal{E}$ と電圧 V の関係は定義により，次の式で与えられる．

$$\mathcal{E}(x) = -\frac{dV(x)}{dx} \quad \left(\text{または} -\frac{d\phi(x)}{dx}\right) \tag{6・4}$$

式(6・4)では内容（意味）は同じであるが，慣例に従って電圧を記すときには V，ポテンシャルを示すときには ϕ とした．接合におけるポテンシャルの変化 $d\phi$ について式(6・4)と式(6・2a)および式(6・2b)を使って計算すると，次の関係が得られる．

$$d\phi = \frac{kT}{q}\left(\frac{1}{n}dn - \frac{1}{p}dp\right) \tag{6・5}$$

この式を接合の近傍において積分するとともに，ϕ を ϕ_{bi} と書き換えると次の式

$$\phi_{bi} = \frac{kT}{q}\left(\int_{n_i}^{N_D}\frac{1}{n}dn - \int_{N_A}^{n_i}\frac{1}{p}dp\right) \tag{6・6a}$$

$$= \frac{kT}{q}\ln\frac{N_D N_A}{n_i^2} \tag{6・6b}$$

が得られる．この ϕ_{bi} が内部電位であり，p-n 接合において拡散電流を止めている，接合に作りつけられた電位(potential)である．したがって，この電位は built-in potential と呼ばれている．

内部電位と拡散電流の関係を別の漫画を用いて描くと図6・8に示すようになる．p-n 接合ではキャリア密度に大きな濃度勾配が存在するが，それにもかかわらず電流が流れないのは，内部電位 ϕ_{bi} がこの流れようとする拡散電流を止めているからである．この内部電位こそが後で述べる p-n 接合の整流性の起源である．

内部電位はエネルギーバンド図上では図6・9に示すように表すことができる．理由

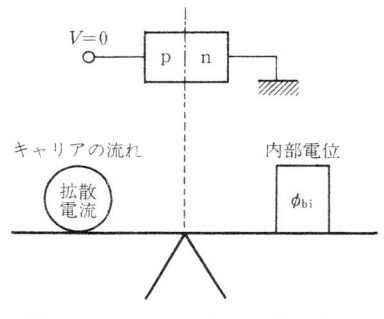

図6・8 キャリアの流れと内部電位 ϕ_{bi} の釣り合い

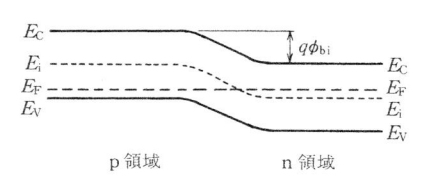

図6・9 エネルギーバンド図における内部電位 ϕ_{bi}

は次の通りである．図 6・9 において $q\phi_\mathrm{bi}$ で表されるエネルギー差 ΔE は，E_Fn，E_Fp をそれぞれ p 領域，n 領域のフェルミ準位とすると，次の式

$$\Delta E = (E_\mathrm{i} - E_\mathrm{Fn}) + (E_\mathrm{Fp} - E_\mathrm{i}) = E_\mathrm{Fp} - E_\mathrm{Fn} \tag{6・7}$$

で与えられ，p 形と n 形半導体のフェルミ準位の差になる．エネルギー E とポテンシャル ϕ の間には次の関係がある．

$$\phi = -E/q \tag{6・8a}$$

この関係は一般的には真性フェルミ・エネルギー E_i を使って，次の式で表される．

$$\phi = -E_\mathrm{i}/q \tag{6・8b}$$

したがって，式 (6・7) と式 (6・8) より ϕ_bi は次のように導かれる．

$$\phi_\mathrm{bi} = \frac{E_\mathrm{Fn} - E_\mathrm{Fp}}{q} \tag{6・9}$$

この式の E_Fn，E_Fp にそれぞれ式 (3・22 a)，(3・22 b) の関係を代入すると ϕ_bi として

$$\phi_\mathrm{bi} = \frac{kT}{q} \ln \frac{N_\mathrm{D} N_\mathrm{A}}{n_\mathrm{i}^2} \tag{6・6c}$$

が得られ，当然のことながら，すでに述べた式 (6・6 b) と同じになる．

6・4 ポアソンの方程式を用いた解析

次に，階段接合の p-n 接合を仮定して，接合近傍の電位分布と電界分布をポアソンの方程式 (Poisson's equation) を用いて解いておこう．いまの場合，階段接合であるから接合近傍の空間電荷の分布 $\rho(x)$ は図 6・10 (b) に示すようになる．まず，図 6・10 (a) に示すように空間電荷領域の電荷は接合の両側で釣り合っていなければならないので，次の式が成立する．

$$N_\mathrm{A} W_\mathrm{d(p)} = N_\mathrm{D} W_\mathrm{d(n)} \tag{6・10}$$

また，ポアソンの方程式をこの接合に適用すると次の式が得られる．

$$\frac{\mathrm{d}^2 \phi(x)}{\mathrm{d}x^2} = -\frac{\rho(x)}{K\epsilon_0} \tag{6・11}$$

ここで，K，ϵ_0 はそれぞれ半導体の比誘電率および真空の誘電率である．また，$\rho(x)$ は電荷密度なので，式 (3・7) を代入すると

$$\frac{\mathrm{d}^2 \phi(x)}{\mathrm{d}x^2} = -\frac{q}{K\epsilon_0}[(p+N_\mathrm{D}) - (n+N_\mathrm{A})] \tag{6・12}$$

となるが，空間電荷領域では，$p \fallingdotseq 0$，$n \fallingdotseq 0$ となるので，この式は簡単に

$$\frac{\mathrm{d}^2 \phi(x)}{\mathrm{d}x^2} = -\frac{q}{K\epsilon_0}(N_\mathrm{D} - N_\mathrm{A}) \tag{6・13}$$

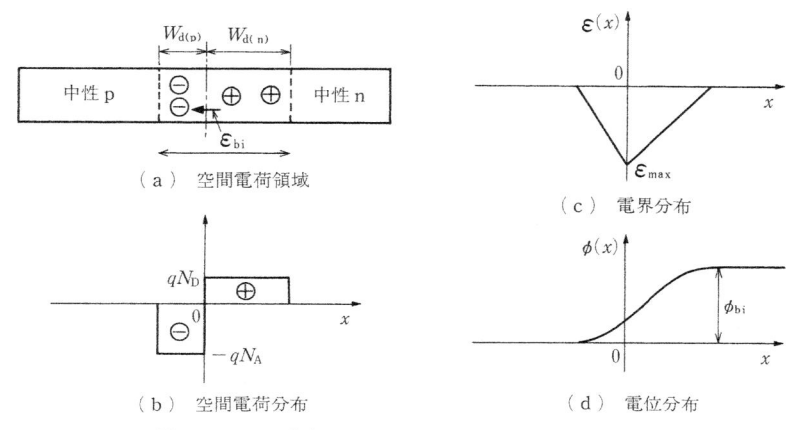

図6・10 p-n接合における電荷，電界および電位の分布

となる．

式(6・13)を使うと，p側の空間電荷領域では，次の式

$$\frac{d^2\phi(x)}{dx^2} = \frac{qN_A}{K\epsilon_0} \quad (-W_{d(p)} \leq x \leq 0) \tag{6・14}$$

が成立し，空間電荷領域の両端では電位も電界も0なので境界条件は次のようになる．

$$x = -W_{d(p)} \text{のとき} \quad \phi = 0, \ d\phi/dx = 0 \tag{6・15}$$

この境界条件の下で式(6・14)を解くと，次のように電界分布 $d\phi(x)/dx$ とポテンシャル分布 $\phi(x)$ が得られる．

$$\frac{d\phi(x)}{dx} = \frac{qN_A}{K\epsilon_0}(x + W_{d(p)}) \tag{6・16}$$

$$\phi(x) = \frac{qN_A}{2K\epsilon_0}(x + W_{d(p)})^2 \tag{6・17}$$

また，n側の空間電荷領域ではポアソンの方程式と境界条件は，それぞれ次の式

$$\frac{d^2\phi(x)}{dx^2} = -\frac{qN_D}{K\epsilon_0} \quad (0 \leq x \leq W_{d(n)}) \tag{6・18}$$

$$x = W_{d(n)} \text{のとき} \quad \phi = \phi_{bi}, \ d\phi/dx = 0 \tag{6・19}$$

で与えられる．同様にして式(6・18)を解くと $d\phi(x)/dx, \phi(x)$ は次のように求まる．

$$\frac{d\phi(x)}{dx} = -\frac{qN_D}{K\epsilon_0}(x - W_{d(n)}) \tag{6・20}$$

$$\phi(x) = -\frac{qN_D}{2K\epsilon_0}(x - W_{d(n)})^2 + \phi_{bi} \tag{6・21}$$

ここで，式(6・4)の電界 $\mathcal{E}$ とポテンシャル ϕ の関係を用いると，電界分布 $\mathcal{E}(x)$ は p 領域，n 領域でそれぞれ，次の式で与えられる．

$$\mathcal{E}_\mathrm{p}(x) = -\frac{qN_\mathrm{A}}{K\epsilon_0}(x + W_\mathrm{d(p)}) \tag{6・22 a}$$

$$\mathcal{E}_\mathrm{n}(x) = \frac{qN_\mathrm{D}}{K\epsilon_0}(x - W_\mathrm{d(n)}) \tag{6・22 b}$$

電界の値は $x=0$ で最大になるので，最大電界を $\mathcal{E}_\mathrm{max}$ とすると

$$\mathcal{E}_\mathrm{max} = -\frac{qN_\mathrm{A}}{K\epsilon_0}W_\mathrm{d(p)} = -\frac{qN_\mathrm{D}}{K\epsilon_0}W_\mathrm{d(n)} \tag{6・23}$$

となる．この電界分布の様子を描くと図 6・10(c) に示すようになる．また，式(6・17)，(6・21)で表される電位分位は図 6・10(d) に示すように描かれる．

接合すなわち $x=0$ においては，ポテンシャル $\phi(0)$ は p 領域，n 領域いずれの式を用いても等しくなるので，式(6・17)，式(6・21)を用いて次の関係が得られる．

$$\frac{qN_\mathrm{A}}{2K\epsilon_0}W_\mathrm{d(p)}^2 = -\frac{qN_\mathrm{D}}{2K\epsilon_0}W_\mathrm{d(n)}^2 + \phi_\mathrm{bi} \tag{6・24}$$

式(6・24)を計算すると内部電位 ϕ_bi は，次の式によっても表されることがわかる．

$$\phi_\mathrm{bi} = \frac{qN_\mathrm{D}}{2K\epsilon_0}W_\mathrm{d(n)}W_\mathrm{d} \tag{6・25}$$

ここで，式(6・10)の関係を使うとともに，W_d を空乏層全体の幅として次の関係式

$$W_\mathrm{d} = W_\mathrm{d(p)} + W_\mathrm{d(n)} \tag{6・26}$$

を用いた．

式(6・10)と式(6・26)を使うと，$W_\mathrm{d(p)}$，$W_\mathrm{d(n)}$ はそれぞれ次の式で与えられる．

$$W_\mathrm{d(p)} = \frac{N_\mathrm{D}}{N_\mathrm{A}+N_\mathrm{D}}W_\mathrm{d} \tag{6・27 a}$$

$$W_\mathrm{d(n)} = \frac{N_\mathrm{A}}{N_\mathrm{A}+N_\mathrm{D}}W_\mathrm{d} \tag{6・27 b}$$

式(6・27 b)で表される $W_\mathrm{d(n)}$ を式(6・25)に代入すると，内部電位 ϕ_bi はキャリア密度と空乏層幅を使って，次の式で表されることがわかる．

$$\phi_\mathrm{bi} = \frac{q}{2K\epsilon_0} \cdot \frac{N_\mathrm{A}N_\mathrm{D}}{N_\mathrm{A}+N_\mathrm{D}}W_\mathrm{d}^2 \tag{6・28}$$

式(6・28)を用いて，p-n 接合全体の空乏層幅 W_d，p 領域の空乏層幅 $W_\mathrm{d(p)}$，n 領域の空乏層幅 $W_\mathrm{d(n)}$ を求めると，それぞれ次の式で表される．

$$W_\mathrm{d} = \left(\frac{2K\epsilon_0}{q} \cdot \frac{(N_\mathrm{A}+N_\mathrm{D})}{N_\mathrm{A}N_\mathrm{D}}\phi_\mathrm{bi}\right)^{1/2} \tag{6・29 a}$$

$$W_{d(p)} = \left(\frac{2K\epsilon_0}{q} \cdot \frac{N_D}{N_A(N_A+N_D)} \phi_{bi} \right)^{1/2} \quad (6\cdot29\,b)$$

$$W_{d(n)} = \left(\frac{2K\epsilon_0}{q} \cdot \frac{N_A}{N_D(N_A+N_D)} \phi_{bi} \right)^{1/2} \quad (6\cdot29\,c)$$

式(6・29a)〜(6・29c)からp-n接合の空乏層幅について次のことがわかる．すなわち，p領域とn領域の空乏層幅の関係を調べるために，いま，$N_D \gg N_A$と仮定すると，式(6・29b)，(6・29c)より$W_{d(p)} \gg W_{d(n)}$となり，キャリア密度の低い側の空乏層幅が圧倒的に大きくなることがわかる．したがって，p領域とn領域のキャリア密度に大きな差がある場合には，p-n接合の空乏層幅W_dは低い方のキャリア密度（の半導体）によって決定される．ここで，式(6・23)で表される接合に加わる最大電界をわかりやすくするために，式(6・27b)，式(6・28)を用いて書き改めると$\mathcal{E}_{max}$は次の式

$$\mathcal{E}_{max} = -\frac{2\phi_{bi}}{W_d} \quad (6\cdot30)$$

となる．

一方，図6・1(c)に示した直線傾斜接合の場合には，空乏層幅W_d，最大電界$\mathcal{E}_{max}$および内部電界ϕ_{bi}はそれぞれ次の式で与えられる．

$$W_d = \left(\frac{12K\epsilon_0 \phi_{bi}}{q a_c} \right)^{1/3} \quad (6\cdot31\,a)$$

$$\mathcal{E}_{max} = -1.5 \frac{\phi_{bi}}{W_d} \quad (6\cdot31\,b)$$

$$\phi_{bi} = \frac{2kT}{q} \ln\left(\frac{a_c W_d}{2n_i} \right) \quad (6\cdot31\,c)$$

ここで，a_cは直線傾斜接合におけるドーパント密度の濃度勾配である．

次に，図6・11に示すようにp形半導体側に電圧を加えることとして，空乏層幅のバイアス電圧依存性について考察しよう．図6・6に示したように，内部電界$\mathcal{E}_{bi}$はn領域からp領域に向いているので，内部電位ϕ_{bi}は逆バイアス方向の電位になる．したがって，図6・11(a)に示すようにp側に正の電位V_F（順バイアス）を加えると障壁が下り（$\phi_{bi} - V_F$），空乏層は縮小する．また，図(b)に示すように負の電圧V_R（逆バイアス）を加えると障壁は増大し［$\phi_{bi} - (-V_R)$］，空乏層幅は増大する．つまり，それぞれの場合の空乏層幅は次の式で与えられる．

$$W_d = \left(\frac{2K\epsilon_0}{q} \cdot \frac{(N_A+N_D)}{N_A N_D} (\phi_{bi} - V_F) \right)^{1/2} \quad (6\cdot32\,a)$$

$$W_d = \left(\frac{2K\epsilon_0}{q} \cdot \frac{(N_A+N_D)}{N_A N_D} (\phi_{bi} + V_R) \right)^{1/2} \quad (6\cdot32\,b)$$

図 6・11 空乏層幅 W_d のバイアス電圧依存性

（a） 順バイアスのとき

（b） 逆バイアスのとき

図 6・12 順バイアス，平衡および逆バイアス時の堰の状態

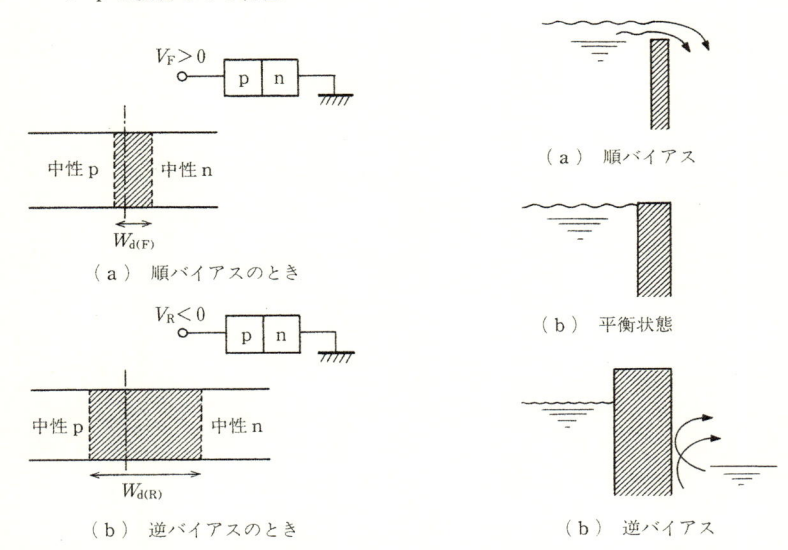

（a） 順バイアス

（b） 平衡状態

（b） 逆バイアス

式(6・29 a)および(6・32 a)，(6・32 b)において，ϕ_{bi}，$\phi_{bi}-V_F$，$\phi_{bi}+V_R$ はすべて p-n 接合の障壁の高さ（barrier height）を表している．ϕ_{bi} は平衡，$\phi_{bi}-V_F$ は順バイアスそして $\phi_{bi}+V_R$ は逆バイアスのときの障壁の高さである．したがって，p-n 接合における障壁の高さおよび空乏層幅のバイアス依存性を漫画的に描くと図 6・12 に示すようになる．すなわち，ここでは水の流れとこれを防ぐ堰のアナロジーを用いているが，順バイアスでは障壁（の高さ）は低く，幅も狭いので水の流れをせき止めることはできない（電流は流れる）．しかし，逆バイアスでは障壁（の高さ）が高く，幅も広いので水の流れは容易に止められるのである．この模式図は p-n 接合ダイオードの整流性を良く表していると思う．

6・5 空乏層容量と C-V 特性

p-n 接合に逆バイアスを加えると空乏層が広がることがわかった．空乏層はキャリア密度のきわめて低い領域であるから，逆バイアスを加えた p-n 接合は図 6・13 に示すように一種のコンデンサを構成することになる．このことを次に調べてみよう．定義に戻って考えると，外部から p-n 接合に加える電圧の変化を dV とし，これによって変化する全電荷の変化を dQ とすると，接合容量 C は次の式

6・5 空乏層容量とC-V特性

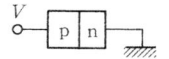

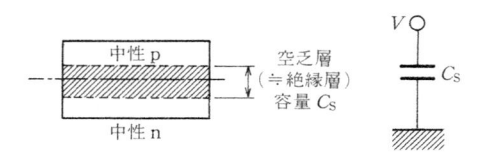

図6・13 p-n接合の空乏層容量

$$C = \frac{dQ}{dV} \tag{6・33}$$

で与えられる．dQ は電荷密度ρを用いるとρdxで表されるので，ポアソンの式 ($d\mathcal{E}/dx = \rho/K\epsilon_0$)を用いると，次の関係式が得られる．

$$\frac{d\mathcal{E}}{dx} = \frac{1}{K\epsilon_0} \cdot \frac{dQ}{dx} \tag{6・34}$$

また，いまの場合バイアス電圧の変化dVと電界の変化$d\mathcal{E}$の間には，次の関係

$$dV = W_d d\mathcal{E} \tag{6・35}$$

があるので，この関係と式(6・34)を使うと，式(6・33)で表される接合容量Cは次のようにコンデンサの式になる．

$$C = \frac{K\epsilon_0}{W_d} \tag{6・36}$$

この容量Cは空乏層の発生によって生じるので空乏層容量と呼ばれる．式(6・36)のW_dに式(6・32 b)を代入すると，空乏層容量として次の式が得られる．

$$C = \left(\frac{qK\epsilon_0}{2} \cdot \frac{N_A N_D}{N_A + N_D} \cdot \frac{1}{\phi_{bi} + V_R} \right)^{1/2} \tag{6・37}$$

いま，$N_D \gg N_A$と仮定するとCは

$$C = \left(\frac{qK\epsilon_0}{2} \cdot \frac{N_A}{\phi_{bi} + V_R} \right)^{1/2} \tag{6・38}$$

と簡単になる．この式を変形すると，空乏層容量Cと逆バイアス電圧V_Rの間に次の関係式が得られることがわかる．

$$\frac{1}{C^2} = \frac{2}{qK\epsilon_0 N_A}(V_R + \phi_{bi}) \tag{6・39}$$

この関係をグラフに描くと図6・14に示すようになる．式(6・39)と図6・14を比較すると，式(6・39)の係数$2/(qK\epsilon_0 N_A)$は図6・14の直線の勾配を示し，電圧軸との切片は

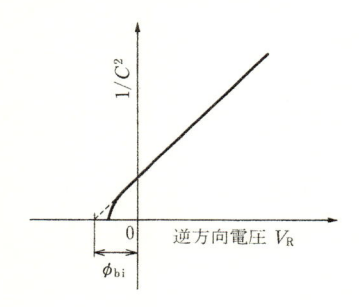

図 6・14　p-n 接合ダイオードの $1/C^2$ 対 V_R 特性

内部電位 ϕ_{bi} を表していることがわかる．したがって，p-n 接合に逆バイアスを加えて接合容量を測定することにより，p-n 接合の(低い方の)キャリア密度と内部電位が実験的に決定できることがわかる．

6・6　電流-電圧特性

p-n 接合ダイオードの電流-電圧(I-V)特性はすでに図 6・2(c) に簡単に示したが，原点付近を拡大して描くと図 6・15 に示すようになる．図 6・15 と図 6・2(c) の違いは逆方向電流に飽和電流 I_0 が存在することを示した点にある．図 6・15 に示した I-V 曲線を式で表すと次のようになる．

$$I = I_0(e^{qV_F/kT} - 1) \tag{6・40}$$

ここで，V_F は順バイアス (p 側に正) の電圧を示し，I はこのバイアス条件において流れる電流である．

ここで，エネルギーバンド図を用いて順バイアスと逆バイアスのときのキャリアに対する障壁の状況をもう一度見ておこう．図 6・16 (a)，(b) および (c) に順バイアス，平衡および逆バイアスの場合の p-n 接合のエネルギーバンド図を示したが，順バイアス (正) 電圧 V_F を p 側に加えた図(a)ではエネルギー障壁が $q\phi_{bi}$ から $q(\phi_{bi} - V_F)$ に減少していて，伝導帯にある電子も価電子帯の正孔も接合を越えて動きやすくなっていることがわかる．この図では n 側から p 側に向かって依然としてエネルギーが高くなっていて(電子と正孔では逆)，例えば，伝導帯の電子が接合を越えて p 側に移るのは難しいのではないかと思うかもしれないが，キャリア (電子) の動く原動力には，この他に (これ以上に) 大きい効果のあるキャリア密度の差に基づく拡散の力が存在していることを忘れてはならない．図 6・16(c) に示す逆バイアスの場合には p 側に負の電圧 (V_R) を加えるわけであるが，この逆バイアスの条件ではエネルギー障壁は

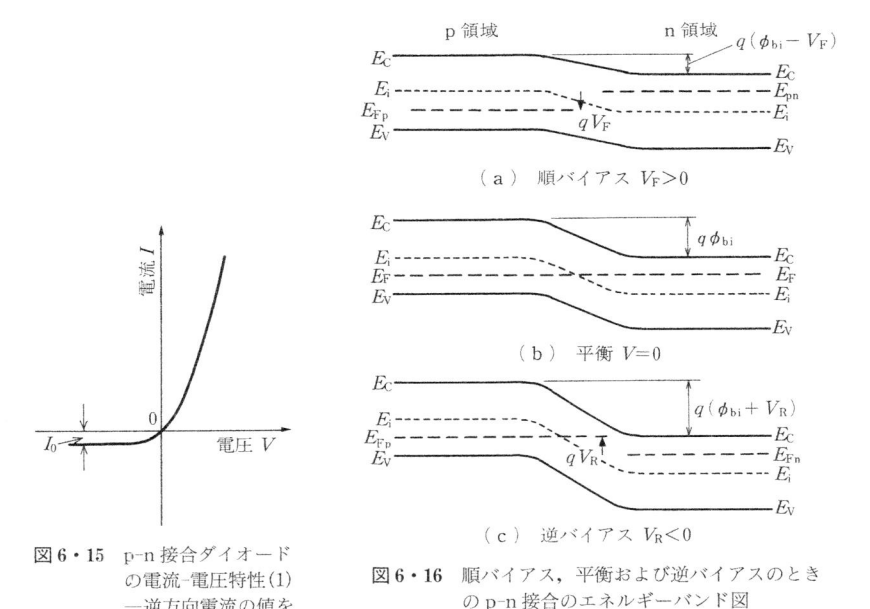

6・6 電流-電圧特性　79

図6・15 p-n接合ダイオードの電流-電圧特性(1)
——逆方向電流の値を拡大して示している

図6・16 順バイアス，平衡および逆バイアスのときのp-n接合のエネルギーバンド図

(a) 順バイアス $V_F > 0$

(b) 平衡 $V = 0$

(c) 逆バイアス $V_R < 0$

$q(\phi_{bi} + V_R)$ と大きくなり，キャリア（電子）は n 側から p 側へ移動できなくなるので，p-n 接合には電流はほとんど流れない．平衡状態の図 (b) で釣り合っている（電流は流れない）のであるから，それよりエネルギー障壁の大きくなる図 (c) では当然電流は流れなくなるのである．

さて，この章では式 (6・40) の関係を導くことが課題である．式 (6・40) を導くには飽和電流 I_0 を求める必要があるので，逆バイアス（p 側に負電圧）のときの電流，すなわち，逆方向電流 I_R から求めよう．p-n 接合に逆バイアス（電圧）を加えたときのキャリアの動きは図 6・17 に示したが，このときは逆バイアスによって空乏層幅が大きく広がっている．このような状況では p-n 接合を流れる電流は原理的にきわめてわずかであることが予想される．

逆バイアス条件における電流の成分としては二つあり，一つは空乏層で発生する生成電流 I_g であり，他の一つは少数キャリアによる拡散電流である．この場合の少数キャリアは p 領域の電子と n 領域の正孔である．図 6・17 からわかるように，これらの少数キャリアは内部電界の妨害を受けない（少数キャリアの流れには電界よりもキャリア密度の濃度勾配の方が効くので，内部電界はキャリアの動きに対して助けにもあ

80　6　p-n接合とその特性

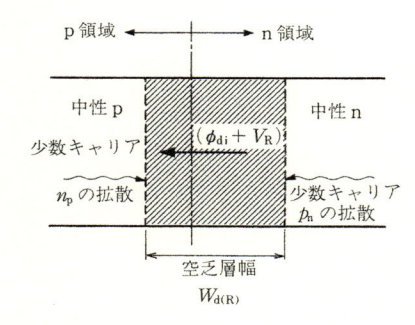

図6・17　逆バイアス時におけるキャリアの動き

まりならない)．

　まず，生成電流 I_g から考えよう．空乏層内でのキャリアの生成は，空乏層内に存在する深い準位がキャリアの生成-再結合中心として働くことに基づいているので，キャリアの生成割合 U は，式(4・19)を思い出すと，次の式

$$U = -(\sigma v_{th} N_t) \frac{(pn - n_i^2)}{(n+p) + 2n_i \cosh[(E_t - E_i)/kT]} \quad (4 \cdot 19\,a)$$

で表される．いまの場合，$p \fallingdotseq 0$, $n \fallingdotseq 0$, $E_t \fallingdotseq E_i$ と近似できるので，式(4・19a)は次のように簡単な式になる．

$$U = \frac{1}{2}(\sigma v_{th} N_t n_i) \quad (6 \cdot 41)$$

ここで，空乏層内で発生するキャリアの寿命を $\tau_0 = \tau_n = \tau_p$ と近似して

$$\tau_0 = \frac{1}{\sigma v_{th} N_t} \quad (6 \cdot 42)$$

と置くと [式(4・26)参照]，U は次の式で与えられる．

$$U = \frac{n_i}{2\tau_0} \quad (6 \cdot 43)$$

この式を使うと生成電流 I_g は，キャリアの生成割合，電荷および空乏層の体積の積になるので，次の式

$$I_g = (n_i/2\tau_0) q W_d A \quad (6 \cdot 44)$$

で表される．ここで，A は p-n 接合の断面積である．

　次に，少数キャリアの拡散による電流を考えよう．拡散電流 I_d を考えるには接合近傍の少数キャリア密度の分布が重要であるが，これは図6・18に示すようになる．すなわち，p領域の少数キャリア密度の分布 $n_p(x)$ と n 領域の少数キャリア密度の分布 $p_n(x)$ は，それぞれ図6・18の左右に示すようになる．この図では計算の都合上，x 軸

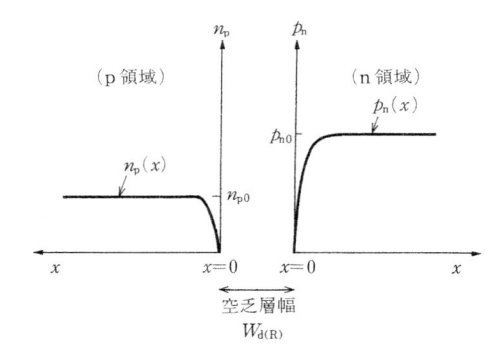

図6・18 逆バイアス時における少数キャリア密度の分布

の0点はp領域，n領域ともに空乏層の端にとり，x軸はそれぞれの中性領域に向かって正方向になるように採った．したがって，少数キャリア密度の分布 $p_n(x)$, $n_p(x)$ は，以下に述べる理由から，それぞれ次の式

$$p_n(x) = p_{n0}(1 - e^{-x/L_p}) \tag{6・45 a}$$

$$n_p(x) = n_{p0}(1 - e^{-x/L_n}) \tag{6・45 b}$$

で与えられる．

すなわち，$p_n(x)$ について考えると正孔の従う連続の方程式は，式(4・44 b)なので，これを定常状態 $(\partial p_n/\partial t = 0)$ の条件で書くと，次のようになる．

$$D_p \frac{d^2 p_n}{dx^2} + G - U = 0 \tag{6・46}$$

いま，キャリアの励起はない ($G=0$) とすると，U は式(4・29 b)を参照して，次の式

$$U = \frac{1}{\tau_p}(p_n - p_{n0}) \tag{6・47}$$

で与えられる．したがって，式(6・46)は次のように書き換えることができる．

$$D_p \frac{d^2 p_n}{dx^2} - \frac{p_n - p_{n0}}{\tau_p} = 0 \tag{6・48}$$

この微分方程式を解くと，式(4・52)と同じように次の解

$$p_n(x) = p_{n0} + [p_n(0) - p_{n0}]e^{-x/L_p} \tag{6・49}$$

が得られるが，図6・18から明らかなように，$p_n(0) = 0$ なので式(6・49)は簡単になり，前述の式(6・45 a)で表されることがわかる．式(6・45 b)も同様にして求めることができるので，読者の演習問題として残しておこう．

さて，拡散電流であるが，正孔の拡散電流を $I_{d,p}$ とすると，これは電荷 q，拡散係数 D_p，キャリア密度の濃度勾配 dp_n/dx および接合の断面積 A に比例するので，次の式

$$I_{\mathrm{d,p}} = qD_{\mathrm{p}} \frac{\mathrm{d}p_{\mathrm{n}}}{\mathrm{d}x}\bigg|_{x=0} A = \frac{qp_{\mathrm{n}0}D_{\mathrm{p}}}{L_{\mathrm{p}}} A \tag{6・50 a}$$

で与えられる．また，電子に対する拡散電流 $I_{\mathrm{d,n}}$ も同様にして，次の式

$$I_{\mathrm{d,n}} = \frac{qn_{\mathrm{p}0}D_{\mathrm{n}}}{L_{\mathrm{n}}} A \tag{6・50 b}$$

で与えられる．式(6・50 a), (6・50 b)の右辺を加えて得られる次の式

$$I_0 = qA\left(\frac{D_{\mathrm{p}}}{L_{\mathrm{p}}}p_{\mathrm{n}0} + \frac{D_{\mathrm{n}}}{L_{\mathrm{n}}}n_{\mathrm{p}0}\right) \tag{6・51}$$

I_0 は飽和電流と呼ばれるものであり，前記の式(6・40)の I_0 はこの式(6・51)で与えられる．以上の結果，p-n 接合の逆方向電流 I_{R} は式(6・44)の生成電流 I_{g} と式(6・51)で表される飽和電流の和となり，次の式で与えられる．

$$I_{\mathrm{R}} = qA\left(\frac{n_{\mathrm{i}}W_{\mathrm{d}}}{2\tau_0} + \frac{D_{\mathrm{p}}}{L_{\mathrm{p}}}p_{\mathrm{n}0} + \frac{D_{\mathrm{n}}}{L_{\mathrm{n}}}n_{\mathrm{p}0}\right) \tag{6・52}$$

次に，順方向電流 I_{F} を求めよう．順方向電流には二つの成分があり，一つは空乏層内で発生する再結合電流であり，他の一つは図6・19に示されているように，p領域から n 領域へ，n 領域から p 領域へそれぞれ注入される注入（拡散）電流である．まず，再結合電流について考えると，再結合割合 U は前の式(4・19)を思い出して，次の式

$$U = \frac{\sigma v_{\mathrm{th}}N_{\mathrm{t}}(pn - n_{\mathrm{i}}^2)}{(n+p) + 2n_{\mathrm{i}}\cosh[(E_{\mathrm{t}} - E_{\mathrm{i}})/kT]} \tag{4・19 b}$$

を使用できるが，深い準位はミッドギャップに近い($E_{\mathrm{t}} \fallingdotseq E_{\mathrm{i}}$)とすると，$U$ は

$$U = \frac{\sigma v_{\mathrm{th}}N_{\mathrm{t}}(pn - n_{\mathrm{i}}^2)}{n + p + 2n_{\mathrm{i}}} \tag{6・53}$$

と簡単になる．

ここで，順バイアスの場合のキャリア密度について少し考察しておこう．p-n 接合

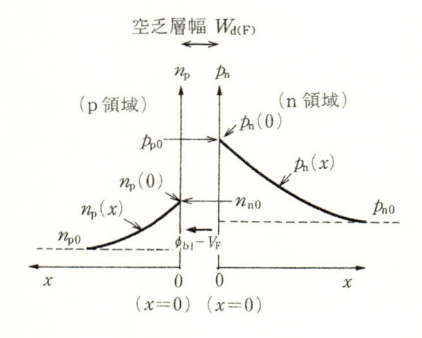

図6・19 順バイアス状態におけるキャリアの注入とキャリア密度の分布

ではp領域のフェルミ準位をE_{Fp},n領域のフェルミ準位をE_{Fn}と書いて,これらを擬フェルミ準位と呼んでいる(図6・16参照)が,順バイアス電圧をV_Fとすると,順バイアスでは二つの擬フェルミ準位E_{Fp}とE_{Fn}の間に,次の関係

$$E_{Fn} - E_{Fp} = qV_F \tag{6・54}$$

が満たされている.一方,pおよびn領域のキャリア密度はE_{Fp}およびE_{Fn}を使って,それぞれ次の式[式(3・20a),(3・20b)参照]で与えられる.

$$p = n_i e^{(E_i - E_{Fp})/kT} \tag{6・55 a}$$

$$n = n_i e^{(E_{Fn} - E_i)/kT} \tag{6・55 b}$$

これらの式と式(6・54)の関係を使うと電子と正孔密度の積npは,次の式

$$np = n_i^2 e^{(E_{Fn} - E_{Fp})/kT} = n_i^2 e^{qV_F/kT} \tag{6・56}$$

で与えられる.

式(6・56)を式(6・53)に代入すると,Uは次のように変形できる.

$$U = \frac{\sigma v_{th} N_t n_i^2 (e^{qV_F/kT} - 1)}{n + p + 2n_i} \tag{6・57}$$

また,式(6・57)で表されるUの値は,$(n+p)$の値が最小のときに最大値をとるが,pnの積を一定にとれば,両者の和はpとnの値が等しいときに最小値をとることがわかる.したがって,Uの値は次の条件

$$n = p = n_i e^{qV_F/2kT} \tag{6・58}$$

が満たされるときに最大になるので,このときの値をU_{max}とするとU_{max}は次の式

$$U_{max} = \frac{\sigma v_{th} N_t n_i^2 (e^{qV_F/kT} - 1)}{2n_i (e^{qV_F/2kT} + 1)} \tag{6・59}$$

で与えられる.

いま,順バイアス電圧V_Fが$kT/q (\simeq 0.026V)$より十分大きいとすると,式(6・59)は簡単になり,U_{max}は次の式で表される.

$$U_{max} = \frac{1}{2} \sigma v_{th} N_t n_i e^{qV_F/2kT} \tag{6・60}$$

ここで,式(6・42)で表される少数キャリアの寿命τ_0を使うと,U_{max}は次の式

$$U_{max} = \frac{n_i}{2\tau_0} e^{qV_F/2kT} \tag{6・61}$$

で与えられる.したがって,再結合電流I_rは,式(6・44)の生成電流I_gのときと同様に考えて,次の式で与えられる.

$$I_r = (1/2\tau_0) q n_i W_d A e^{qV_F/2kT} \tag{6・62}$$

84　6　p-n接合とその特性

　次に，図6・19を参考にして拡散（注入）電流を考えよう．まず，p領域に注入される電子による電流 $I_{d,n}$ を考えよう．p領域へ注入される電子（少数キャリア）密度の分布 $n_p(x)$ は，次の連続の方程式に従う［4章の式(4・44a)参照］．

$$D_n \frac{d^2 n_p(x)}{dx^2} - \frac{n_p(x) - n_{p0}}{\tau_n} = 0 \tag{6・63}$$

ここで，$n_p(x) - n_{p0}$ は注入により増加した過剰少数キャリア（電子）密度である．この式を解くには境界条件として $x=0$ と $x=\infty$ のときの $n_p(x)$ の値，つまり，$n_p(0)$ と $n_p(\infty)$ の値が必要である．$x=\infty$ のときの値は $n_p(\infty) = n_{p0}$ であるが，$n_p(0)$ の値は直ちにはわからない．

　いまの場合，$n_p(0)$ は p領域の量（この場合は n_{p0}）を用いて表す必要があるので，p-n 接合および p領域，n領域で熱平衡において成立する次の二つの式

$$\phi_{bi} = \frac{kT}{q} \ln \frac{N_A N_D}{n_i^2} = \frac{kT}{q} \ln \frac{p_{p0} n_{n0}}{n_i^2} \tag{6・64}$$

$$n_i^2 = n_{p0} p_{p0} = n_{n0} p_{n0} \tag{6・65}$$

を利用して，n_{p0} と n_{n0} および p_{n0} と p_{p0} の関係を求めておく必要がある．
式(6・64)と式(6・65)を使うと，次の関係が得られる．

$$n_{p0} = n_{n0} e^{-q\phi_{bi}/kT} \tag{6・66a}$$

$$p_{n0} = p_{p0} e^{-q\phi_{bi}/kT} \tag{6・66b}$$

式(6・66a)，(6・66b)はp-n接合の両側の熱平衡における少数キャリアと多数キャリア密度の間に成立する関係を示している．いまの場合，接合には順バイアス V_F が加わっているので，障壁の高さは ϕ_{bi} ではなく，$\phi_{bi} - V_F$ に下っているので，$n_p(0)$ は式(6・66a)において，ϕ_{bi} を $\phi_{bi} - V_F$ に変更して，次の式

$$n_p(0) = n_{n0} e^{-q(\phi_{bi} - V_F)/kT} = n_{p0} e^{qV_F/kT} \tag{6・67}$$

で与えられることがわかる．同様にして，$p_n(0)$ も次の式で表される．

$$p_n(0) = p_{n0} e^{qV_F/kT} \tag{6・68}$$

　以上で準備が整ったので，式(6・63)を解くと，$n_p(x)$ は次のように求まる．

$$n_p(x) = n_{p0} + [n_p(0) - n_{p0}] e^{-x/L_n} \tag{6・69a}$$

$$= n_{p0} + n_{p0}(e^{qV_F/kT} - 1) e^{-x/L_n} \tag{6・69b}$$

ここで，式(6・67)の関係を使った．式(6・69b)で表される電子密度 $n_p(x)$ を用いて電子の注入によって起る電子の拡散電流 $I_{d,n}$ は次の式

$$I_{d,n} = -AqD_n \frac{dn_p(x)}{dx}\bigg|_{x=0} = \frac{Aqn_{p0}D_n}{L_n}(e^{qV_F/kT} - 1) \tag{6・70a}$$

に導かれ，正孔の注入による拡散電流 $I_{\mathrm{d,p}}$ も同様にして，次のように導出できる．

$$I_{\mathrm{d,p}} = AqD_{\mathrm{p}}\frac{\mathrm{d}p_{\mathrm{n}}(x)}{\mathrm{d}x}\bigg|_{x=0} = -\frac{Aqp_{\mathrm{n0}}D_{\mathrm{p}}}{L_{\mathrm{p}}}(\mathrm{e}^{qV_F/kT}-1) \qquad (6\cdot70\,\mathrm{b})$$

全拡散電流 I_{d} は $I_{\mathrm{d,n}}$ と $I_{\mathrm{d,p}}$ の絶対値の和になるので，次の式で与えられる．

$$I_{\mathrm{d}} = qA\left(\frac{D_{\mathrm{n}}}{L_{\mathrm{n}}}n_{\mathrm{p0}}+\frac{D_{\mathrm{p}}}{L_{\mathrm{p}}}p_{\mathrm{n0}}\right)(\mathrm{e}^{qV_F/kT}-1) \qquad (6\cdot71)$$

順バイアスの場合の電流 I_{F} は式(6・62)で表される再結合電流と式(6・71)で表される拡散電流の和なので，I_{F} は結局次の式で表される．

$$I_{\mathrm{F}} = qA\left[\frac{n_{\mathrm{i}}W_{\mathrm{d}}}{2\tau_0}\mathrm{e}^{qV_F/2kT}+\left(\frac{D_{\mathrm{n}}}{L_{\mathrm{n}}}n_{\mathrm{p0}}+\frac{D_{\mathrm{p}}}{L_{\mathrm{p}}}p_{\mathrm{n0}}\right)(\mathrm{e}^{qV_F/kT}-1)\right] \qquad (6\cdot72)$$

式(6・72)において第1項を除くと I_{F} は，式(6・71)に近似でき，I_0 が式(6・51)で表されることを考えると，この式は最初に示した式(6・40)と同じになっていることがわかる．

p-n 接合に順バイアス（p 側にプラス）電圧を加えると，p 領域においても n 領域においてもキャリアの注入が起り，図6・20に示すように，少数キャリア密度の分布 $p_{\mathrm{n}}(x), n_{\mathrm{p}}(x)$ は増大する．電荷の中性条件によって多数キャリアも同じ量だけ励起されるので過剰多数キャリア密度の分布$[p_{\mathrm{p}}(x),\ n_{\mathrm{n}}(x)]$ はそれぞれ過剰少数キャリア密度の分布$[n_{\mathrm{p}}(x),\ p_{\mathrm{n}}(x)]$ と等しい．したがって，p-n 接合では接合に順バイアスを加えると，過剰少数キャリアと過剰多数キャリアの再結合がスムースに起り，電流が流れ続けることになる．

最後に，逆方向電流 I_{R} と順方向電流 I_{F} について少し考察しておこう．逆方向電流 I_{R} は式(6・52)で表され，普通は簡単に第1項が省略されることが多いが，これは少数

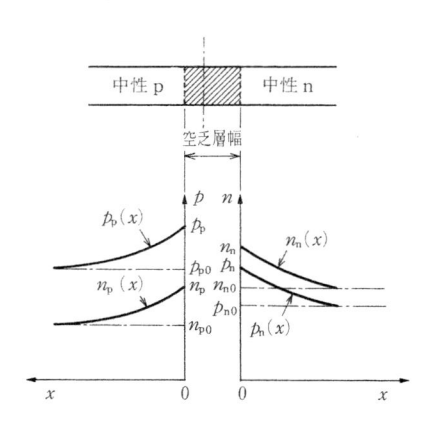

図6・20 順バイアス時における全キャリア密度の分布

キャリアの寿命 τ_0 が十分長く，この項の寄与は小さいことを暗黙の内に認めていることを示している．もしも，p-n 接合の品質が悪くこの仮定が成り立たない場合にはこの近似は成立しない．また，順方向電流 I_F の場合にも同様の仮定の下に，式(6・72)が式(6・40)に近似されていることを注意しておきたい．

また，p-n 接合を流れる電流 I は式(6・40)から明らかなように，係数 I_0 の値に依存するが，この I_0 は式(6・51)で表されるので，結局，接合を流れる電流は少数キャリアの密度 p_{n0} および n_{p0} に支配されることがわかる．

質量作用の法則により，低濃度にドープした側の少数キャリア密度の方が高濃度にドープした側の少数キャリア密度よりも高いので，p-n 接合の電流-電圧特性は p, n 両領域のうち，低濃度（高抵抗率）側の伝導形（半導体）の性質により大きく左右されることがわかる．このように p-n 接合ダイオードを流れる電流では少数キャリアの拡散電流が主役を果すので，p-n 接合ダイオードは"かこみ2"に述べるバイポーラトランジスタとともに少数キャリアデバイスと呼ばれる．また，p-n 接合ダイオードの動作が，キャリア密度の濃度勾配による拡散に基づいていることを理解することはきわめて重要で，このことがよく理解できていないとバイポーラトランジスタについての理解が困難になる．

───── かこみ2 ─────

バイポーラトランジスタは図1(b)に示すように，p-n 接合を背中合せに二つつないだ構造をしており，接合の組合せによって図に示す n-p-n トランジスタと，ここでは省略するが p-n-p トランジスタがある．p-n 接合の動作を説明するために，電圧の印加のみで説明しようとする人がいる．図1(a)に示す p-n 接合の場合には，電子と正孔の動きとこれによる整流作用は，p, n 両側に加える電圧の正負（によるキャリアとのクーロン相互作用）のみによって説明できるように一応見える．しかし，"この考え"を図1(b)のバイポーラトランジスタの動作説明に適用しようとすると，"この考え"はたちまち破綻する．この原因は"この考え"には少数キャリアデバイスでは電圧（によるキャリアのドリフト）よりも重要な（キャリアの）拡散が考慮されていないからである．

正しい動作メカニズムは後で説明するとして，バイポーラトランジスタの構造と記号などについてここで少し説明しておこう．図1(b)に示した n-p-n バイポーラトランジスタでは左から n 領域がエミッタ，中間の p 領域がベースそして右端の n 領域がコレクタと呼ばれる．バイポーラトランジスタの記号は n-p-n の場合は図2(a)のように，p-n-p の場合には図2(b)のように表される．バイポーラトランジスタの接地（回路）方式には，図2(c)に示すエミッタ接地回路の他に，ベース接地回路およびコレクタ接地回路がある．図2(c)

6・6 電流-電圧特性

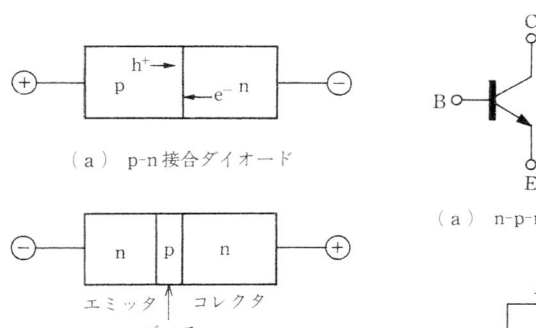

図1 電圧のみではバイポーラトランジスタの動作の説明はできない！
（a）p-n接合ダイオード
（b）n-p-nバイポーラトランジスタ
（左右に加えた電圧のみでは動作の説明不可能）

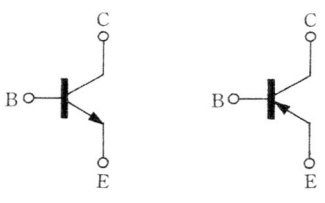

図2 バイポーラトランジスタの記号とエミッタ接地回路
（a）n-p-n
（b）p-n-p
（c）エミッタ接地回路

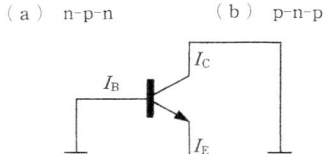

ではトランジスタは順バイアスになるように接続されており，n-p-nトランジスタであるから，エミッタが負電圧，ベース，コレクタが正電圧になっている．

バイポーラトランジスタの動作メカニズムでは，p-n接合ダイオードと同じようにキャリアの拡散が重要である．図3(a)にn-p-nトランジスタの各電極に動作状態のバイアスを加えた場合の断面図を示し，図(b)に（エミッタ-ベース接合の）電位障壁と拡散電流の関係を漫画的に示したので，これらを使って考えよう．いま，エミッタ-ベース接合に電圧がかかっていなければ，内部電位 ϕ_{bi} は拡散電流と釣り合っており，この接合には電流は流れ

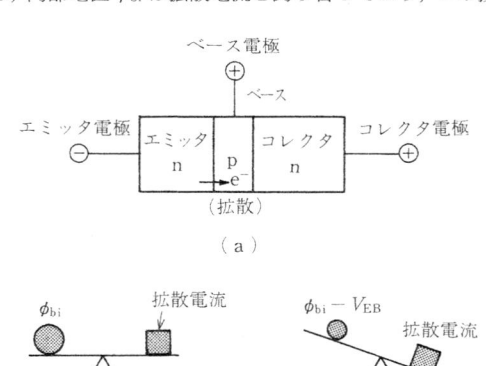

図3 バイポーラトランジスタの動作

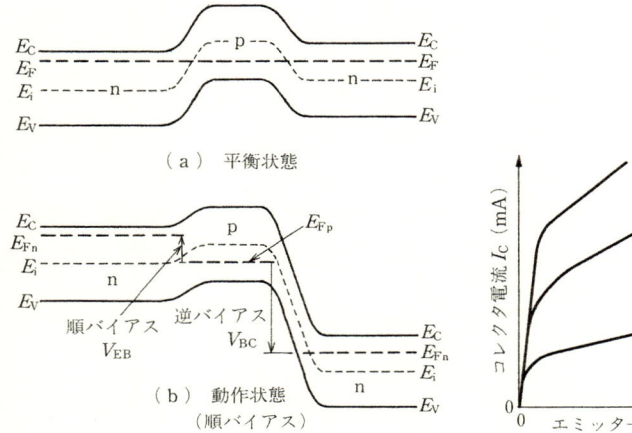

図4 n-p-n バイポーラトランジスタのエネルギーバンド図

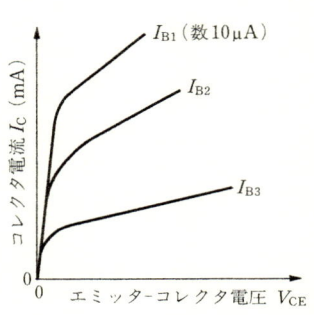

図5 バイポーラトランジスタの電流-電圧特性

ない．しかし，エミッタ-ベース接合を順バイアス V_{EB}（エミッタに負電圧，ベースに正電圧を印加）にすると，図3（b2）に示すように，エミッタ-ベース接合の電位障壁（$\phi_{bi} - V_{EB}$）は拡散電流を止められなくなるので，エミッタ領域の電子はベース領域に注入される．すると，一般にベース領域のキャリア（正孔）密度は低いので，注入された電子はベース（p）領域を拡散し，ほとんど再結合を起さないでベース-コレクタ接合まで達する．ベース-コレクタ接合に達した電子は（逆バイアス状態の）コレクタの正電圧によってコレクタ電極に引き寄せられる．したがって，キャリアである電子がエミッタからコレクタまで達するので，電流はコレクタからエミッタの方向へ流れるようになる．つまり，バイポーラトランジスタではベース電流を流してエミッタ-ベース接合を順バイアスの状態にしてやれば，キャリアの拡散によってトランジスタの動作が始まるのである．最初に指摘したように電圧の働きのみではバイポーラトランジスタは動作しないのである．

　ここで，エネルギーバンド図を用いて説明すると，n-p-nバイポーラトランジスタのエネルギーバンド図は図4に示すようになる．図4(a)は平衡状態で，図(b)は動作状態のエネルギーバンド図である．既に述べたように，動作状態ではエミッタ-ベース接合は順バイアス，ベース-コレクタ接合は逆バイアス状態になっている．電流-電圧特性はコレクタ電流 I_C とエミッタ-コレクタ間電圧 V_{CE} の関係で図5に示した．この図ではベース電流 I_B をパラメータにとっている．もちろん，I_B はエミッタ-ベース接合が順バイアスのときに流れるが，図に示すように，この値が大きいほど（$I_{B1} > I_{B2} > I_{B3}$）コレクタ電流 I_C は大きくなる．

6・7　p-n接合の逆方向特性

p-n接合では逆方向には電流は流れない，と一応述べたが，厳密に見ると前節で述べたように飽和電流が流れるだけでなく，生成電流も流れる．さらに，逆バイアス電圧を非常に大きくすると，接合は降伏現象を起して大電流が流れるようになる．この様子は図6・21に示す通りで，接合が電気的に降伏する電圧は降伏電圧（breakdown voltage）V_Bと呼ばれる．

最初に降伏電圧V_B以下での逆方向特性について調べておこう．p-n接合の逆方向特性としては電流が流れないのが望ましいので，理想的には飽和電流I_0のみであって欲しい．すなわち，図6・22(a)に示した逆方向電流-電圧特性において，実線で示すようなハード（hard）な特性が望ましい．なお，図(a)は逆方向特性を強調するために，図6・22(b)に示す第3象限を第1象限に拡大したものである．

p-n接合近傍に存在する深い準位の密度が増大すると，少数キャリアの(生成)寿命τ_0が短くなり，式(6・44)で表される生成電流I_gが増大することになる．すると，式(6・52)からわかるように全体の逆方向電流I_Rが増大するので，逆方向電流の様子は図6・22(a)に破線で示すようにソフト（soft）になり，p-n接合のリーク電流は増大する．接合の特性がさらに劣化している場合には，リーク電流は図6・22(a)に一点鎖線で示すように著しく増大する．このような特性を示す接合はリーキィ（leaky）と呼ばれ，このp-n接合は明らかに不良品である．

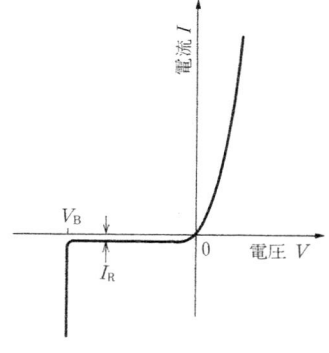

図6・21　p-n接合ダイオードの電流-電圧特性(2)

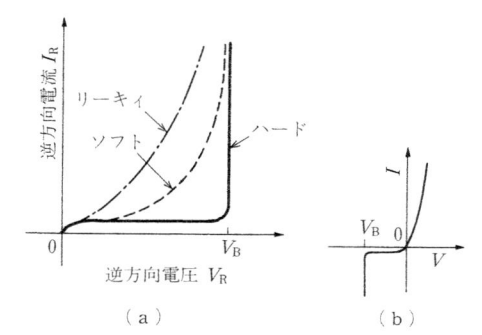

図6・22　逆方向I-V特性の性質

リーク電流の大きさはp-n接合を作る半導体の材料にも依存する．すなわち，式(6・44)に示す生成電流 I_g の値は真性キャリア密度 n_i [式(3・18b)参照] にも依存するので，温度が一定ならばバンドギャップ E_g の値の大きい半導体の場合にリーク電流が少ないことになる．Ge，Si，GaAs の3種類の半導体で作製した p-n 接合ダイオードを比べると，リーク電流は Ge が最大，GaAs が最小であり，Si のそれは中間になる．詳しい議論は省略するが，降伏電圧 V_B の値もバンドギャップ E_g の値に依存するので，図6・23に示すように GaAs の場合に降伏電圧 V_B の値は最大になる．

次に，p-n 接合の降伏現象について述べよう．降伏現象には2種類あるが，その様子を漫画的に描くと図6・24に示すようになる．すなわち，逆バイアス状態で空乏層幅が大きく広がる状況では，図6・24(a)に示すように，降伏現象が起るときには結晶格子は電気的に破壊される．一方，同じ逆バイアス状態でも空乏層幅が狭い場合には接合には大きな電界がかかるので，キャリア（電子や正孔）は量子力学的なトンネル現象を通じて発生し，同様に大量の逆方向電流が流れる．前者はアバランシェ（Avalanche）降伏と呼ばれ，後者はツェナー（Zener）降伏と呼ばれる．以上の説明からわ

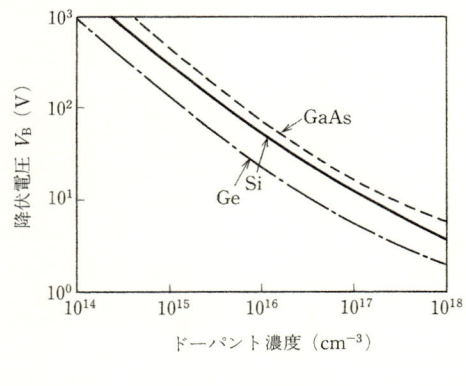

図6・23 降伏電圧のドーパント濃度依存性
（片方階段接合の場合）
S. M. Sze and G. Gibbons, *Appl. Phys. Lett.*, **8**(1966)111.

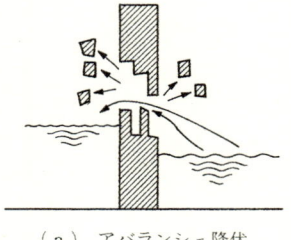

（a）アバランシェ降伏　　　（b）ツェナー降伏

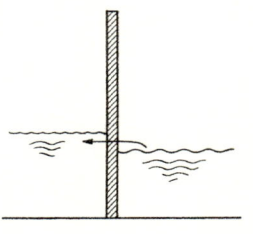

図6・24 アバランシェ降伏とツェナー降伏

かるように，いずれの降伏が起るかは接合のキャリア密度に依存する．接合に加わる最大電界のキャリア密度依存性を調べると，図6・25に示すようになり，接合の降伏はツェナー降伏の方がより高い電界強度のときに起る．電界の値は式(6・30)から明らかなように空乏層幅に依存するので，接合のキャリア密度が高いときにツェナー降伏が起るのは理解できると思う．一方，アバランシェ降伏は接合のキャリア密度が比較的低いときに起る．

以上の説明から推察されるように，p-n接合で起る降伏現象は接合の条件によってまったく異なっている．この異なった二つの物理現象であるアバランシェ降伏とツェナー降伏のメカニズムを模式的に描くと図6・26に示すようになる．図6・26(a)にはアバランシェ降伏を示したが，avalancheとはなだれという意味であり，これは次のよ

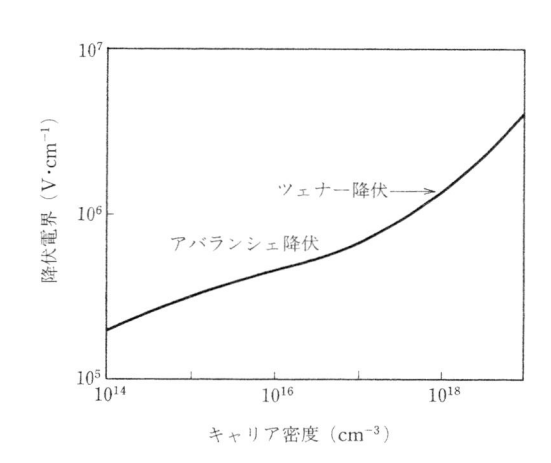

図6・25 p-n接合の降伏電界のキャリア密度依存性

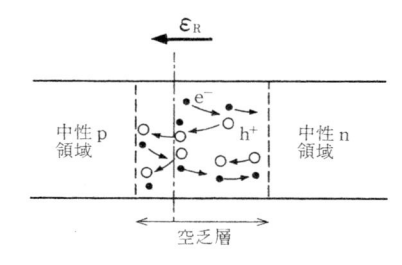

(a) アバランシェ降伏
 (電子-正孔対のなだれ的発生)

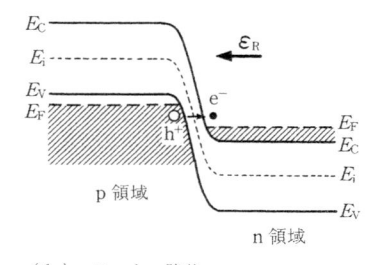

(b) ツェナー降伏
 (発生した電子はトンネルする)

図6・26 アバランシェ降伏とツェナー降伏のメカニズム

うにして起る．すなわち，いま，一つの電子が接合の高電界によって加速（高エネルギー化）されたとすると，この電子はエネルギーが高いので共有結合の結合手（ボンド）を切って電子-正孔対を発生させる．発生した高エネルギーの電子（正孔も）はさらに別の電子-正孔対を発生させる．この現象は衝突電離 (impact ionization) と呼ばれ，$10^5 \sim 10^6 \mathrm{V \cdot cm^{-1}}$ 以上の高電界のときに起る．このようにして電子-正孔対がなだれ的に増大して起る接合の降伏現象がアバランシェ（なだれ）降伏である．

アバランシェ降伏が起るときわめて多くのキャリアが発生するので，大量の逆方向電流が流れる．一般に逆方向電流 I_R は式 (6・51) で表される飽和電流 I_0 を使って

$$I_R = M I_0 \tag{6・73}$$

と表すことができる．ここで，M は増倍率 (multiplication factor) である．通常の良好な p-n 接合では，前に述べたように，逆方向電流はほぼ I_0 であるから $M \fallingdotseq 1$ が成立している．しかし，電界が高く ($10^5 \mathrm{V \cdot cm^{-1}}$ 以上に) なるとインパクトイオン化が始まり M の値は著しく増大する．このときの M の値は次の式で与えられる．

$$M = \frac{1}{1 - (|V_R|/V_B)^n} \tag{6・74}$$

ここで，V_R は接合に加える逆バイアス電圧，V_B は降伏電圧である．アバランシェ降伏は V_R の絶対値が V_B に近づいたときに起るが，このとき M の値は無限に増大する．式 (6・74) で表される M はなだれ増倍率と呼ばれる．

次に，図6・26(b) に示したツェナー降伏はキャリアの量子力学的なトンネル現象（付録 D 参照）によっている．キャリアのトンネルは障壁の幅が狭いと同時に，障壁の高さに対してキャリアのエネルギーが高いほど，すなわち，その場の電界が高いほどよく起る．p-n 接合の最大電界 $\mathcal{E}_\mathrm{max}$ は式 (6・30) で表されるが，いまの場合には逆バイアス状態なので ϕ_bi を $(\phi_\mathrm{bi} + V_R)$ に置き換える必要がある．すると，逆バイアスの場合の最大電界（絶対値）は，次の式で与えられる．

$$\mathcal{E}_\mathrm{max} = -\frac{2(\phi_\mathrm{bi} + V_R)}{W_d} \tag{6・75}$$

p-n 接合の両側のキャリア密度が高ければ，空乏層幅は式 (6・32 b) に従ってきわめて狭くなるので，接合での電界 $\mathcal{E}_\mathrm{max}$ は図6・27 に示すようにきわめて大きい値になる．この高電界がかかった p-n 接合ではキャリアが発生するが，このときには図6・26(b) に示すように，価電子帯の電子が伝導帯へトンネルする形で電子-正孔対が発生する．このようにして起る接合の降伏がツェナー降伏である．

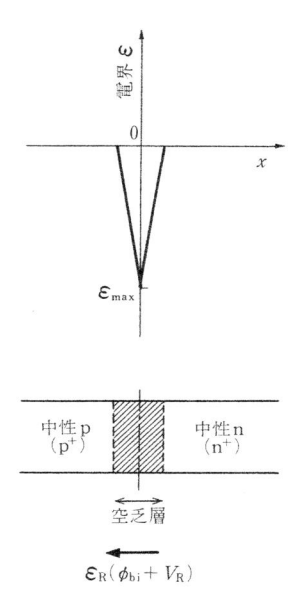

図 6・27　ツェナー降伏における狭い空乏層幅と高電界

6・8　トンネルダイオード

　p-n 接合においてトンネル電流が容易に流れるダイオードはトンネルダイオードまたは発明者の名前に因んでエサキ・ダイオードと呼ばれる．トンネル電流が流れるためには障壁の幅は電子が量子力学的なトンネルを起すほど十分狭くなくてはならない．したがって，外部から加える電圧が小さい場合でもトンネル電流が容易に流れるためには p-n 接合の空乏層幅は平衡状態においてもきわめて狭い必要がある．このためにトンネルダイオードにはキャリア密度のきわめて高い半導体が使われるが，このような半導体は縮退した半導体と呼ばれ，そのエネルギーバンド図は図 6・28 に示すようになる．図 6・28(a) は p 形の場合，(b) は n 形の場合を示すが，いずれの場合にもフェルミ準位は許容帯の中に入り込んでいる．すなわち，p 形ではフェルミ準位は価電子帯の中へ，n 形では伝導帯の中に入り込んでいる．このようなエネルギーバンド構造は金属のそれ（図 3・1 参照）に似ているので，キャリアは伝導帯（または価電子帯）の中を自由に動き回ることができる．したがって，縮退した半導体は普通の半導体に比べて電気伝導度が高くなっている．なお，半導体が縮退しているかどうかを判断するキャリア密度の目安は，伝導帯および価電子帯の実効状態密度である．

　さて，トンネルダイオードの電流-電圧 (I-V) 特性であるが，これは図 6・29 に示

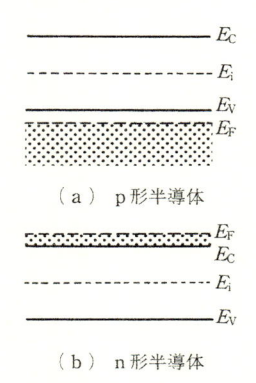

図 6・28 縮退した半導体のエネルギーバンド図

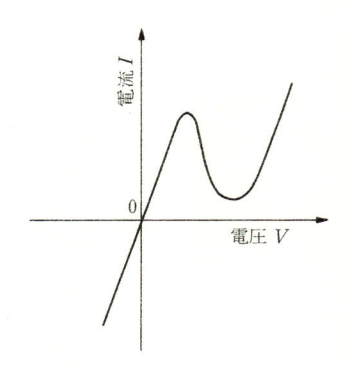

(a) p形半導体

(b) n形半導体

図 6・29 トンネルダイオードの電流-電圧特性

すようになる．この I-V 特性は奇妙であって，p 側に負電圧を加える逆バイアスのときの方が接合を電流が良く流れる．また，p 側に正電圧を加える順バイアス状態でも奇妙な現象が起り，電圧が大きいときの方が電流が減少する負性抵抗（正確には負の微分抵抗）が現れる．トンネルダイオードにはこのような特異な現象があるために，このダイオードはバックワード (backward) ダイオードとして微弱信号の検出に使われたり（逆方向特性が使われる），発振デバイス（負性抵抗を利用）として使われている．

次に，このダイオードの電流-電圧特性が図 6・29 に示すように奇妙な振舞いをする理由について考えよう．この現象はエネルギーバンド図を使うとわかりやすいので図 6・30 に示す (a) から (e) までの I-V 特性とバンド図の対を見ながら説明しよう．図 6・30 (a) には p 側に加える外部電圧 V が 0 のときの I-V 特性上の電流値（○印）と，対応するエネルギーバンド図を示した．このときのバンド図を見ると p 領域と n 領域でフェルミ準位 E_F が一致しており，両側でキャリアの行き来はないので接合を流れる電流は 0 である．

図 6・30 (b) の順バイアスを少し加えた状態では，右側のバンド図を見るとフェルミ準位が p 側と n 側で異なるとともに，n 側の伝導帯の電子はエネルギー的にほぼ等しい p 側の価電子帯の空きの部分に移ることができるので，空乏層幅が狭いこともあって電子は n 側から p 側にトンネルできる．すなわち，p 側から n 側へ電流が流れる．図 (c) のさらに順バイアスを加えた状態では，右側のバンド図を見るとわかるように，n 側の伝導帯にある電子の行き先は p 側の禁制帯になっている．つまり，この状態では電子はトンネルできないので，この条件では接合を流れる電流は減少している．

6・8 トンネルダイオード　95

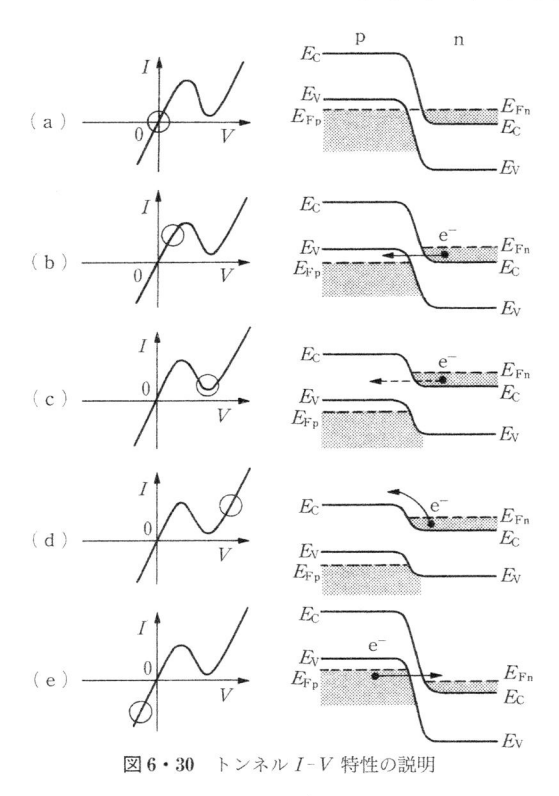

図6・30　トンネル I-V 特性の説明

　p側に加える正電圧をさらに増加させるとダイオードを流れる電流は図(d)に示すように増大する．これは図(d)の右側に示すバンド図に描いてあるように，伝導帯の電子が熱エネルギー（$\sim kT$）によってp形半導体の伝導帯へ移ることができるからである．この状態でさらに正電圧を増大させると電流は急増するが，この特性（様子）は普通のp-n接合ダイオードの正方向の様子と同じである．最後に，図6・30(e)に示す逆バイアスの場合を考えよう．この場合には電界の向きが逆になることに注意する必要があるが，図(e)の右側のバンド図を見ると明らかなように，p側の価電子帯の電子はn側の伝導帯に移ることができる（電子-正孔対の発生）．すなわち，前に述べたように逆バイアス状態では電界が非常に大きくなるので，これによって価電子帯の電子は（接合のきわめて薄い）障壁を容易にトンネルして伝導帯へ移ることができる．

　トンネル電流がどのような条件で流れているかを実感するために具体的な数値をあげておくと，このダイオードの空乏層幅はほぼ10nm以下であり，最大電界は10^6V・

cm^{-1} 以上である．

6・9 接合のスイッチング特性

p-n 接合のデバイスへの応用では，整流素子とともにスイッチング素子としての応用が重要である．スイッチング素子（デバイス）では"on-off"の応答が速いことが要求されるので，この点に着目してこの節の説明をする．この観点から見ると，奇妙に聞えるかもしれないが，以下に述べるように，少数キャリアの寿命 τ_0 が長いことが障害になってくる．

いま，図6・31(a)に示すようにp-n 接合ダイオードDを使ったスイッチング回路を考えよう．最初スイッチSを端子1の方へ倒しておくと，ダイオードDには順方向電流 I_F が流れている．この様子は図(b)に示す通りである．次に，スイッチSを端子2の方へ倒すとダイオードDは逆バイアス状態になるので，電流の流れは止まると思

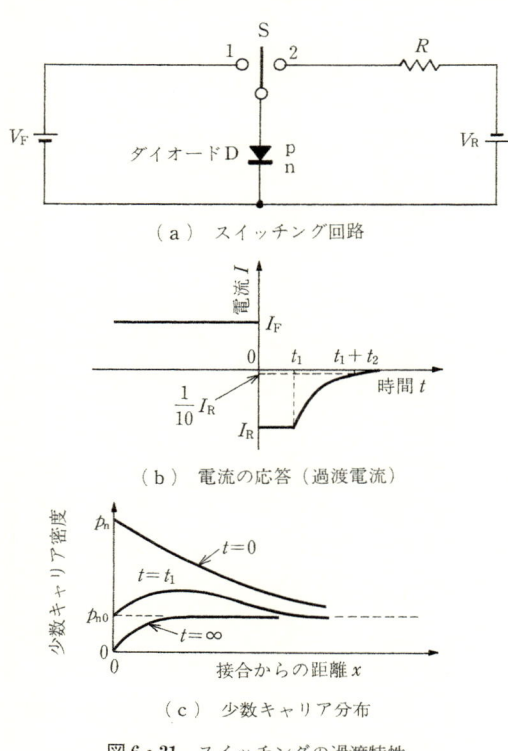

(a) スイッチング回路

(b) 電流の応答（過渡電流）

(c) 少数キャリア分布

図6・31 スイッチングの過渡特性

われるが，実際には図6・31(b)に示すように，しばらくの間逆方向に電流I_Rが流れている．すなわち図6・31(b)にはスイッチSを切り換えた時間を$t=0$と採ってダイオードDに流れる電流の時間変化（過渡応答）を示しているが，スイッチを切り換えた後も時間t_1程度の間は電流値I_Rの電流が流れている．そしてスイッチを切り換えた後t_1経ってようやく電流が減少し始めるが，電流が完全に止まるのは時間がさらにt_2だけ経た後である．

なぜ，スイッチを順方向から逆方向へ切り換えてもダイオードに電流が流れ続けるかというと，p-n接合の接合近傍に過剰少数キャリアが残存しているからである．すなわち，順方向バイアスではp，n両側にキャリアは互いに反対側から注入されているが，いま，n領域に注入された正孔の密度p_nのスイッチ切り換え後の振舞いを見ると，図(c)に示すようになる．すなわち，スイッチを切換えた後も接合の近傍には相当数の過剰少数キャリア（Δp_n）が残存していて，図6・31(c)からわかるように接合（$x=0$）で過剰少数キャリアが無くなる（$p_n \fallingdotseq p_{n0}$となる）には$t_1$程度の時間が必要である．したがって，図(b)に示すように，$t=t_1$までは逆方向へ流れる電流I_Rが減少しないのである．tがt_1になると過剰少数キャリアは図6・31(c)に示すように減少するが，完全に減少して平衡値p_{n0}になるにはさらに時間がかかる．

逆方向に流れる電流I_Rが減少して，その値が$(1/10)I_R$になる時間をt_2とすると，ほぼ次の式が成立する．

$$t_1 + t_2 \fallingdotseq \frac{\tau_p}{2}\left(\frac{I_R}{I_F}\right)^{-1} \tag{6・76}$$

ここで，τ_pは正孔（少数キャリア）の寿命であり，式(6・76)の関係は$W_d \gg L_p$の条件で成立する．以上の結果，スイッチを切り換えてからこのスイッチング回路の電流が完全に止まるまでには約(t_1+t_2)の時間がかかることがわかる．したがって，p-n接合ダイオードを使ったスイッチング回路の応答速度を速くするには少数キャリアの寿命τ_pを短くする必要がある．付録Eで述べるサイリスタなどではスイッチング時間を短縮するために，重金属不純物の一つである金などをドープして少数キャリアの寿命を短くすることなどが行われている．このような目的に使われる金不純物はライフタイムキラーと呼ばれている．

研究室での John Bardeen 氏
(1973年)
(1908〜1991)
Nick Holonyak, Jr. 氏の
好意による．

　一度のノーベル賞を受賞するのでさえ難しいのに，氏は二度もノーベル賞を受賞している．前者は Shockley，Brattain とともに行った半導体の(バイポーラ)トランジスタに関する業績であり，後者は Cooper, Schrieffer とともにそのメカニズムを明らかにした超伝導現象についてである．半導体物理もなかなか難しいが，超伝導の発現メカニズムの解明は長年の間，世界の頭脳が何度も挑戦して越えることのできなかった壁であった．この壁を，氏は Cooper, Schrieffer との共同研究によって見事に打ち破った．Schrieffer は氏の研究室の学生であり，一方 Cooper は外部から最適のメンバーとして招聘した理論家である．このようにチームを組んでこの難問を解決したことは，氏が優れた研究者であると同時に卓越した研究指導者であることを物語っている．彼らの提案した理論は BCS (Bardeen-Cooper-Schrieffer) 理論として超伝導現象を解釈する基礎になっている．最近の酸化物高温超伝導の発現メカニズムは必ずしも明確ではないが，ここでも BCS の考え方は常にひとつの規範にされている．

7 M-S接合とその特性

　金属（Metal：M）と半導体（Semiconductor：S）の接合は半導体デバイスの基本接合の一つである．M-S接合は半導体デバイスの分野では二つの目的に使われている．一つはショットキー障壁ダイオードである．このデバイスでは仕事関数差などに基づいてM-S接合に発生する障壁が整流作用に使われている．他の一つは半導体デバイスから信号を取り出す電極である．縁の下の力もち的な働きではあるが，電極の特性は半導体デバイスにとってきわめて重要である．この章ではM-S接合の性質について，また，金属と半導体の組合せによって，M-S接合の性質がどのように変化するかについて考察したいと思う．M-S接合は8章以下に述べるMOS（Metal-Oxide-Semiconductor）デバイスの理解のうえからもきわめて重要である．なぜならば，MOS構造とM-S構造の違いは中間にOxide（酸化膜）があるか，ないか，だけだからである．MOS構造の理解のためにもこの章で述べるM-S構造はよく理解しておく必要があることを指摘しておきたい．

7・1　ショットキー障壁とエネルギーバンド図

　金属や半導体は1章で述べたように結晶でできているので，電子や正孔などのキャリアは図7・1に模式的に示すポテンシャル井戸の中に閉じ込められており，かつ，そ

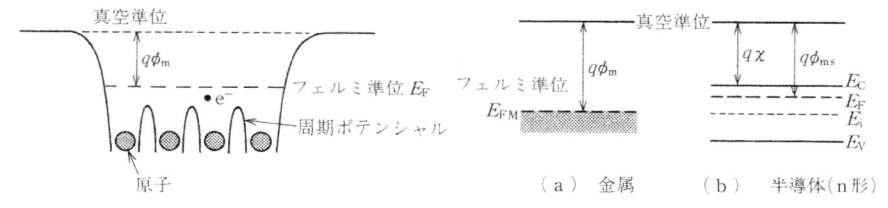

図7・1　金属の真空準位とフェルミ準位の模型

図7・2　金属の仕事関数と半導体の仕事関数および電子親和力

（a）金属　　（b）半導体（n形）

の中で規則的に配列した格子ポテンシャルの中を運動している.この章で問題になるのは井戸型ポテンシャルの障壁の高さで,いまの場合この高さは図7・1に示すように,真空準位からフェルミ準位までのポテンシャル差,すなわち,仕事関数 ϕ_m である(この図ではエネルギー差として $q\phi_m$ で表されている).電子はこのようにポテンシャル井戸の中に閉じ込められているために,物質から外に,容易には出ることはできない.

光の照射によって(光)電子が放出する光電効果(photoelectric effect)においても,次の式

$$qV = h\nu - q\phi_m \tag{7・1}$$

で表されるように, $q\phi_m$ 以上のエネルギーをもつ光を照射しないかぎり,光電子(この場合 qV のエネルギーをもつ)を物体から取り出すことはできない.

半導体と金属の接合を考える場合には,金属の仕事関数 ϕ_m とともに,半導体の仕事関数 ϕ_{ms} も考えなくてはならない.しかし,(n 形)半導体の場合にはキャリアとして働く伝導電子はフェルミ準位ではなく伝導帯に位置しているので,仕事関数の他に図7・2に示す電子親和力 χ が重要になる.電子親和力(electron affinity) χ は図7・2(b)に示すように真空準位と伝導帯下端 E_c の間のポテンシャル差である.半導体の電子親和力や仕事関数は物質の種類によって異なり,表7・1に示す値が知られている.

表7・1 金属などの仕事関数と半導体の電子親和力

材料	仕事関数 ϕ_m(V) 理論値	実験値	電子親和力 χ(V)
Al	4.2	4.28	
Pt	6.0	5.65	
Cu	4.3	4.65	
W	4.9	4.55	
Si	5.0	4.85	4.05
GaAs	—	—	4.07

固体(結晶)の中と外の関係で電子の動きを考えるときには,金属ならば仕事関数に基づくエネルギー差 $q\phi_m$,半導体ならば電子親和力によるエネルギー差 $q\chi$ が重要であるが,金属と半導体の接合の場合には両者の差 $q(\phi_m - \chi)$ が重要になる.なぜならば,金属と半導体による M-S 接合にはこのエネルギー差 $q(\phi_m - \chi)$ に基づいて障壁が生じるからである.いま,金属と n 形半導体の間で $\phi_m > \chi$ の関係が成立するとした場合,次の式

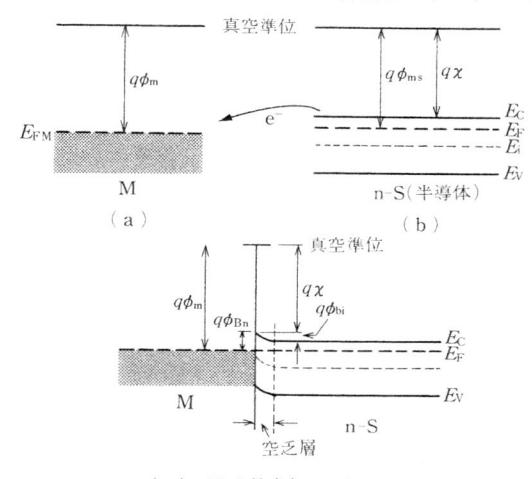

7・1 ショットキー障壁とエネルギーバンド図　　101

(a)

(b)

(c) M-S接合($\phi_m > \chi$)のとき

図7・3　M-S接合におけるショットキー障壁の発生(エネルギーバンド図)

$$\phi_{Bn} = \phi_m - \chi \tag{7・2}$$

に従って，ショットキー障壁（Schottky barrier）が生じ，この ϕ_{Bn} は障壁の高さ（barrier height）と呼ばれる．

式(7・2)の値が正，すなわち，障壁が形成される状況を図に描くと図7・3に示すようになる．いまの場合には $\phi_m > \chi$ であるから，図7・3(a), (b)に示すように，金属のフェルミ準位 E_{FM} はn形半導体のフェルミ準位 E_F より低いエネルギー位置にあるので，両者を接合させると（半導体側の）伝導帯の伝導電子は金属側に移って全体として平衡状態になると考えられる．実際にこのことが起り半導体の表面では伝導帯の電子が金属側に移り表面は空乏化する．したがって，図7・3(c)に示すように半導体のエネルギーバンドは表面で上に曲り，金属と半導体ではフェルミ準位は一定になる．そして，金属と半導体の境界にはショットキー障壁 $q\phi_n$ が生じる．これが金属とn形半導体の接合に生じるショットキー障壁である．

式(7・2)で表されるショットキー障壁は，金属側の電子がn形半導体の伝導帯へ移るときに障壁として働く．半導体側から金属側へ移る電子に対しては，次の式

$$\phi_{bi} = \frac{E_F - E_{FM}}{q} = \phi_{Bn} - \frac{E_C - E_F}{q} \tag{7・3}$$

で表される内部電位 ϕ_{bi} が障壁として働く．

次に，金属の仕事関数 ϕ_m の方が半導体の電子親和力 χ よりも小さい場合，すなわ

102   7 M-S接合とその特性

(a)

(b)

(c) M-S接合（$\phi_m < \chi$）

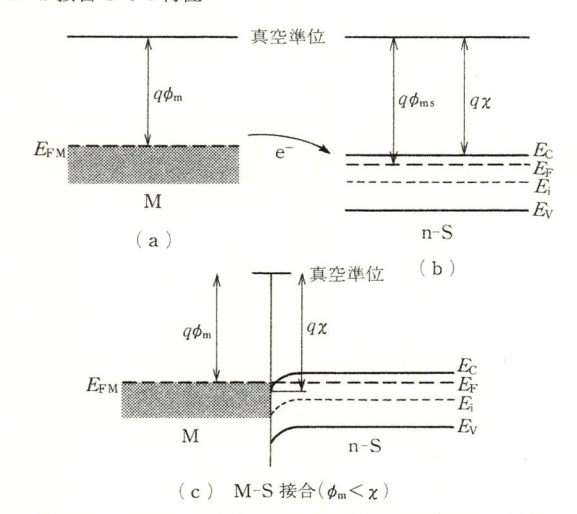

図7・4 オーミック接触のM-S接合（エネルギーバンド図）

ち，$\phi_m < \chi$ の場合を考えよう．この場合の様子をエネルギーバンドを使って描くと図7・4に示すようになる．このときには逆に金属側の電子がn形半導体（の伝導帯）側に移るので［図(a)，(b)参照］，半導体の表面では伝導電子の密度が高くなる．接合後のエネルギーバンド図の様子を平衡状態（フェルミ準位一定の条件）で描くと，図7・4(c)に示すようになり，半導体のエネルギーバンドは表面で下に曲ることになる．この状態では，金属と半導体の接合にエネルギー障壁は発生しないので，電子はM-S接合を自由に移動することができる．このような金属と半導体の接合はオーミック接触と呼ばれる．

これまでは金属とn形半導体の接合を考えた．金属とp形半導体の接合のときはどうであろうか？　この組合せのときにM-S接合に障壁が発生する場合を図7・5(a)に，発生しないで接合がオーミック接触になる場合を図7・5(b)に示した．金属とp形半導体の接合に生じるショットキー障壁高さ ϕ_{Bp} は次の式

$$\phi_{Bp} = \frac{E_g}{q} - (\phi_m - \chi) \tag{7・4}$$

で与えられる．したがって，$\phi_{Bp} > 0$ の条件が成立するとき接合に障壁が発生し，図7・5(a)に示すようになる［$(E_g + q\chi) > q\phi_m$ となる］．また，$\phi_{Bp} < 0$ のときには図7・5(b)に示すようになる．この場合には半導体の表面で正孔の密度が高くなり，正孔は金属と半導体の境界（M-S接合）を自由に往復できるので，この接触はオーミックである．

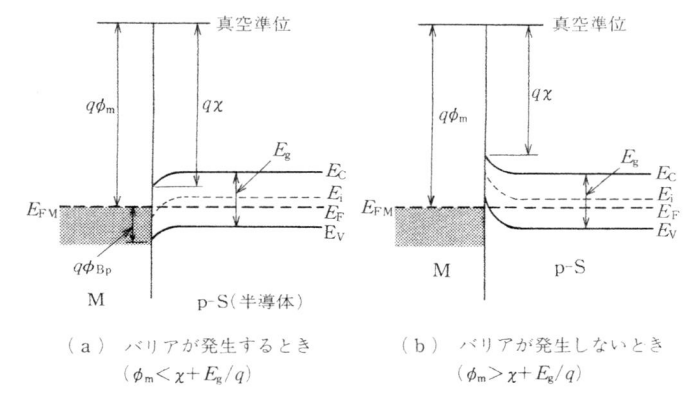

図7・5 (a) バリアが発生するとき ($\phi_m < \chi + E_g/q$) (b) バリアが発生しないとき ($\phi_m > \chi + E_g/q$)

図7・5 金属とp形半導体の接合(エネルギーバンド図)

なお、式(7・2)と式(7・4)を加えると次の式

$$\phi_{Bn} + \phi_{Bp} = \frac{E_g}{q} \tag{7・5}$$

が成立する．

7・2 鏡像力とショットキー効果

ショットキー障壁高さは単純には式(7・2)および式(7・4)で与えられるが，実際に

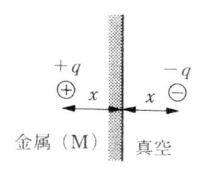

(a) 鏡像力(イメージフォース)の原因

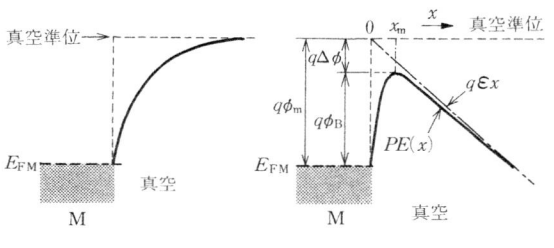

(b) イメージフォース   (c) ショットキー効果

図7・6 イメージフォースによるポテンシャル障壁の低下

104   7 M-S接合とその特性

は，それぞれ図7・6(a), (b)および(c)に示す鏡像力（image force）とショットキー効果（Schottky effect）によって障壁の高さはわずかに低下する．鏡像力（イメージフォース）とは図7・6(a)に示すように，金属の表面に電子が近づくと金属の内部に，表面を中心面として対称な位置に陽電荷が誘起されて，この両者の間に働く力のことで，イメージフォース F は，次の式で与えられる．

$$F = -\frac{q^2}{4\pi(2x)^2\epsilon_0} = -\frac{q^2}{16\pi x^2\epsilon_0} \tag{7・6}$$

ここで，x は図7・6(a)に示すように金属表面から電子までの距離である．したがって，このときに電子に働くポテンシャルエネルギー $E(x)$ は，式(7・6)を位置に関して x から ∞ まで積分して，次の式で与えられる．

$$E(x) = \int_\infty^x F dx = \frac{q^2}{16\pi\epsilon_0 x} \tag{7・7}$$

このポテンシャルエネルギー $E(x)$ の分布は図7・6(b)に描くようになる．

ショットキー効果は物質（金属）に外部から電界を加えることによってポテンシャル障壁の高さが下がる現象である．いま，金属に加える外部電界を $\mathcal{E}$ とすると，電子に対する全ポテンシャルエネルギー $PE(x)$ は，鏡像力 F を加えて，次の式で与えられる．

$$PE(x) = \frac{q^2}{16\pi\epsilon_0 x} + q\mathcal{E}x \tag{7・8}$$

$PE(x)$ は図7・6(c)に実線で示す通りである．図7・6(c)を参考にしてポテンシャルエネルギーの山の位置 (x_m) とショットキー効果などによって低下するポテンシャル $\Delta\phi$ の値を求めると，簡単な計算によって，次のように求めることができる．

$$x_m = \sqrt{\frac{q}{16\pi\epsilon_0\mathcal{E}}} \tag{7・9}$$

$$\Delta\phi = \sqrt{\frac{q\mathcal{E}}{4\pi\epsilon_0}} = 2\mathcal{E}x_m \tag{7・10}$$

M-S接合の場合には，誘電率を真空の値 ϵ_0 から半導体の値 $K\epsilon_0$（K は比誘電率）に変える必要があるが，ショットキー障壁のポテンシャルの低下 $\Delta\phi_{Bn}$ は式(7・10)と同様に，次の式で与えられる．

$$\Delta\phi_{Bn} = \sqrt{\frac{q\mathcal{E}}{4\pi K\epsilon_0}} \tag{7・11}$$

ここで，$\mathcal{E}$ はM-S接合に加わる最大電界の値である．この結果，実際のエネルギーバンド図は，次節の図7・7に示すように障壁の頂上は丸味を帯びることになる．

7・3 ショットキー障壁ダイオード

ショットキー障壁ダイオードはp-n接合ダイオードと同じように整流性を示す．接合には式(7・3)で示したように内部電位 ϕ_{bi} が発生するので，このことは当然である．金属とn形半導体で作ったショットキー障壁ダイオードにバイアスを加えたときのエネルギーバンド図を図7・7に示したが，図(a)が平衡，図(b)および図(c)がそれぞれ順バイアスおよび逆バイアスの状態を示している．順バイアス V_F では半導体側の電

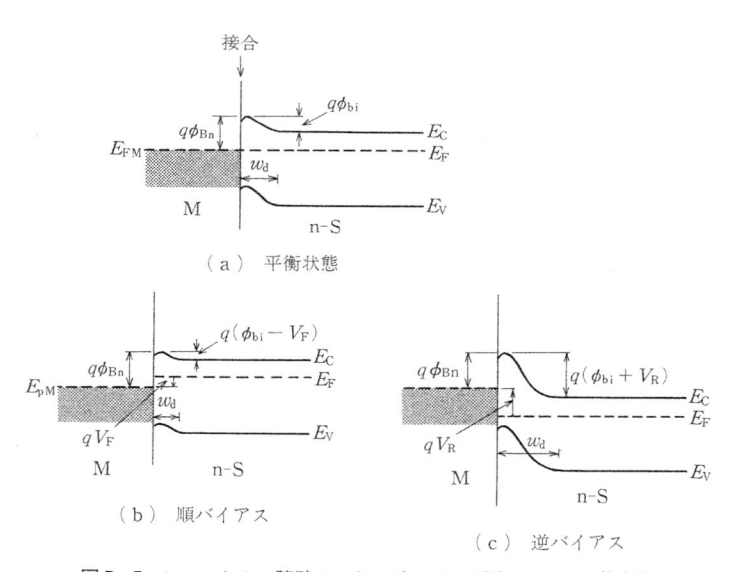

図7・7 ショットキー障壁のエネルギーバンド図のバイアス依存性

子に対するバリアは V_F だけ低下するので，図7・7(b)に示すように，$\phi_{bi} - V_F$ となり半導体側の電子は金属側へ移動できるようになる．したがって，この後で示すようにM-S接合には順方向の電流が流れる．また，逆バイアスでは図7・7(c)に示すように，電子に対するバリアが逆に高くなり，空乏層幅 W_d も広がるので，半導体側の電子は金属側へ移動できなくなる．したがって，この状態では電流は流れない．以上の結果，ショットキー障壁ダイオードは順方向には電流が流れ，逆方向には流れない整流性を示すことがわかる．この様子は6章で述べたp-n接合ダイオードと類似である．

次に，ショットキー障壁ダイオードの電流-電圧特性について，同じく金属とn形半導体の接合の場合を例にとって調べておこう．このためには接合に流れる(順方向の)

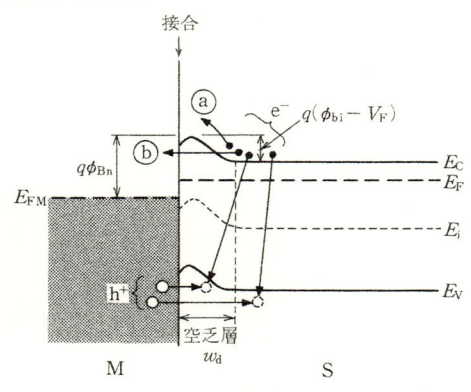

図7・8 ショットキー障壁ダイオードの電流成分

電流がどのような機構に基づくかを知る必要がある.電流成分としては図7・8にも示す,次の4成分があるのでこれらについて考えよう.

(a) 半導体側から金属側へ内部電位 ϕ_{bi} を越えて移動する伝導電子による電流.
(b) 半導体側から金属側へトンネル効果で移動する伝導電子による電流.
(c) M–S 接合に形成される空乏層で発生する再結合電流.
(d) 金属側から半導体側への正孔(少数キャリア)の注入による電流.

これらの4成分の内で(a), (b)の2成分が主なものであるが,電流に寄与する両者の割合は接合の形成条件によって変化する.すなわち,半導体のキャリア密度が低い場合には空乏層幅が広くなるので(a)の成分が支配的になり,キャリア密度が高い場合には(b)のトンネル電流成分が顕著になる.

いま,順バイアス V_F において金属側から半導体側へ流れる電流密度 $J_{m \to s}$ は

$$J_{m \to s} = \int_{E_{FM} + q\phi_{Bn}}^{\infty} qv dn \tag{7・12}$$

で与えられる.ここで,$E_F + q\phi_{Bn}$ は電子が金属側へ熱放出できる最低のエネルギーであり,v, n はそれぞれ電子の速度および密度である.式(7・12)を計算して得られる結果のみ示すと(詳細は参考図書に譲る),電流密度 $J_{m \to s}$ は次の式

$$J_{m \to s} = A^* T^2 \exp\left(-\frac{q\phi_{Bn}}{kT}\right) \exp\left(\frac{qV_F}{kT}\right) \tag{7・13}$$

で与えられる.ここで,A^* はリチャードソン(Richardson)定数と呼ばれるものである.

次に,熱平衡の状態を考えると,式(7・13)において $V_F = 0$ とおくと次の式

$$J_{m \to s} = A^* T^2 \exp(-q\phi_{Bn}/kT) \qquad (7 \cdot 14)$$

が得られる．この式はリチャードソン-ダッシュマン (Richardson–Dushman) の式と呼ばれる．ここで，注意すべきことは，式(7・14)において ϕ_{Bn} の項が残っていることである．したがって，ショットキー接合においては，熱平衡状態ではキャリア(電子)は接合を自由に往き来することができるが，このときキャリアはショットキー障壁を越えなければならないことを示している．ショットキー障壁 ϕ_{Bn} のエネルギー値は表7・2 からわかるように室温の熱エネルギー kT ($\sim 0.026\text{eV}$) より大きいので，このよ

表 7・2 ショットキー障壁高さ ϕ_{Bn} (金属と n 形半導体のとき)

金 属	半導体(n)		
	Si ($\chi=4.05$)	Ge ($\chi=4.13$)	GaAs ($\chi=4.07$)
Al($\phi_m=4.2$)	0.5–0.8	0.5	0.8
Au($\phi_m=4.7$)	0.8	0.45	0.9
Cu($\phi_m=4.4$)	0.7–0.8	0.5	0.8
Pt($\phi_m=5.7$)	0.9	—	0.85

単位はすべてボルト(V)

うなエネルギーの大きいキャリアはホットキャリアと呼ばれている．したがって，ショットキー障壁ダイオードはホットキャリアデバイスである．

さて，熱平衡時には順方向にも逆方向にも同じ量だけ電流が流れているので，正味の順方向電流密度の式としては式(7・13)から式(7・14)を差し引いて，次の式

$$J_n = A^* T^2 \exp\left(-\frac{q\phi_{Bn}}{kT}\right)(e^{qV_F/kT} - 1) \qquad (7 \cdot 15)$$

が導かれる．半導体のキャリア密度が高い場合には，トンネル電流の密度 J_t が支配的になるが，これも結果のみ示すと，次の式で表される．

$$J_t \fallingdotseq \exp(-q\phi_{Bn}/E_{00}) \qquad (7 \cdot 16\text{a})$$

ここで，E_{00} は次の式で与えられる．

$$E_{00} = \frac{qh}{4\pi}\sqrt{\frac{N_D}{K\epsilon_0 m}} \qquad (7 \cdot 16\text{b})$$

残りの電流成分(c), (d)は良好な接合であれば大きくないが, (d)の成分は少数キャリアによるものなので，ショットキー障壁ダイオードの性質を知る上から少し調べておこう．つまり, (d)の成分は少数キャリアである正孔電流なので p–n 接合の場合と同様に，正孔に対しては 6 章に示した次の連続の式(6・48)

7 M-S接合とその特性

$$D_p \frac{\mathrm{d}^2 p_n}{\mathrm{d}x^2} - \frac{p_n - p_{n0}}{\tau_p} = 0 \tag{6・48 a}$$

が適用でき, p-n 接合に正孔を注入した場合と同様な方法を用いて電流密度 J_p を計算することができる. すると, J_p として次の式が得られる.

$$J_p = \frac{q D_p p_{n0}}{L_p}(e^{q V_F/kT} - 1) \tag{7・17}$$

ここで, n 形半導体のキャリア密度はそれ程高くない(つまりトンネル電流成分は少ない)として, 電子による電流密度 J_n と正孔による密度 J_p の値を比較してみよう. いま, $N_D = 10^{16} \mathrm{cm}^{-3}$ として金 (Au) を金属電極とする Si のショットキーダイオードを考えると, J_p/J_n の値は約 5×10^{-5} となり伝導電子電流の成分, つまり, 多数キャリアによる電流成分の寄与が圧倒的に大きいことがわかる. このことは半導体のキャリア密度が高くて電子電流の密度がトンネル電流の密度 J_t に依存する場合にも成立するので, ショットキー障壁ダイオードは多数キャリアデバイスであることがわかる.

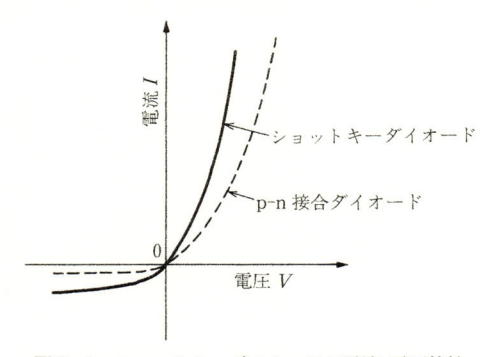

図7・9 ショットキーダイオードの電流-電圧特性

ショットキー障壁ダイオードの電流-電圧特性(実線)を p-n 接合ダイオードのそれ(破線)と比較して示すと図7・9に示すようになり, 電流密度は順方向についても逆方向についてもショットキー障壁ダイオードの方が圧倒的に大きい($\sim 10^3$ 以上). また, 図7・9からわかるように, 順方向の立ち上り電流も大きい. 以上のようにショットキー障壁ダイオードでは少数キャリアの寄与がきわめて小さいので, p-n 接合ダイオードのように少数キャリアの蓄積効果によってスイッチング速度が遅くなる現象は生じない. この性質は高速デバイスへ応用する場合には, ショットキー障壁ダイオードの利点になる.

以上の M-S 接合の議論は接合を作る半導体の表面が理想表面であって (5章で述

べた）表面準位の密度が低いときにのみあてはまる．表面準位密度が高い場合の詳しい議論は省略するが，この密度が高い場合にはショットキー障壁が発生しない組合せであってもその M–S 接合はオーミック性を示さず整流性を示すことがある．

7・4 オーミック接触

M–S 接合では接合に障壁が生じなければオーミック性を示す．オーミック接触（ohmic contact）とは金属と半導体の間で接触抵抗が無視できるほど小さくなる接触のことである．オーミック接触を示す接合の場合には一般に電流と電圧の間に比例関係が成立している．接触抵抗特性（specific contact resistance）は R_c で表され，次の式で定義される．

$$R_c \equiv \left(\frac{\partial J}{\partial V}\right)^{-1}_{V=0} \tag{7・18}$$

したがって，半導体のキャリア密度が比較的低い場合には，R_c は式(7・15)を使って次の式で与えられる．

$$R_c = \frac{k}{qA^*T}\exp\left(\frac{q\phi_{Bn}}{kT}\right) \tag{7・19}$$

また，半導体のキャリア密度が高い場合にはトンネル電流が支配的になるので，R_c は式(7・16 a)，(7・16 b)を使って，次の式で与えられる．

$$R_c = \exp\left(\frac{4\pi\phi_{Bn}}{h}\sqrt{\frac{K\epsilon_0 m}{N_D}}\right) \tag{7・20}$$

式(7・19)および式(7・20)で表される接触抵抗 R_c を，ショットキー障壁高さ ϕ_{Bn} を

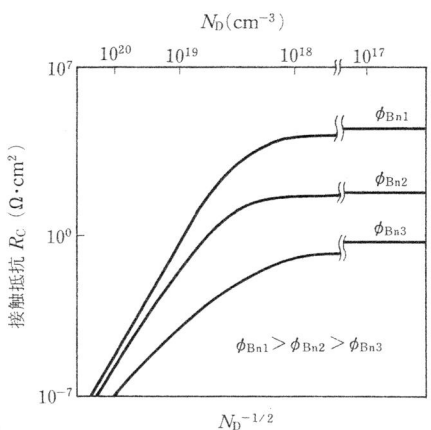

図 7・10　接触抵抗のキャリア密度 N_D 依存性
A. Y. C. Yu, *Solid State Electron.*, **13**(1970) 239.

7 M–S接合とその特性

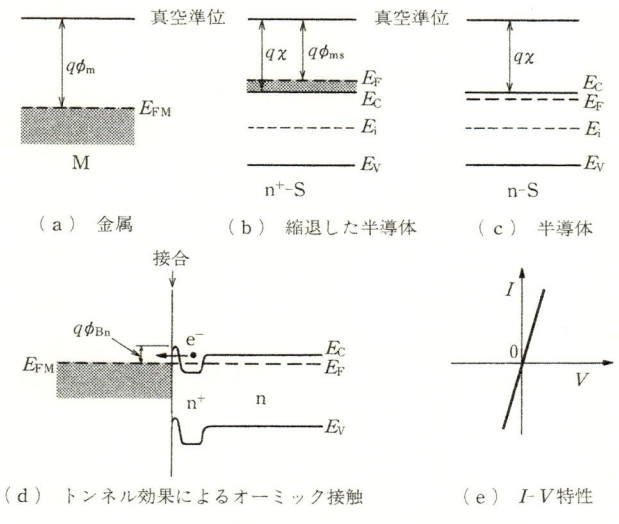

(a) 金属
(b) 縮退した半導体
(c) 半導体
(d) トンネル効果によるオーミック接触
(e) I–V特性

図7・11 表面の高濃度化によるオーミック接触の作成

パラメータとし,半導体のキャリア密度の関数として表すと図7・10に示すようになる.この図を見ると,キャリア密度が $10^{17} \mathrm{cm}^{-3}$ 以下であってその値が低いときには接触抵抗 R_C は障壁高さ ϕ_{Bn} に大きく依存してその値が大きいが,キャリア密度が高くなると式(7・20)において N_D の値が大きくなるために, R_C は ϕ_{Bn} の値に依存せず小さい値になる.

半導体のキャリア密度が高くなると接触抵抗が障壁高さ ϕ_{Bn} に依存しなくなるという,この性質は,半導体に良好なオーミック電極を得る方法として応用されている.半導体デバイスから信号を正しく取り出すには,良質なオーミック電極がぜひとも必要であるが,半導体と電極に使用する金属の関係はショットキー障壁が生じないとか,障壁高さ ϕ_{Bn} の値が小さいという条件が常に成立するわけではない.場合によっては図7・11(a)と(c)に示すように,障壁高さ ϕ_{Bn} の値が大きくなる($\phi_m > \chi$)場合も起る.このような場合には,図7・11(b)に示すように,金属と接触させる半導体の表面のみを高(キャリア)濃度にしてやれば,障壁高さ ϕ_{Bn} の値は高いままでもキャリア(電子)は図7・11(d)に示すように,障壁をトンネル効果で通過することができるようになる.その結果,このような条件においても図7・11(e)に示すように良好なオーミック接触を得ることができる.

8 MOS 構造と MOS 電界効果

　MOS（Metal-Oxide-Semiconductor）構造は p-n 接合，M-S 接合とともに半導体デバイスの 3 大接合の一つである．また，MOS 構造で生じる電界効果は，この構造を基本とする各種の MOS デバイスの動作の基本原理になっている．この電界効果を使った MOS トランジスタが超エル・エス・アイ（VLSI）技術の中心デバイスとして使用されているので，VLSI 技術を理解するためにも MOS 電界効果についての知識は不可欠である．この章では，まず MOS 構造と MOS 電界効果について理想 MOS 構造を使って基本的な説明をする．この中で界面トラップが MOS 電界効果にとって如何に有害であるかについて考察する．その後，MOS 電界効果の内容－ポテンシャル分布，表面ポテンシャル，表面電荷密度および反転しきい値電圧など－について解析する．また，現実の MOS 構造が理想 MOS 構造からずれている原因－酸化膜の電荷，仕事関数など－についても検討し，MOS 構造とその電界効果についての理解を深めるように努めたい．

8・1 MOS ダイオード

　MOS 構造とは金属（Metal），酸化膜（Oxide）および半導体（Semiconductor）で作られる 3 層構造の略称である．MOS 構造の中心課題は電界効果であるが，この現象を考える場合，原理的には金属と半導体でサンドイッチされる膜は絶縁体であれば良いわけで，むしろ絶縁膜の方がより一般的ですらある．したがって，この種の構造は一般的には MIS（Metal-Insulator-Semiconductor）構造と呼ばれる．しかし，Si 結晶を半導体としたときの熱酸化膜（SiO_2）以外では MIS 電界効果デバイスは実用化されていないので，MOS 構造と呼んだ方が実際的だと思われる．絶縁膜として主に使われるのは SiO_2 であるが，窒化膜 Si_3N_4 も使われることがあるので，これら二つの膜の性質をまとめて表 8・1 に示しておいた．

表8・1 酸化膜(SiO$_2$)および窒化膜(Si$_3$N$_4$)の性質

組 成	SiO$_2$	Si$_3$N$_4$
構 造	非晶質	非晶質
密 度(g・cm^{-3})	2.2	3.1
屈 折 率	1.46	2.05
比誘電率	3.9	7.5
絶縁耐圧(V・cm^{-1})	10^7	10^7
エネルギーギャップ(eV)	9	約5.0
直流抵抗(Ω・cm)	10^{14}〜10^{16}	〜10^{14}

300 K における値

図8・1にMOS構造を示すが,この構造はこのまま半導体素子(デバイス)としても使われるが,このデバイスはMOSダイオードと呼ばれる.しかし,これはダイオードという名称ではあるが,p-n接合ダイオードのように整流性を示すデバイスではなく,次に示すように可変容量コンデンサであり,MOSキャパシタ(capacitor)とも呼ばれる.図8・1(a)に示すように,n形のSi(S),酸化膜(O)および金属(M)を使ってMOSダイオードを作ったとすると,金属はゲートと呼ばれ電極の役割を果す.いま,図8・1(a)に示すように,ゲート電極に電圧を加えなければ半導体の表面には何事も起らないので,このデバイスは接地したSiと金属で酸化膜(絶縁膜)を挟んだ普通のコンデンサになっている.

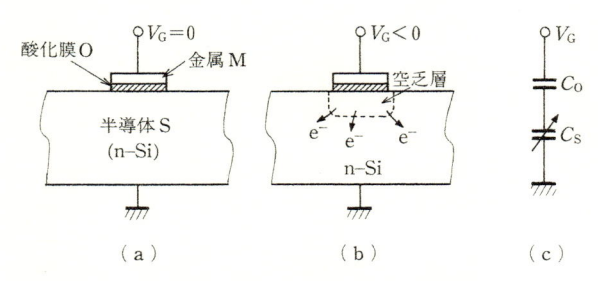

図8・1 MOSダイオードは可変容量コンデンサ

次に,ゲート電圧V_Gを負にするとn形Siの表面では図8・1(b)に示すように,ゲート電極に加えるマイナス電圧とのクーロン反発力によって,ゲート下のn形半導体中の電子は排斥されるので,半導体の表面には空乏層が生じる.半導体に形成される空乏層は6章において詳しく述べたように,キャリアの欠乏した層なので絶縁層に近いと考えて良いであろう.こうして生じる半導体の容量をC_Sとして,酸化膜の容量をC_Oとすると,MOSダイオードの容量Cは次の式で与えられる.

$$\frac{1}{C} = \frac{1}{C_\mathrm{O}} + \frac{1}{C_\mathrm{S}} \tag{8・1}$$

ゲート電圧を変化させたときの容量の様子を描くと図8・1(c) に示すようになる．この図 (c) で C_S を可変容量の記号で表したのは，上に述べたように，半導体側の容量はゲート電圧 V_G によって変化するからである．以上のように MOS ダイオードは全体として可変容量コンデンサになっていることがわかる．

8・2 理想 MOS 構造

初めて学ぶ人に未知の現象を説明するには状況は単純であるほど望ましい．実際の MOS 構造では金属（M）と半導体（S）で仕事関数が異なるとか，酸化膜の中に電荷が存在することなどがあって，後ほど説明するように，MOS 構造は単純な課題ではない．ここでは話を複雑にしないために，理想 MOS 構造，すなわち，金属と半導体の間で仕事関数差がなく，酸化膜中や半導体と酸化膜の界面に一切の電荷が存在しない MOS 構造を考えることにしよう．

半導体を用いた MOS 構造には n 形半導体を用いた場合と p 形半導体の場合があるが，それぞれの場合の理想 MOS 構造の様子を図8・2および図8・3に示した．図8・2と図8・3の (a)，(b) および (c) にはそれぞれ金属（M），酸化膜（O）および半導

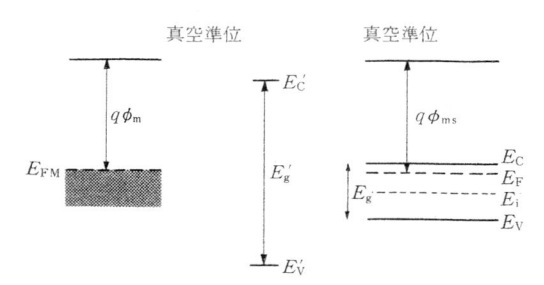

（a） M（金属）　（b） O（酸化膜）　（c） S（n 形半導体）

図8・2　理想 MOS 構造 (1)
　　　　―n 形半導体の場合

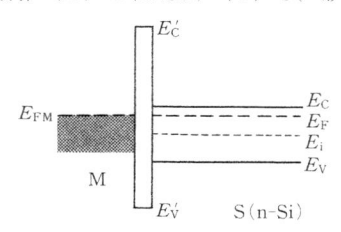

（d） MOS 構造のエネルギーバンド図

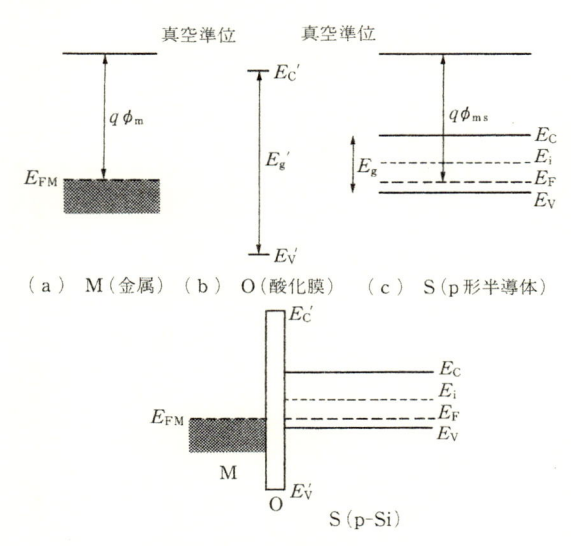

114　8　MOS構造とMOS電界効果

(a) M(金属)　(b) O(酸化膜)　(c) S(p形半導体)

(d) MOS構造のエネルギーバンド図

図8・3　理想MOS構造(2)―p形半導体の場合

体のバンド図に真空準位を加えたエネルギーバンド図を示した．ここで注意すべきことは，理想MOS構造であるから，金属Mの仕事関数 ϕ_m と半導体Sの仕事関数 ϕ_{ms} の値が等しいことである．また，図8・2(b)の酸化膜は絶縁膜であるが，これにも伝導帯や価電子帯は存在するので，それぞれの端を E_c' および E_v' で表した．金属(M)，酸化膜(O)およびn形半導体(S)を接合させると，図8・2(d)に示すMOS構造のエネルギーバンド図ができるが，これが理想MOS構造のエネルギーバンド図である．

理想MOS構造の平衡状態では図8・2(d)に示すように，エネルギーバンドはすべて直線で表され，バンドに曲りは生じない．p形半導体を使った理想MOS構造のエネルギーバンド図は図8・3(d)に示すようになる．図8・2(d)と比べると，半導体がn形からp形に変っているだけで，基本的な違いはない．

8・3　MOS電界効果

次に，MOSダイオードのゲート電極にゲート電圧 V_G を加えたときに起る現象，すなわち，MOS電界効果に移ろう．ここでも代表としてn形半導体を使った理想MOS構造のダイオード（図8・2）を用いて説明することにしよう．まず，図8・4(a)に示すように，ゲート電圧 V_G を正にしたとしよう．すると，ゲート電極には正の電圧が加

8・3 MOS電界効果　115

わるのでクーロン力によって，図に示すように，ゲート下のn形半導体の表面に（多数キャリアである）電子が集まることになる．この状況はキャリアがゲート下に集まって，そこに蓄積されるので"蓄積（accumulation）"と呼ばれる．

この状態における容量は酸化膜容量のみなのでMOSコンデンサの様子は図8・4(b)のように描かれる．このときのエネルギーバンド図は図8・4(c)に描くようになる．いまの場合にはゲート電極に正の電圧を加えているので，電界 ε の向きは金属Mから半導体Sの方へ向かっており，金属のフェルミ準位 E_{FM} はn形半導体のフェルミ準位 E_F より下がることになる．半導体の表面ではエネルギーバンドが下に曲り，伝導帯端 E_C がフェルミ準位 E_F に近づいているので，表面では伝導電子の密度が高くなっていることがわかる．これはすでに説明したようにゲート下の半導体の表面には電子が蓄積しているので当然のことである．

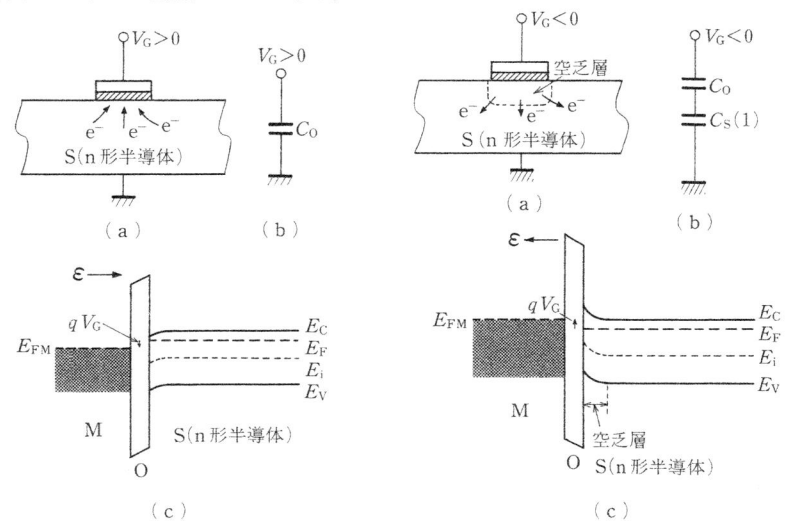

図8・4　電界効果(1)―蓄積―　　　図8・5　電界効果(2)―空乏―

次に，図8・5(a)に示すように，ゲート電圧 V_G を負（$V_G<0$）にしたとしよう．すると，n形半導体の多数キャリアは負電荷をもつ電子であるから，この電子はゲート電圧とのクーロン反発力によって，ゲート下の（半導体の）表面領域から排斥される．すると半導体の表面では図8・5(a)に示すように電子密度が欠乏し空乏層が形成される．そこでこの状況は"空乏（depletion）"と呼ばれる．このときには図8・1で説明したように半導体容量 C_S が発生するので，全体の容量の様子は図8・5(b)に示すよ

116   8 MOS構造とMOS電界効果

うになる（ここでは半導体の容量を $C_S(1)$ としている）．

このときのエネルギーバンド図は図8・5(c)に示すようになる．電界 ε の方向は半導体側から金属側へ向かい，金属 M のフェルミ準位 E_{FM} は n 形半導体のフェルミ準位 E_F に対して上にあがっている．この状況では伝導帯から多数の電子が追い出されているので，半導体の表面では伝導帯 E_C の位置はフェルミ準位 E_F に対してより上にあがって差が大きくなっている．つまり，エネルギーバンドが表面で上に曲り，半導体の表面が高抵抗化すなわち空乏化していることがわかる．

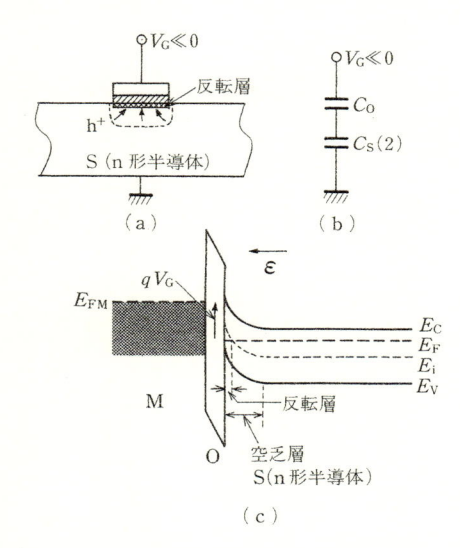

図8・6　電界効果(3)—反転—

最後に，ゲート電極に加える電圧を負のままでその絶対値をさらに大きくするとどうなるかについて考えよう．この場合には図8・6(a)に示すように，空乏層の拡大は一定の幅で止まり，ゲート下には正孔（少数キャリア）が集まってくる．この正孔は主に空乏層内の生成-再結合中心（深い準位）で発生する電子-正孔対の正孔の方である．なぜこのようなことが起るかというと，ゲート電圧 V_G が負の状態で絶対値が大きくなると，ゲート下の半導体表面は空乏状態が強くなりキャリア密度が著しく減少するので，キャリアの再結合過程に比べて生成過程が支配的になるからである．その結果，空乏層で発生した電子-正孔対の正孔がゲート電界に引き寄せられて，ゲート下の半導体表面に集まるようになる．この傾向は空乏層が広がるほど顕著になり，ゲート下の正孔密度が十分増大すると空乏層幅の拡大は止まることになる．

正孔が半導体の表面に集まるとゲート下の伝導型はn形からp形に反転するので，この状況は"反転（inversion）"と呼ばれる．これに伴って容量の様子も図8・6(b)に示すように変化する．しかし，半導体側の容量C_Sは"空乏"の状態とは異なるので，ここでは$C_S(2)$とした．このときのエネルギーバンド図は図8・6(c)に示すようになる．電界の向きや，フェルミ準位の動く方向は"空乏"のときと同じであるが，図8・6(c)からわかるように，それぞれの絶対値が大きくなる．ここで注目すべきことは，この場合には半導体の表面がn形からp形に反転するので，図8・6(c)に示すように，半導体の表面では価電子帯E_Vの位置がフェルミ準位E_Fに接近することである．

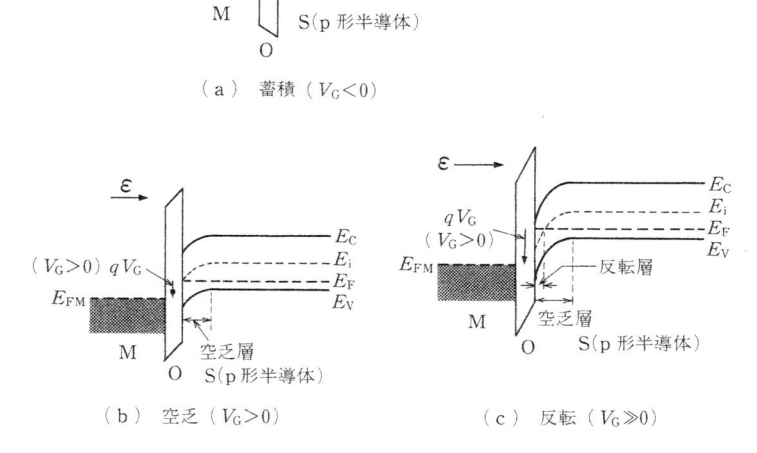

以上は半導体がn形の場合であるが，p形半導体の場合にも同様に，電界効果によって図8・7に示すように(a)"蓄積"，(b)"空乏"および(c)"反転"が起る．しかし，n形とp形では多数キャリアの電荷の正負が逆なので，p形の場合には図8・7に示すように，"蓄積"はゲート電圧が負のときに起り，"空乏"および"反転"はゲート電圧が正のときに起る．MOS構造の電界効果では半導体表面のキャリア密度が変化する，つまり，抵抗率が変るだけでなく，伝導型もn形からp形（またはp形からn形）

（a）蓄積（$V_G<0$）

（b）空乏（$V_G>0$）　　　　（c）反転（$V_G \gg 0$）

図8・7　p形半導体を使ったMOSダイオードの電界効果

へ変化する．このため MOS 電界効果は半導体デバイスに応用されて非常に有用な働きをしている．

8・4　界面トラップと電界効果

　界面トラップ電荷（以後，界面トラップと略称；界面準位とも呼ばれる）は半導体表面の電子状態に大きな影響を与える．このことは5章においてすでに述べたが，界面トラップは MOS 構造の電界効果に重大な影響を与え，著しい場合には電界効果を起させなくすることさえある．図8・8に界面トラップ密度が低い場合（この密度が0ということはない）と，高い場合のn形半導体を使ったとき平衡状態のエネルギーバンド図を示した．ここでは界面トラップ密度以外の条件は理想 MOS 構造を仮定したので，界面トラップ密度が低い図(b)の場合には理想 MOS 構造のエネルギーバンド図になっている．しかし，この密度の高い図(c)の場合には，伝導帯の電子は界面トラップに捕獲されるので，半導体の表面では電子が欠乏し，空乏層が発生してエネルギーバンドは表面で上に曲っている．すなわち，ゲート電圧の印加のない平衡状態にもかかわらず，半導体の表面はゲートに負電圧を加えたときと同じように"空乏"状態になっている［図8・5(c) 参照］．

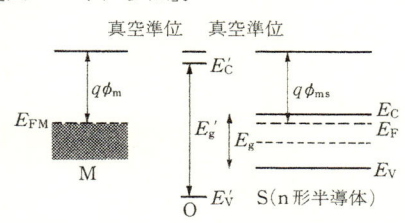

（a）　$\phi_m = \phi_{ms}$ の条件が成立

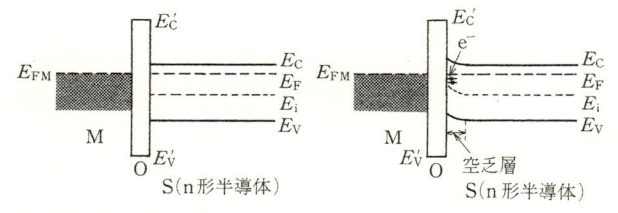

（b）　界面トラップ密度が低いとき
　　　（理想 MOS 構造）

（c）　界面トラップ密度が高いとき
　　　（空乏状態になる）

図8・8　界面トラップ密度の電界効果への影響

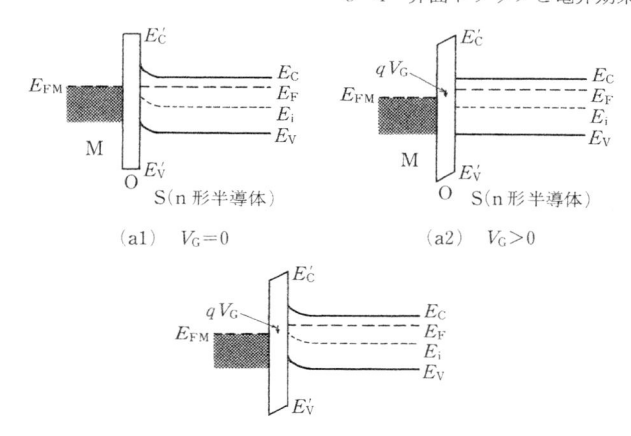

8・4 界面トラップと電界効果　119

(a1)　$V_G = 0$

(a2)　$V_G > 0$

(b)　$V_G > 0$，フェルミ準位の固定

図8・9　フェルミ準位の固定

図8・8(c)のような状態が起っても，図8・9(a1)，(a2)に示すように，ゲート電圧 V_G の印加によって半導体表面の伝導状態が制御できれば電界効果は作用するわけであるが，界面トラップ密度が著しく高くなるとこのことも不可能になる．すなわち，図8・9(b)にゲート電圧によって表面の伝導状態が制御できない場合のエネルギーバンド図を示したが，この場合には半導体表面のバンドの曲りは，ゲート電圧を加えても変化しないで上に曲ったままである．別の表現をすれば，半導体の表面ではフェルミ準位は固定されている．この状態はフェルミ準位の固定(pinning)と呼ばれる．

では，なぜフェルミ準位が固定されるのだろうか？　界面トラップ密度がきわめて高い場合には，電子を捕獲する準位が多いのであるから電子の収容能力が大きいことになる．この場合には図8・10(a)に模式的に示すように，ゲート電圧を正にして"蓄積"にしようとしても，集めた電子はすべて界面トラップに食われてしまって蓄積す

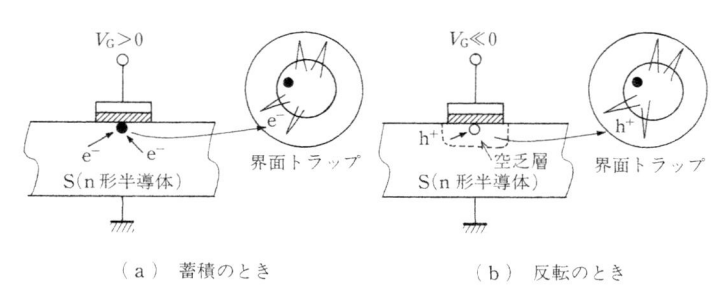

(a)　蓄積のとき

(b)　反転のとき

図8・10　キャリアは界面トラップに食われる

べき電子は半導体表面に残らないのである．フェルミ準位が固定されるような状況ではゲート電極に大きな負電圧を加えて表面を反転させようとしても，図8・10(b)に示すように今度はホールが食べられてしまって反転も起らない．このような状況ではMOS構造は構成していても形だけで，MOS電界効果は期待できない．図8・10に示す状況は極端な場合に見えるかもしれないが，この状況はSi以外を半導体とするMIS構造では実際に起っており，これが原因でSi以外の半導体ではMIS電界効果デバイスが実用化できていないのである．

8・5　MOS表面のポテンシャル分布

これまではMOS電界効果を定性的に説明してきた．ここではポアソンの方程式を使って定量的な解析をしておこう．いま，半導体をp形とし理想MOS構造を仮定すると，ゲート電圧 V_G が大きい場合には図8・11(a)に示すエネルギーバンド図が得られる．この図の半導体の表面近傍の部分のみを拡大して描くと図(b)のようになるので，この後はこの図(b)を用いて解析をすすめることにしたい．

（a）MOS構造にプラス電圧を加えた　　　（b）p形半導体の表面近傍
　　　ときのエネルギーバンド図　　　　　　　　　（拡大図）

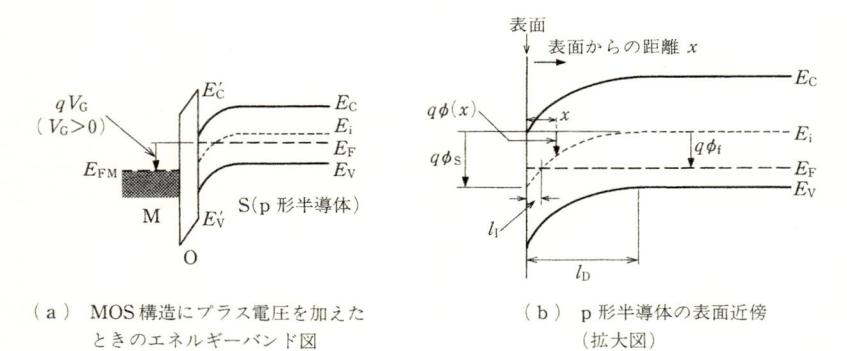

図8・11　電界効果を示すMOS構造の表面近傍のポテンシャル分布

座標軸のとり方は図8・11(b)に示す通りで，縦軸にポテンシャルエネルギーをとり（ポテンシャルは下方がプラスを示す），横軸に表面からの深さ x をとる．この場合，半導体の表面を $x=0$ とし，深さ方向をプラスにとることにする．

以上のように条件を設定すると，図8・11に示すMOS構造の半導体表面の空乏層内のポテンシャル $\phi(x)$ は，次のポアソンの方程式を解くことにより求められる．

8・5 MOS表面のポテンシャル分布

$$\frac{d^2\phi(x)}{dx^2} = -\frac{\rho(x)}{K\epsilon_0} \tag{8・2}$$

ここで，K は半導体の比誘電率であり，電荷密度 $\rho(x)$ は次の式で与えられる.

$$\rho(x) = q(N_D - N_A + p_p - n_p) \tag{8・3a}$$
$$\fallingdotseq -qN_A \tag{8・3b}$$

式 (8・3b) では p 形半導体の空乏層内においては $N_D \fallingdotseq 0$，$p_p \fallingdotseq n_p = 0$ と近似できることを使っている.

式 (8・2) の微分方程式を解くには境界条件が必要であるが，いま空乏層幅を図 8・11 に示すように l_D とすると，空乏層の端 ($x = l_D$) ではポテンシャル $\phi(x)$ も電界 $[-d\phi(x)/dx]$ も存在しないので，境界条件としては次の条件が得られる.

$$\begin{cases} \phi(l_D) = 0 & (8・4a) \\ \left.\dfrac{d\phi(x)}{dx}\right|_{x=l_D} = 0 & (8・4b) \end{cases}$$

式 (8・4a), (8・4b) の境界条件を使って式 (8・2) を解くと，$\phi(x)$ は次のように求まる.

$$\phi(x) = \frac{qN_A}{2K\epsilon_0} l_D^2 \left(1 - \frac{x}{l_D}\right)^2 \tag{8・5}$$

ここで，フェルミ・ポテンシャル ϕ_f と表面ポテンシャルを定義しておこう．フェルミ・ポテンシャル ϕ_f は図 8・11 (b) からわかるように，次の式で与えられる.

$$\phi_f = \frac{E_i - E_F}{q} \tag{8・6}$$

一方，表面ポテンシャル ϕ_s は表面 ($x=0$) と内部 ($x \geq l_D$) のポテンシャル差であり，p 形半導体を用いた MOS 構造では ϕ_s は正となる．したがって，図 8・11 では下方向がプラスである．以上の定義に従うと，式 (8・5) において $x=0$ のときの $\phi(x)$ の値が表面ポテンシャルなので，これを ϕ_s とおくと，次の式が得られる.

$$\phi_s = \frac{qN_A}{2K\epsilon_0} l_D^2 \tag{8・7}$$

また，電界 $\mathcal{E}(x)$ は定義 [式 (6・4)] により式 (8・5) を使って，次の式

$$\mathcal{E}(x) = \frac{2\phi_s}{l_D}\left(1 - \frac{x}{l_D}\right) \tag{8・8}$$

で与えられる.

以上の結果を参考にして，表面近傍の電荷分布，電界分布およびポテンシャル分布を描くと図 8・12 に示すようになる．この図で Q_M はゲートの電荷密度，Q_B は空乏層

8 MOS構造とMOS電界効果

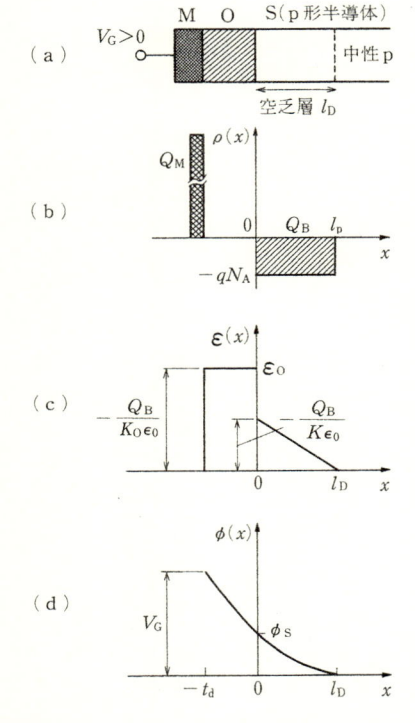

図8・12 MOS構造の(b)電荷，(c)電界および(c)ポテンシャル分布

の電荷密度でともに単位面積当りの量である．空乏層の電荷密度 Q_B はアクセプタ密度 N_A と空乏層幅 l_D に依存して，次の式で与えられる．

$$Q_B = -qN_A l_D \tag{8・9a}$$
$$= -\sqrt{2K\epsilon_0 qN_A \phi_S} \tag{8・9b}$$

ここで，式 (8・9b) の計算には式 (8・7) を用いた．また，Q_B と Q_M は釣り合っているので次の関係式が成立する．

$$Q_B + Q_M = 0 \tag{8・10}$$

半導体と酸化膜の界面では，酸化膜中の電界を $\mathcal{E}_0$，半導体表面の電界を $\mathcal{E}_S$ とすると，ガウスの定理 (Gauss' law) を使って次の式が得られる．

$$K_0 \epsilon_0 \mathcal{E}_0 = K\epsilon_0 \mathcal{E}_S = -Q_B \tag{8・11}$$

ここで，K_0 は酸化膜の比誘電率である．また，酸化膜中の電界 $\mathcal{E}_0(x)$ とポテンシャル $\phi(x)$ の間には，$x<0$ と考えて，次の式が成立する．

$$\mathcal{E}_\text{o}(x) = -\frac{\mathrm{d}\phi(x)}{\mathrm{d}x} \tag{8・12}$$

この関係を式 (8・11) に代入して計算すると，酸化膜中のポテンシャル $\phi(x)$ として次の式が得られる．

$$\phi(x) = \frac{Q_\text{B}}{K_\text{o}\epsilon_0}x + \phi_\text{S} \tag{8・13}$$

ここで，$x=0$ のときのポテンシャルの値 $\phi(0)$ が ϕ_S に等しいことを使っている．

いま，MOS 構造の酸化膜厚を t_d とし，ゲート電圧を V_G とすると，式 (8・13) において $x=-t_\text{d}$ のとき $\phi(x)$ の値が V_G になるので，次の式が導かれる．

$$V_\text{G} = \phi_\text{S} - \frac{Q_\text{B}}{K_\text{o}\epsilon_0}t_\text{d} \tag{8・14}$$

ここで，単位面積当りの酸化膜容量を C_o とすると，厚さ t_d の酸化膜では次の関係

$$C_\text{o} = \frac{K_\text{o}\epsilon_0}{t_\text{d}} \tag{8・15}$$

が成立するので，結局，ゲート電圧 V_G に関して次の関係式が得られる．

$$V_\text{G} = \phi_\text{S} - \frac{Q_\text{B}}{C_\text{o}} \tag{8・16}$$

次に，式 (8・7) で表される表面ポテンシャル ϕ_S を使って，半導体表面のキャリア密度を表すことを考えよう．いままで通り p 形半導体で考えると，平衡状態の多数キャリア密度 p_p0 と少数キャリア密度 n_p0 は，3 章の式 (3・20 a)，(3・20 b) と式 (8・6) を使って，次のように表すことができる．

$$p_\text{p0} = n_\text{i}\mathrm{e}^{(E_\text{i}-E_\text{F})/kT} = n_\text{i}\mathrm{e}^{q\phi_\text{f}/kT} \tag{8・17 a}$$

$$n_\text{p0} = n_\text{i}\mathrm{e}^{(E_\text{F}-E_\text{i})/kT} = n_\text{i}\mathrm{e}^{-q\phi_\text{f}/kT} \tag{8・17 b}$$

また，表面近傍でポテンシャル $\phi(x)$ に変化がある場合には，図 8・11 (b) に示すように，$E_\text{i}-E_\text{F}$ の値は一定ではなく次のように変化する．

$$E_\text{i} - E_\text{F} = q\phi_\text{f} - q\phi(x) \tag{8・18}$$

表面近傍［位置 x，ポテンシャル $\phi(x)$］のキャリア密度 p_p，n_p を式 (8・17 a)，(8・17 b) と式 (8・18) を用いて求めると，これらは次のように計算される．

$$p_\text{p} = n_\text{i}\mathrm{e}^{q[\phi_\text{f}-\phi(x)]/kT} = p_\text{p0}\mathrm{e}^{-q\phi(x)/kT} \tag{8・19 a}$$

$$n_\text{p} = n_\text{i}\mathrm{e}^{-q[\phi_\text{f}-\phi(x)]/kT} = n_\text{p0}\mathrm{e}^{q\phi(x)/kT} \tag{8・19 b}$$

表面では $x=0$ となるので，表面のキャリア密度を p_S，n_S とすると，式 (8・19 a)，(8・19 b) を使って，これらは次の式で与えられる．

$$p_S = p_{p0} e^{-q\phi_S/kT} \tag{8・20 a}$$

$$n_S = n_{p0} e^{q\phi_S/kT} \tag{8・20 b}$$

ここで，$\phi(0) = \phi_S$ としてある．以上で表面のキャリア密度を表面ポテンシャル ϕ_S を用いて表すことができた．

ここで，表面のキャリア密度の表面ポテンシャル依存性に入る前に，ゲート電圧 V_G，空乏層幅 l_D および表面ポテンシャルの関係をもう一度調べておこう．さて，空乏層幅 l_D とゲート電圧 V_G の関係は式 (8・7)，式 (8・9) および式 (8・16) を使って，次のように求められる．

$$V_G = \frac{qN_A}{2K\epsilon_0} l_D^2 + \frac{qN_A}{C_0} l_D \tag{8・21 a}$$

この式を使って，逆に空乏層幅 l_D をゲート電圧 V_G の関数で表すと，次の式

$$l_D = -\frac{K\epsilon_0}{C_0} + \frac{K\epsilon_0}{C_0}\left(1 + \frac{2C_0^2 V_G}{K\epsilon_0 q N_A}\right)^{1/2} \tag{8・21 b}$$

が得られる．式 (8・21 b) を見ると空乏層幅 l_D はゲート電圧 V_G を増加させると，その値がいくらでも増大するようになっている．これは式 (8・16) の導出の際に"反転"のことを考慮していないので当然であり，式 (8・21 b) は"反転"が起る領域 ($V_G \gg 0$，図 8・7(c) 参照) では使用できない．

すなわち，V_G をある一定値 (後で述べるしきい値電圧) 以上に大きくすると反転層が生じるので，空乏層幅には最大値 $l_{D\,max}$ が存在する．最大の空乏層幅 $l_{D\,max}$ は丁度"反転"するときに対応して $\phi_S = 2\phi_f$ のときに得られるので，$l_{D\,max}$ は式 (8・7) を使って，次の式で与えられる．

$$l_{D\,max} = \sqrt{\frac{2K\epsilon_0(2\phi_f)}{qN_A}} \tag{8・22}$$

したがって，空乏層幅 l_D をキャリア密度 N_A をパラメータにとってゲート電圧 V_G の

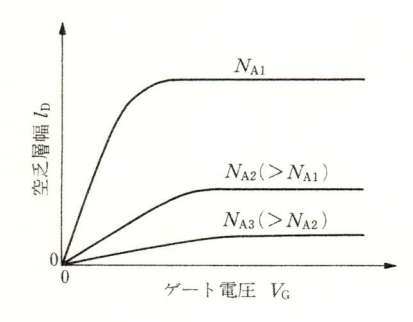

図 8・13　MOS 空乏層幅のキャリア密度およびゲート電圧依存性（N_{A1}，N_{A2} および N_{A3} はアクセプタ密度を示す）

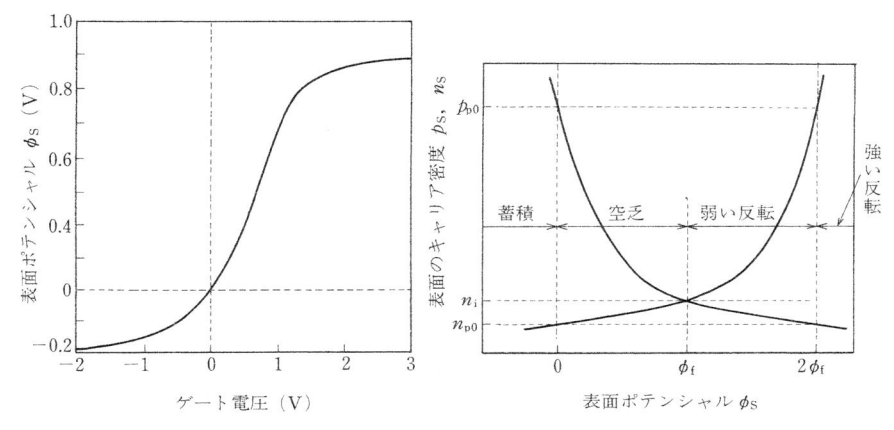

8・5 MOS表面のポテンシャル分布

図8・14 表面ポテンシャルのゲート電圧依存性(理想MOS構造, p形半導体, SiO_2 20 nmを仮定)

図8・15 表面のキャリア密度の表面ポテンシャル依存性(p形半導体を使った理想MOS構造を仮定)

関数として表すと図8・13に示すようになる．この図から空乏層幅はキャリア密度が低いほど，より小さいゲート電圧で広がり始めるとともに，その最大幅 $l_{D\ max}$ も大きくなることがわかる．

　表面ポテンシャル ϕ_S の値は式(8・7)に従って変化するので，当然空乏層幅 l_D に依存する．したがって，表面ポテンシャルは当然ゲート電圧 V_G によって変化し，その様子は図8・14に示す通りである．以下の議論において表面ポテンシャル ϕ_S と半導体表面の"蓄積"，"空乏"および"反転"の関係について述べるが，ϕ_S の値が変化するということはゲート電圧が変化していることに注意して欲しい．

　さて，p形半導体を使ったMOS構造において半導体表面のキャリア密度を式(8・20a)，(8・20b)を使って，表面ポテンシャル ϕ_S の関数として描くと図8・15に示すようになる．この図において表面ポテンシャル ϕ_S の値が特別の値をとる場合について少し考察しておこう．まず，ϕ_S の値がゼロ($\phi_S=0$)のときには，ゲート電圧 V_G は0であるから半導体表面には何事も起らない．つまり，表面のキャリア密度は内部と同じである($p_S=p_{p0}$, $n_S=n_{p0}$)．次に，$\phi_S=\phi_f$ つまり表面ポテンシャルの値がフェルミ・ポテンシャルの値に等しくなると，式(8・20a)，(8・20b)と式(8・17a)，(8・17b)より $p_S=n_S=n_i$ となり表面は真性半導体の性質を示すようになる．さらに ϕ_S の値が増加して $\phi_S=2\phi_f$ となると，同じく式(8・20a)，(8・20b)に $\phi_S=2\phi_f$ の関係を代入すると，$p_S=n_{p0}$, $n_S=p_{p0}$ となり表面では多数キャリア密度と少数キャリア密度が逆

(a) $\phi_S < 0$, 蓄積

(b) $\phi_S = 0$, 平衡

(c) $\phi_S = \phi_f$ のとき

(d) $\phi_S = 2\phi_f$ のとき

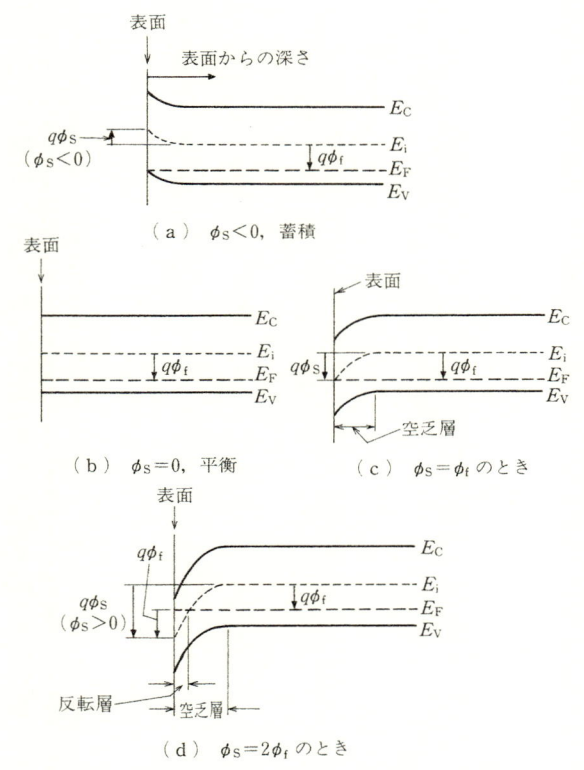

図8・16　表面ポテンシャルとエネルギーバンド図の関係

転し，内部とはキャリア密度の絶対値まで丁度逆になっていることがわかる。

　以上のことはもちろんMOS構造の"平衡"，"空乏"および"反転"の状況を表しているのであるが，"蓄積"も含めてエネルギーバンド図で表すと図8・16に示すようになる。すなわち，図8・16(a)は"蓄積"の場合を示しているが，このときはゲート電圧が負であるから，図8・11(b)における ϕ_S の向きとは逆になり $\phi_S<0$ となる。図8・16(b)は $\phi_S=0$ のときで，この図はゲート電圧 V_G が0のときの平衡状態を示している。また，図(c)は表面ポテンシャル ϕ_S がフェルミ・ポテンシャル ϕ_f に一致する場合を示しており，表面のキャリア密度が n_i になることはフェルミ準位 E_F が表面で真性フェルミ準位 E_i に一致していることからわかる。最後に，(d)には $\phi_S=2\phi_f$ の状態のエネルギーバンド図が描かれている。このとき表面ではフェルミ準位 E_F は真性フェルミ準位 E_i からの差（絶対値）が同じで，逆の方向に離れているので，表面ではキャ

リア密度も含めて伝導型が内部とは丁度逆になっていることがわかる．つまり，これは反転の状態を表している．以上の説明でわかるように，理想MOS構造では表面ポテンシャルの変化は定性的にはゲート電圧の変化と同じように考えても良い．

8・6 MOS表面の電荷密度の表面ポテンシャル依存性

表面ポテンシャルの変化は表面の電荷密度によって引き起されるので，ここで両者の関係を調べておこう．いま，反転層が形成されている状態を想定すると，半導体の断面の様子と対応する電荷密度 $\rho(x)$ の分布は図8・17に示すようになる．この図を

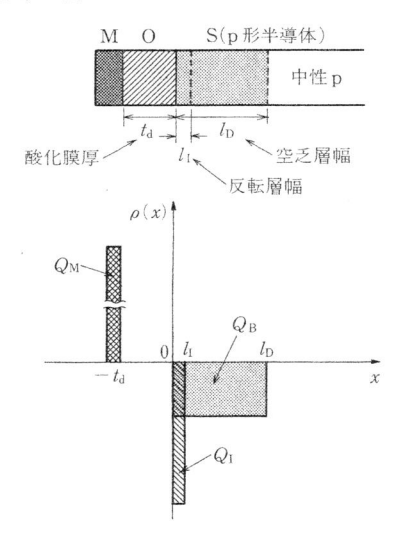

図8・17 反転状態でのMOS構造の電荷分布

参照して半導体表面の全電荷密度 Q_S，反転層の電荷密度 Q_I，と前に述べた空乏層の電荷密度 Q_B およびゲート電極の電荷密度 Q_M の関係を示すと次のようになる．

$$Q_S = Q_I + Q_B \tag{8・23}$$

$$Q_S + Q_M = 0 \tag{8・24}$$

ここで，式 (8・24) は前述の式 (8・10) を，半導体側の電荷が Q_B から $Q_S(=Q_B+Q_I)$ に変ったためにこのように書き換えたものである．

次に，全電荷密度 Q_S の表面ポテンシャル依存性をみよう．反転層がない場合の表面の電荷密度 Q_B は式 (8・9) を使って簡単に表すことができるが，Q_S を求めるにはいま少し厳密な解析が必要である．p形半導体を想定して話をすすめるが，半導体の内部では，電荷の中性条件 [式 (8・3a) で $\rho(x)=0$] が満たされているので，

8 MOS構造とMOS電界効果

$$N_D - N_A = n_{p0} - p_{p0} \tag{8・25}$$

の関係が成立している．この関係を利用すると，$\rho(x)$は式（8・3），式（8・19 a），式（8・19 b）を使って，次の式で表されることがわかる．

$$\rho(x) = q[n_{p0} - p_{p0} + p_{p0}e^{-q\phi(x)/kT} - n_{p0}e^{q\phi(x)/kT}] \tag{8・26 a}$$

$$= q[p_{p0}(e^{-q\phi(x)/kT} - 1) - n_{p0}(e^{q\phi(x)/kT} - 1)] \tag{8・26 b}$$

したがって，式（8・2）のポアソンの方程式は次のように変更する必要がある．

$$\frac{d^2\phi(x)}{dx^2} = -\frac{q}{K\epsilon_0}\left[p_{p0}(e^{-q\phi(x)/kT} - 1) - n_{p0}(e^{q\phi(x)/kT} - 1)\right] \tag{8・27}$$

式（8・27）を解くのは簡単ではないので，ここでは解いた結果とその物理的な意味のみを示すことにする．式（8・27）を解くと電界 $\mathcal{E}(x)$ は次のように求まる．

$$\mathcal{E}(x) = \pm\frac{\sqrt{2}\,kT}{qL_D}F\left(\frac{q}{kT}\phi(x), \frac{n_{p0}}{p_{p0}}\right) \tag{8・28}$$

ここで，

$$L_D = \sqrt{\frac{kTK\epsilon_0}{p_{p0}q^2}} \tag{8・29}$$

$$F\left(\frac{q}{kT}\phi(x), \frac{n_{p0}}{p_{p0}}\right) = \left[\left(e^{-q\phi(x)/kT} + \frac{q}{kT}\phi(x) - 1\right) + \frac{n_{p0}}{p_{p0}}\left(e^{q\phi(x)/kT} - \frac{q}{kT}\phi(x) - 1\right)\right]^{1/2} \tag{8・30}$$

である．

式（8・29）で表される L_D はデバイ長（Debye length，この場合は正孔のデバイ長）と呼ばれるもので，キャリアのしゃへい距離である．式（8・29）からわかるようにキャリア密度 p_{p0} が高いほど L_D は短くなる．すなわち，より短い距離で外部のクーロン力をしゃへいすることができる．また，式（8・28）において正，負の符号は $\phi(x)$ の値が正，負の場合に対応する．式（8・28）を使うと，表面での電界 $\mathcal{E}_s$ は次の式

$$\mathcal{E}_s = \pm\frac{\sqrt{2}\,kT}{qL_D}F\left(\frac{q}{kT}\phi_s, \frac{n_{p0}}{p_{p0}}\right) \tag{8・31}$$

で与えられる．当然のことながら $\phi_s = 0$ ならば $\mathcal{E}_s = 0$ となる．

表面の全電荷密度 Q_s はガウスの定理と式（8・31）を使って，次の式

$$Q_s = -K\epsilon_0\mathcal{E}_s = \mp\frac{\sqrt{2}\,K\epsilon_0 kT}{qL_D}F\left(\frac{q}{kT}\phi_s, \frac{n_{p0}}{p_{p0}}\right) \tag{8・32}$$

で与えられる．この式は表面ポテンシャル ϕ_s が負のときから正のときまでの全領域の Q_s の値を示しているので，これを図に描くと図8・18に示すようになる．表面ポテン

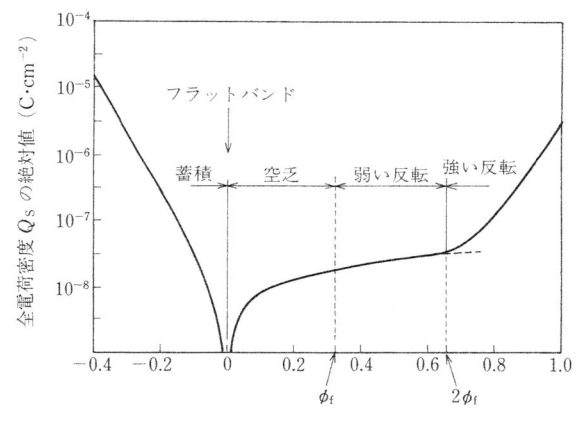

8・6 MOS表面の電荷密度の表面ポテンシャル依存性

図8・18 表面電荷 Q_S の表面ポテンシャル依存性(p形半導体を使ったMOS構造を仮定)
C. G. B. Garrett and W. H. Brattain, *Phys. Rev.*, **99** (1955) 376.

シャル ϕ_S を変化させたときの表面電荷 Q_S の様子は以下のように説明できる．

まず，$\phi_S<0$ のときには Q_S は次の式に近似できる．

$$Q_S \fallingdotseq \exp[(q/2kT)|\phi_S|] \tag{8・33}$$

また，$\phi_S=0$ ならば $Q_S=0$ となる．このときは半導体のエネルギーバンドは表面で平ら（フラット）なので，この状態はフラットバンド条件（flat-band condition）と呼ばれている．ϕ_S の値が $0<\phi_S<\phi_f$ の条件を満たすときには，Q_S は次の式で与えられる．

$$Q_S \fallingdotseq -\sqrt{2K\epsilon_0 q N_A \phi_S} \tag{8・34}$$

この条件では，まだ反転層が生じていないので $Q_S=Q_B$ となっている［式 (8・9b) 参照］．ϕ_S の値が増大して $\phi_f<\phi_S<2\phi_f$ の領域に入ると，表面に反転層が形成されるので，Q_S は反転層の電荷 Q_I と空乏層の電荷 Q_B の和になり，次の式で表される．

$$Q_S \fallingdotseq -\exp[(q/2kT)\phi_S] - \sqrt{2K\epsilon_0 q N_A \phi_S} \tag{8・35}$$

この領域は弱い反転の領域である．

表面ポテンシャル ϕ_S がフェルミ・ポテンシャル ϕ_f の2倍（$\phi_S=2\phi_f$）のときには，表面は丁度反転している．表面ポテンシャルの値が $2\phi_f$ 以上になると表面は強い反転の領域に入るが，このときにはゲート電界はもっぱら反転層の形成に費やされるので，表面の電荷密度 Q_S は次の式

130   8 MOS構造とMOS電界効果

$$Q_S \fallingdotseq -\exp[(q/2kT)\phi_S] \qquad (8\cdot36)$$

に近似され,その値はほとんど反転層の電荷 Q_I によって占められる($Q_S \fallingdotseq Q_I$).

8・7 実際の MOS 構造

最初に述べたように,実際に作られている MOS 構造は理想 MOS 構造ではない.したがって,実際の MOS 構造を解釈する場合には,少なくとも以下の事柄を補正して考えなくてはならない.まず,MOS 構造の O(酸化膜)の中に電荷が存在しているとゲートに電圧を加えたときと同じような効果が MOS 構造に現れる(詳しくは9章を参照して欲しい)ことに注意する必要がある.いま,p 形半導体で作った MOS 構造の酸化膜の中に陽電荷が存在していると仮定すると図 8・19(a)に示すようにゲート下に空乏層が発生する.ゲート電圧 V_G の値が0であっても図(b)に示すように C-V 曲線は左へシフトし(理由は9章参照),(p 形)半導体のエネルギーバンドは図(c)に示すように表面で下に曲る.これはゲート電極にプラス電圧が加わっている状況と同じである.これを修正して半導体のエネルギーバンドを平らにするには図(d)に示すように,図(b)に示すフラットバンド電圧 V_{FB} だけ負の電圧をゲート電極に加えてやれ

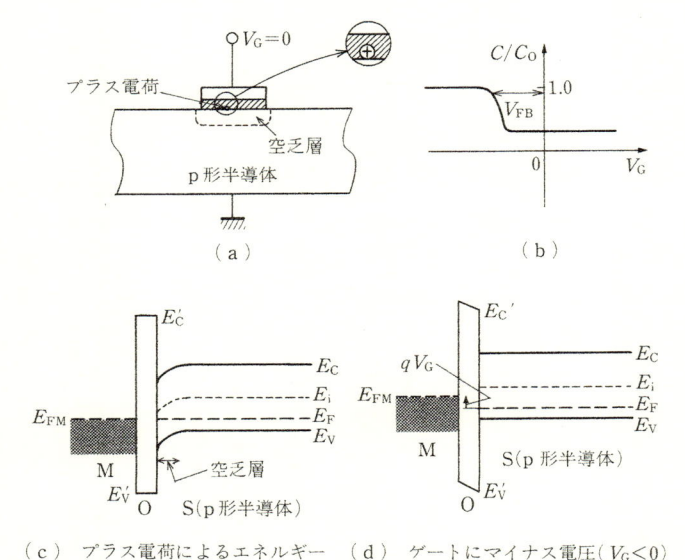

(c) プラス電荷によるエネルギー   (d) ゲートにマイナス電圧($V_G<0$)
　　　バンドの曲り　　　　　　　　　　を加えてフラットバンド状態へ

図 8・19　酸化膜中のプラス電荷によるエネルギーバンドの曲りとその補正

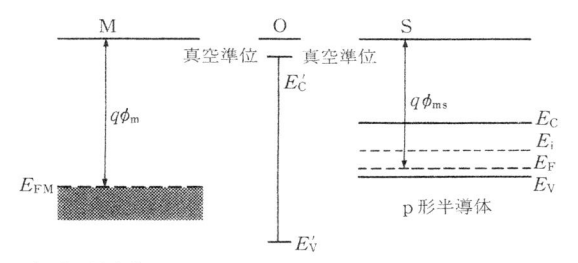

（a） 接合前の M, O, S のエネルギーバンド図 ($\phi_m > \phi_{ms}$）

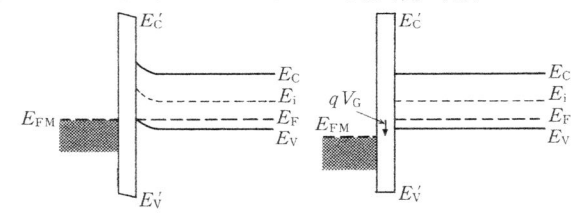

（b） 仕事関数差によるエネルギーバンド図の曲り

（c） ゲートにプラス電圧（$V_G > 0$）を加えてフラットバンド状態へ

図 8・20 仕事関数差によるエネルギーバンド図の曲りとその補正

ば良い．

また，酸化膜の中に電荷は存在していなくても，図 8・20 に示すように，金属 M と半導体 S の間で仕事関数差（$\phi_m - \phi_{ms}$）があれば，前の場合と同じようにゲート電圧 V_G の値は 0 であっても図 8・20(b) に示すように，半導体のエネルギーバンドは表面で上に曲る．この場合にはバンドを平らにするには図 (d) に示すように，ゲートに負の電圧を加えてやればよい．実際の MOS 構造の場合には，この他にも界面トラップや固定電荷などが存在するので，ゲート電極へ補正電圧を加えるだけでは済まないことも起る．

8・8 反転しきい値電圧

MOS 構造における半導体表面の（伝導型の）反転は，表面ポテンシャル ϕ_s の値がフェルミ・ポテンシャル ϕ_f の 2 倍になるときに起るが，このときにゲート電極に加える電圧 V_G が MOS 構造の反転しきい値電圧 V_{th} である．この節ではこのしきい値電圧 V_{th} を求める式を導出しておこう．ゲート電圧と表面ポテンシャルの関係は式 (8・16) で得られているので，この式の Q_B に式 (8・9b) を使用すると，V_G は次の式

$$V_G = \phi_s + \frac{\sqrt{2K\epsilon_0 q N_A \phi_s}}{C_0} \tag{8・37}$$

に書き換えることができる．反転が起るのは $\phi_s = 2\phi_f$ のときであるから，この関係を式 (8・37) に代入するとともに，このときのゲート電圧がしきい値電圧になるので，V_G を V_{th} に置き換えると，反転しきい値電圧 V_{th} は，次の式で表される．

$$V_{th} = 2\phi_f + \frac{\sqrt{2K\epsilon_0 q N_A (2\phi_f)}}{C_0} \tag{8・38}$$

式 (8・38) で表される反転しきい値電圧は p 形半導体を使ったときの理想 MOS 構造の反転しきい値電圧である．したがって，8・7 節で述べたように酸化膜の中に電荷が存在したり，金属と半導体の間で仕事関数差などがある場合には，その分 (V_{FB}) だけしきい値電圧は正規の値からずれることになる．したがって，実際の MOS ダイオードのしきい値電圧 V_{th} は，V_{FB} を補償して次の式

$$V_{th} = 2\phi_f + |V_{FB}| + \frac{\sqrt{2K\epsilon_0 q N_A (2\phi_f)}}{C_0} \tag{8・39}$$

で与えられる．式 (8・39) では V_{FB} に絶対値を付けたので，V_{FB} の正負の符号は意味を考えて決定する必要がある．

次に，n 形半導体を使った MOS ダイオードの反転しきい値電圧 V_{th} を求めると，この場合には表面ポテンシャル ϕ_s は負になることに注意して，V_{th} は次の式

$$V_{th} = -|2\phi_f| + |V_{FB}| - \frac{\sqrt{2K\epsilon_0 q N_D |2\phi_f|}}{C_0} \tag{8・40}$$

で与えられる．この式では最初から V_{FB} の補正を加えた．なお，反転しきい値電圧 V_{th} は 10 章で述べる MOS トランジスタではきわめて重要な特性であるが，式 (8・39) で表される V_{th} をゲート電極に加えると表面は n 形に反転するので，この式は n チャネル MOS トランジスタのしきい値電圧である．また，式 (8・40) の場合には反転層が p 形になるので，この式は p チャネル MOS トランジスタの反転しきい値電圧を表す式である．

9 MOSダイオードの諸特性と酸化膜および界面の電荷

　MOS構造の特性が正常であるかどうかは，MOSダイオードの容量Cのゲート電圧V_G依存性，すなわち，C-V特性を測定して決定される．そこでこの章ではまずMOS・C-V特性について測定周波数依存性などを説明する．この後，C-V特性の理解の下にSi-SiO$_2$系における酸化膜中の電荷およびSi/SiO$_2$界面の電荷について述べるとともに，これらの電荷の存在がC-V曲線の中にどのような形で現れるかについて見ていきたい．MOSダイオードの特性としてはC-V特性の他にC-t特性が重要なので，次にこの特性について述べる．C-t特性は少数キャリアの（生成）寿命の測定手段としても使われているので，この原理について説明するとともに，MOS・C-t特性に半導体の中の深い準位がどのように影響するかについても検討しておくことにする．MOS・C-t特性の原理は超エル・エス・アイ・メモリの代表であるDRAM (Dynamic Random Access Memory)にも使われていることを指摘しておきたい．

9・1　MOS・C-V特性

　MOSダイオードは既に述べたように，ゲート電圧V_Gによってその容量が変化する可変容量コンデンサである．したがって，MOSダイオードの容量Cはゲート電圧V_Gによって変化する．図9・1(a)にはp形Siを使ったMOSダイオードを，図(b)にはゲート電圧による容量の変化，すなわち，C-V曲線を示した．図9・1(a)においてMOSダイオードの酸化膜容量はC_O，半導体の容量はC_Sで表したが，酸化膜の容量C_Oは常に一定なので，ゲート電圧V_Gによって変化するのは半導体の容量C_Sの方である．

　MOSダイオード全体の容量Cは，次の関係

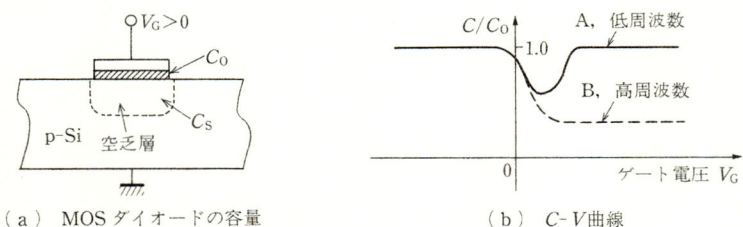

134   9 MOSダイオードの諸特性と酸化膜および界面の電荷

(a) MOSダイオードの容量

(b) C-V曲線

図 9・1 MOSダイオードの容量のゲート電圧による変化(C-V曲線)

$$\frac{1}{C} = \frac{1}{C_0} + \frac{1}{C_S} \tag{9・1}$$

から簡単に,次のように求めることができる.

$$C = \frac{C_0 C_S}{C_S + C_0} \tag{9・2}$$

普通,MOS・C-V曲線では容量 C は酸化膜容量 C_0 で規格化されるので,図で表す場合,縦軸の容量には図9・1(b)に示すように,普通次の式

$$\frac{C}{C_0} = \frac{C_S}{C_S + C_0} \tag{9・3}$$

で表される規格化された量が使われる.そして,酸化膜の(単位面積当り)の容量 C_0 は,前に示したように,次の式で与えられる.

$$C_0 = \frac{K_0 \epsilon_0}{t_d} \tag{9・4}$$

ここで,K_0 は酸化膜の比誘電率,t_d は酸化膜の厚さである.

ここで,容量 C の測定に関係して容量の意味(内容)について少し調べておこう.容量には静止容量(static capacitance) C_{stat} と微分容量(differential capacitance) C_{diff} があり,電荷を Q とするとそれぞれ次の式で与えられる.

$$C_{\text{stat}} = \frac{Q}{V_G} \tag{9・5}$$

$$C_{\text{diff}} = \frac{dQ}{dV_G} \quad (\text{または} \frac{dQ}{d\phi}) \tag{9・6}$$

ここで,V_G(または ϕ)はゲートに加える電圧である.

MOSダイオードを使って測定されるMOS容量は,微分容量 C_{diff} の方であって静止容量 C_{stat} ではないことに注意する必要がある.微分容量の測定は図9・2に示す測定配置を使って行われる.すなわち,直流電圧 V_G の上に交流電圧 Δv_G を加えたものがMOSダイオードのゲートに加わるようになっている.したがって,MOS・C-V 測定

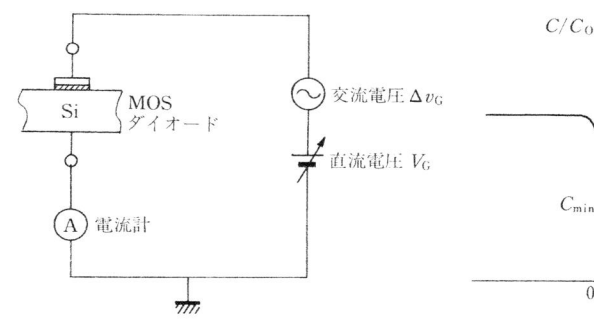

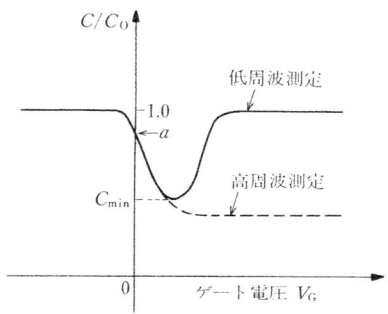

図9・2 MOS・C-V 測定の測定配置   図9・3 理想 MOS 構造の C-V 曲線(p 形 Si)

ではゲート電圧の変化 dV_G に対する電荷の変化 dQ が測定されていることになる．

以上の予備知識の下にもう一度図9・1(b)に示した C-V 曲線を眺めると，(交流の)測定周波数が低周波数のときと高周波数のときで，C-V 曲線の形が変っていることがわかるが，このことはきわめて重要なことである．もう一つ重要なことは $V_G=0$ のときに C/C_0 の値が1にならないで，1より少し小さい値になることである．この二つの現象に注目して以下に MOS・C-V 特性について説明する．

理論的な考察から始めることにしよう．半導体の容量 C_S は反転層の容量も含めて計算する必要があるので，計算に使う電荷としては8章で述べた全電荷密度 Q_S [式(8・32)参照] を使う必要がある．このことを考慮するとまず，C_S は次の式

$$C_S = \frac{dQ_S}{d\phi} \tag{9・7}$$

で与えられる．式(8・32)で表される Q_S を使って C_S を計算すると，次の式

$$C_S = \frac{K\epsilon_0}{\sqrt{2}L_D} \cdot \frac{(1-e^{-(q/kT)\phi_S}) + (n_{p0}/p_{p0})(e^{(q/kT)\phi_S}-1)}{F[(q/kT)\phi_S, n_{p0}/p_{p0}]} \tag{9・8}$$

が得られる．この C_S を式(9・3)に代入して C/C_0 を求め，C-V 曲線を描くと図9・3に示すようになる（実線と破線はそれぞれ低周波数および高周波数のときを示す）．

ここで先ほど問題提起した $V_G=0$ のとき C/C_0 の値が1より小さくなる現象から検討しよう．$V_G=0$ のときには $\phi_S=0$ となるので，$\phi_S=0$ を式(9・8)に代入して計算すれば良いわけであるが，直接代入すると分子も分母も0になるので計算できない．そこで，式(9・8)の係数 $(K\epsilon_0/\sqrt{2}L_D)$ を除く分子と分母をテイラー展開し，分子は ϕ_S の1次まで，分母は2次まで残すと，次の式が得られる．

$$\text{分子} = \frac{q}{kT}\phi_S\left(1+\frac{n_{p0}}{p_{p0}}\right) \tag{9・9}$$

(a) デバイのしゃへい距離 L_D

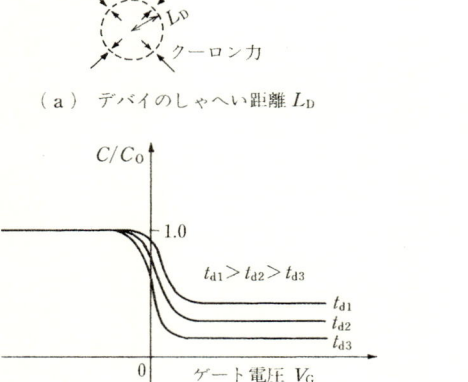

(b) 酸化膜厚依存性

図 9・4 デバイのしゃへい距離と C-V 曲線の酸化膜厚依存性(p 形 Si)

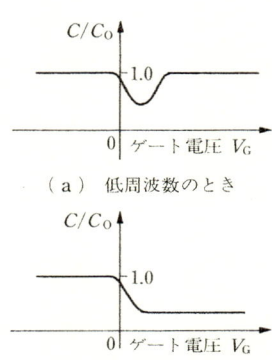

(a) 低周波数のとき

(b) 高周波数のとき

図 9・5 C-V 曲線の測定周波数依存性(1)―p 形 Si のとき

$$\text{分母} = \frac{q}{\sqrt{2}kT}\phi_S\left(1+\frac{n_{p0}}{p_{p0}}\right)^{1/2} \tag{9・10}$$

式(9・9)と式(9・10)を式(9・8)に代入して，$\phi_S=0$ のときの C_S を求めると，C_S は

$$C_S = \frac{K\epsilon_0}{L_D}\left(1+\frac{n_{p0}}{p_{p0}}\right)^{1/2} \fallingdotseq \frac{K\epsilon_0}{L_D} \tag{9・11}$$

と求まる．したがって，C-V 曲線の縦軸 ($x=0$) の容量 C/C_0 は，式(9・11)と式(9・4)を使って式(9・3)を計算すると，次のように導かれる．

$$\frac{C}{C_0} = \frac{1}{1+K_0L_D/(Kt_d)} \tag{9・12}$$

式(9・12)は C/C_0 の値が 1 より小さくなることを示している．さて，このような結果になる理由であるが，これは次のように説明できる．ゲート電圧が 0 のときには空乏層は生じないはずなのに $C/C_0=1$ にならないで，$C/C_0<1$ となるのは図 9・4(a)に示すデバイ(Debye)のしゃへい距離 L_D の効果(キャリア密度による電界の排斥現象)が無視できないことを示している．また，式(9・12)から明らかなように，C/C_0 の値は L_D/t_d の値に依存するので，図 9・4(b)に示すように，酸化膜の厚さが薄くなると，この値は 1 から著しくはずれることにも注意する必要がある．

次に，C-V 曲線の測定周波数依存性の課題に移ろう．改めてはっきりした形で描くと，測定周波数依存性は図 9・5 に示すようになる．図 9・5(a)と(b)を比較すると直ち

にわかるように,測定周波数依存性が C-V 曲線に現れるのはゲート電圧 V_G が正のときである.いまは p 形 Si を使った MOS ダイオードを想定しているので,測定周波数によって差が生じているのは反転領域であることがわかる.

反転層が形成されたときの半導体の電荷は,前に述べた[式(8・23)参照]ように,反転層の電荷密度 Q_I と空乏層の電荷密度 Q_B で構成される.したがって,このときの半導体の容量 C_S は,次のように書ける.

$$C_S = \frac{dQ_S}{d\phi} = \frac{d(Q_I + Q_B)}{d\phi} \tag{9・13a}$$

$$= dQ_I/d\phi + dQ_B/d\phi \tag{9・13b}$$

式(9・13b)において,右辺の第2項の空乏層容量 $dQ_B/d\phi$ は,空乏層幅が一定である限り(空間電荷密度 Q_B も一定なので)測定周波数が変っても変化することはない.したがって,変化する可能性のあるのは第1項の反転層容量である.

そこで,反転層容量について考えよう.いまの場合形成される反転層は n 形であるから,反転層の形成には電子が必要である.したがって,電子がどこかで生成されなければならないが,これは図9・6に示すように,空乏層内の生成-再結合中心(Generation—Recombination center:G-R センターと略す)を介しての電子-正孔対の形成によって行われる.空乏層内は比較的高電界になっているので,G-R センターとして有効に働く深い準位(deep level)がある程度高い密度で存在していれば,電子-正孔

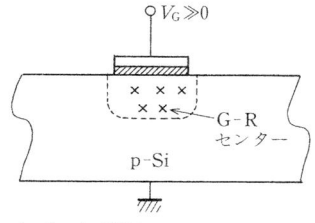

(a) 空乏層内の G-R センター

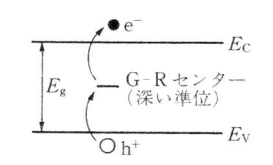

(b) G-R センターを介してのキャリアの生成

図9・6 空乏層内の生成-再結合(G-R)中心とキャリアの生成

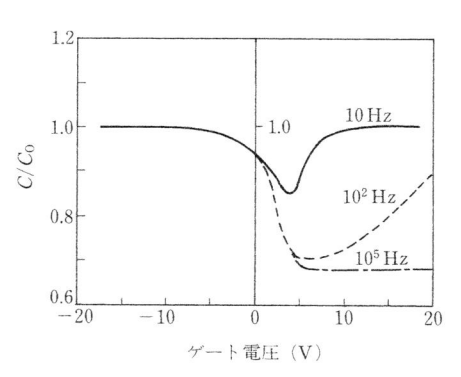

図9・7 C-V 曲線の測定周波数依存性(2) —実測例,p 形 Si

対の形成を通して電子の生成は可能であるが，この現象は瞬時には起り得ないものである．すなわち，電子-正孔対が形成されるには図9・6(b)に示すように，深い準位を介して価電子帯の電子が伝導帯に移る必要があるが，これにはある程度の時間を要するので，電子-正孔対の形成は高速の電圧変化，すなわち，C-V測定に使われる高周波数の交流電圧 Δv_G には追随できないのである（$dQ_I/d\phi=0$ となる）．

以上の説明からわかるように測定周波数が高くなると，反転層の電荷の変化が測定周波数に追随できなくなるので図9・5(b)に示すように，高周波数のときには $V_G \gg 0$ の条件で起るはずの反転層容量の効果 ($dQ_I/d\phi$) が C-V 曲線に現れない．このMOS・C-V 曲線の測定周波数依存性は図9・7にその例を示すように実測されている．すなわち，測定周波数が10 Hz と低いときには電子の生成が追随できるので，反転層形成の効果が C-V 曲線に現れているが，周波数が高くなる（100 Hz）に従って反転層形成の影響は徐々に小さくなり，周波数の値が 10^5 Hz になると反転層形成の影響はまったくなくなっていることがわかる．実際の測定ではさらに周波数の高い 1 M（10^6）Hz がよく使われる．

9・2　酸化膜および界面の電荷

MOS 構造では酸化膜の中や，酸化膜と半導体の界面に電荷が存在すると，この構造の電気的な特性は重大な影響を受ける．この課題は現実に起っている現象を用いて説明するのがわかりやすいので，ここでは MOS 構造として Si 結晶とその酸化膜（熱酸化膜）およびゲート金属で構成されたものを想定する．SiO_2-Si 構造における酸化膜中および界面の電荷は図9・8 に示すように4種類に大別される．すなわち，

① 可動電荷（mobile ion charge）：図9・8 では記号 Na^+ がこれに相当し，正体は

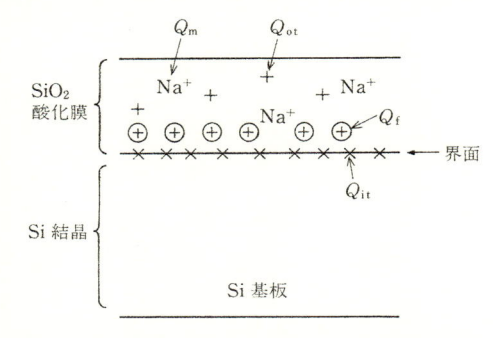

図9・8　SiO_2-Si 構造における酸化膜中および界面(Si 側)の電荷

NaやKなどのアルカリイオンで,主にはNaイオンである.この電荷は後で示すように,酸化膜の中を動き回ることができるので,MOS構造の特性にとってきわめて有害である.可動電荷の記号としてはQ_mが使われる.

② 酸化膜トラップ電荷(oxide trapped charge):図の中では記号＋で表されている電荷である.これは酸化膜に生じた膜構造の欠陥(成膜時に生じる欠陥や放射線損傷など)で,キャリアの捕獲準位(トラップ)として働く.通常は電気的に中性であるが,キャリアを捕獲した後は電荷をもつようになる.記号としてはQ_{ot}が使われる.

③ 固定酸化膜電荷(fixed oxide charge):図では⊕記号で示されている.この電荷は界面近傍(約200Å以内)の酸化膜の中に存在し,その正体は過剰なSiの陽イオンである.この電荷には記号Q_fが使われる.

④ 界面トラップ電荷(interface trapped charge):これは従来から界面準位(interface state)と呼ばれているもので,図9・8に×印で示すようにSiO_2とSiの界面に存在し,Si結晶中に局在準位(比較的浅い準位から深い準位まで分布している.図5・6参照)を作っている.電荷の記号としてはQ_{it}が,密度としてはD_{it}が使われている.

以上の各電荷について次にやや詳しく説明すると,次のようになる.まず,①の可動電荷Q_mは食塩(NaCl)の分解によって容易に生じるので,人間の身体が発生源になる.このために(この正体が最初はわからなかったこともあって)MOSトランジスタの開発は当初きわめて困難であったという歴史的な経緯がある.次に,この電荷は酸化膜の中を動くことができるので,酸化膜の中で電荷が移動するとどのような現象が起るかについて調べてみよう.

いま,電荷密度$\rho(x)$の可動電荷が図9・9(a)に示すようにMOS構造の金属Mの端

(a) 酸化膜中の可動電荷 Q_m

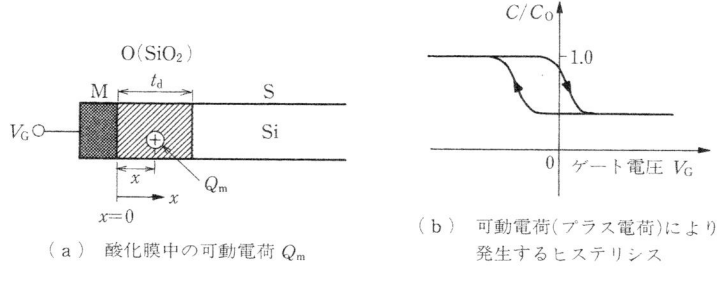

(b) 可動電荷(プラス電荷)により発生するヒステリシス

図9・9 可動電荷によるC-V曲線のヒステリシス

から x の距離の酸化膜の中に存在すると,この電荷によって生じる電位は $x\rho(x)/K_0\epsilon_0$ となる.この電荷を MOS 構造のゲート電極に加える電圧 (ΔV_{IC}) で補償できたとすると,次の式

$$\Delta V_{\mathrm{IC}} + \frac{\rho(x)}{K_0\epsilon_0} x = 0 \tag{9・14}$$

が成立する.この可動電荷は酸化膜(厚さ t_d)の中である程度分布しているとすると,これらの電荷の補償に必要な電圧 V_{IC} は,式(9・14)を積分して,次の式

$$V_{\mathrm{IC}} = -\int_0^{t_d} \frac{\rho(x)}{K_0\epsilon_0} x \mathrm{d}x = -\frac{1}{C_0} \int_0^{t_d} \frac{x}{t_d} \rho(x) \mathrm{d}x \tag{9・15}$$

で与えられる.ここで,$C_0 = K_0\epsilon_0/t_d$ の関係を使った.また,式(9・15)の積分の項は電荷になるので,これを Q_{IC} として次の式で表すことにしよう.

$$Q_{\mathrm{IC}} = \int_0^{t_d} \frac{x}{t_d} \rho(x) \mathrm{d}x \tag{9・16}$$

式(9・16)で表される Q_{IC} は MOS 構造の特性に影響する実効的な電荷の量である.この Q_{IC} の値は x の値によって変化することがわかる.すなわち,$x = 0$ のときには $Q_{\mathrm{IC}} = 0$ となり,$x = t_d$ のとき Q_{IC} の値は最大になることがわかる.つまり,電荷 $\rho(x)$ が金属 M との境界付近に存在するときには MOS 特性への影響はほとんどなく,これが Si 結晶との界面近傍に位置するようになると MOS 特性に大きな影響が現れることがわかる.可動電荷は酸化膜の中でその位置 x が変化するわけであるから,MOS 特性への影響が変動することになる.しかも,この電荷とゲート電圧の間にはクーロン相互作用が働くので,事情はさらに複雑なことになる.

p 形 Si を使った MOS ダイオードの酸化膜の中に可動電荷が存在していると,C-V 特性に(高周波数測定のとき)図9・9(b)に示すようにヒステリシスが現れる.図9・9(b)のヒステリシスは次のように説明される.ゲート電圧 V_G が負の場合には正電荷の可動電荷(Na^+)はゲート電極に引き付けられるので,その位置は電極側($x=0$)になる.このときには式(9・16)に従って $Q_{\mathrm{IC}} = 0$ となり MOS ダイオードの特性に影響を与えない.したがって,ゲート電圧 V_G が負から正の方向に増大するときには図9・9(b)に示すように C-V 曲線は正常な形を示す(左右のシフトがない).

しかし,ゲート電圧 V_G を正にして十分時間が経てば,酸化膜中の Na^+ はゲート電界によって界面側に押しやられるので Na^+ の Q_{IC} への影響は最大になる.この状態でゲート電圧を正から負の方向に変化させると,まず,$V_G = 0$ のときにも C/C_0 の値は図に示すように低いままである.なぜならば,Na イオンは式(9・15)からわかるようにゲ

ート電極にプラスの電圧を加えたときと同じような働きをするからである．さらにゲート電圧を負の方向に変化させ，ゲート電圧の値が式(9・15)で与えられる V_{IC} に等しくなったときに初めて容量 C/C_0 の値は 1 に向かって増大することになる．したがって，図 9・9(b)に矢印で示すようなヒステリシスが描かれることになる．しかし，最近では MOS デバイスの製造工程が清浄化されていて，Na イオンそのものがデバイスの製造工程に混入しないようになっているし，Na イオンは P（リン）処理によって不動化できることもわかってきているので，可動電荷による MOS デバイスの不良はあまり起らないようになっている．

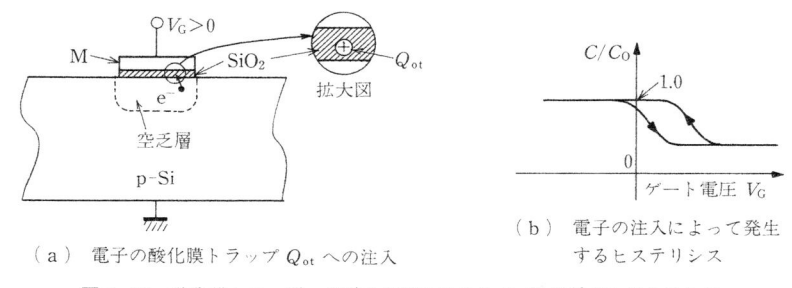

（a）電子の酸化膜トラップ Q_{ot} への注入　　（b）電子の注入によって発生するヒステリシス

図 9・10　酸化膜トラップへの電子の注入による C-V 曲線のヒステリシス

次に，②の酸化膜トラップ電荷 Q_{ot} は，図 9・10(a)に示すように，例えばデバイスに印加する高電界などによって電子が半導体から酸化膜に注入されたとき，これらの電子の捕獲準位（トラップ）として働き，その結果このトラップは電荷をもつようになり酸化膜の電荷として MOS 特性に影響を与えるようになる．酸化膜トラップへ例えば電子が捕獲されると，図 9・10(b)に示すように，C-V 曲線にやはりヒステリシスが現れる．しかし，この場合にはキャリア（電子）が注入されるのでヒステリシスを描く向きが逆になっている．

図 9・10(b)に示す C-V 曲線の振舞いを説明すると以下のようになる．この場合にも，ゲート電圧 V_G を負から正の方向に変化させる場合には C-V 曲線は正常である．なぜならば，ゲート電圧 V_G が負のときには電子との間でクーロン反発力が働き，酸化膜の中へ電子が注入されることはないし，ゲート電圧を 0 から正の方向に増大させても，増大させている間が短ければ電子はほとんど酸化膜の中へ注入されないからである．

しかし，ゲート電圧 V_G を正にしてその値を大きくすれば，図 9・10(a)に示すように，Si 結晶の表面に存在する電子は高電界によって酸化膜の中に注入されることにな

り，注入された電子はトラップに捕獲されるので，これは酸化膜中の負電荷として働くようになる．その結果，ゲート電圧を正から負へ減少させる方向で C-V 曲線を描くと，C-V 曲線はゲートに負の電圧を余分に加えられたようになる．つまり，C-V 曲線はプラス方向にシフトした形に変化するので，図 9・10 (b) に矢印で示すようなヒステリシスが生じる．

酸化膜トラップ電荷は VLSI (Very Large Scale Integration) デバイスのような微細なデバイスでは重要な問題になっている．微細デバイスではデバイスの内部が高電界化する傾向があるために，Si 結晶中で容易に電子-正孔対が発生して，キャリアは酸化膜の中に注入されやすくなっているからである．また，宇宙空間や原子炉近傍で使う環境デバイスにとっても重要な課題である．この場合には酸化膜が損傷を受けてトラップが生じやすいことと，キャリアの注入が起りやすいことの両方の原因が働くからである．

③の固定酸化膜電荷 Q_f は，Si 結晶を熱酸化して酸化膜を形成するときに発生する電荷である．Si の酸化は次の反応式

$$\mathrm{Si} + \mathrm{O_2} \rightarrow \mathrm{SiO_2} + (\mathrm{Si^+}) \tag{9・17}$$

に従って起るが，Si 結晶は酸化膜 ($\mathrm{SiO_2}$) に変化するとその体積が 1.5 倍に増大する．このために酸化反応によって $\mathrm{SiO_2}$ が形成されると Si 結晶には応力が発生することになる．このようにして発生した応力や未反応の Si 原子の存在のために Si 結晶の酸化時には，式 (9・17) にカッコ内に示すように過剰な格子間 Si が発生する．この格子間 Si の一部が陽イオンになって酸化膜の中にとり残され，固定酸化膜電荷 Q_f になると考えられている．

以上に述べた固定酸化膜電荷 Q_f の生成過程から推察されるように，Q_f の密度は酸化膜の形成（酸化）条件によって大きく変化する．このことは Q_f の密度が酸化する結晶の表面の方位にも依存することを示しており，(111) 面，(110) 面および (100) 面の 3 種類の Si 結晶ウェーハで比較すると (100) 面を酸化したときに Q_f の密度が最も低いことが知られている．また，Q_f の密度は酸化温度や酸化後に酸化膜をアニールするときのアニール温度や雰囲気にも依存する．この様子は図 9・11 に示す通りである．この図では Q_f の密度が，熱処理（酸化も含む）雰囲気をパラメータとして，熱処理温度の関数として表されているが，酸化の場合 (dry $\mathrm{O_2}$ 酸化) には酸化温度が高いほど Q_f の値は低くなっている．また，酸化直後に Q_f の値が高い場合でも，非酸化性雰囲気（ここでは $\mathrm{N_2}$ 雰囲気）でアニールすると，Q_f の密度はアニール温度に依存しないで

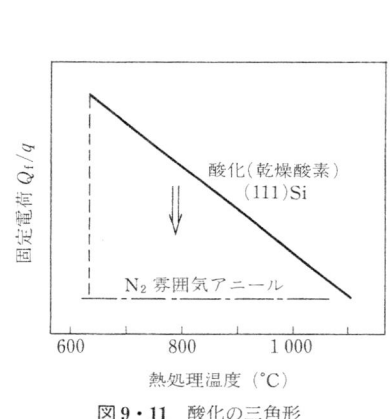

9・2 酸化膜および界面の電荷　143

(a) 酸化膜の固定電荷 Q_f とそれによる空乏層の発生

(b) 固定電荷 (プラス電荷) による $C\text{-}V$ 曲線のシフト

図 9・11　酸化の三角形

図 9・12　固定電荷の $C\text{-}V$ 曲線への影響

一定値まで低下することがわかる．なお，図 9・11 に示す実線と破線および一点鎖線で作られる三角形は "酸化の三角形" と呼ばれている．

固定酸化膜電荷 Q_f の $C\text{-}V$ 曲線への影響は図 9・12 に示す通りである．Q_f は図 9・12(a)に示すように，Si 結晶との界面近傍の酸化膜中に存在するので，式(9・16)からもわかるように $C\text{-}V$ 曲線への影響は少なくない．しかし，Q_f は可動電荷 Q_m と違って酸化膜の中で存在位置が固定しているので，$C\text{-}V$ 曲線への影響は比較的単純で図 9・12(b)に示すように，ゲート電圧のマイナス方向へ一定量シフトするだけである．このように $C\text{-}V$ 曲線がシフトするのは，可動電荷の項で説明したように，MOS 構造の場合界面近傍の酸化膜中にプラス電荷が存在することは，ゲート電極に正の電圧を加えたことと等価だからである．

最後に，④の界面トラップ電荷 Q_{it}（以降は前と同じように界面トラップと略称する）は 5 章で少し説明したので，ここでは $C\text{-}V$ 曲線への影響を中心に述べたい．界面トラップ Q_{it} は図 9・13(a)に示すように SiO_2 膜と Si 結晶の界面に存在し，Si 結晶側に局在準位を作っている．Q_{it} の発生は界面において Si 原子の結合手の切断などによって生じるので，この密度が結晶面に依存することについては既に述べたが，Q_{it} の密度は固定酸化膜電荷 Q_f と同じように酸化条件にも依存する．

次に，界面トラップ Q_{it} の $C\text{-}V$ 曲線への影響であるが，これは図 9・13(b)に実線で

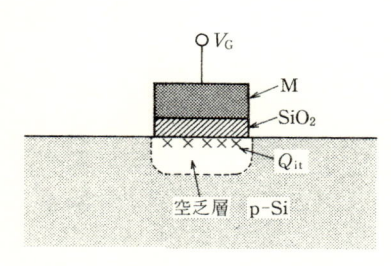

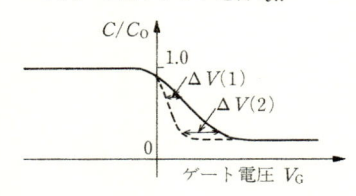

図 9・13 界面トラップ電荷の C-V 曲線への影響

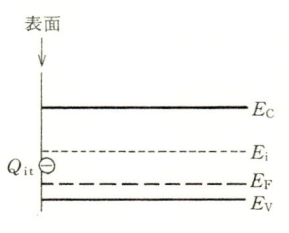

(a) 界面トラップ電荷 Q_{it}
(b) 界面トラップによる C-V 曲線のシフト

図 9・14 表面ポテンシャルの変化による界面トラップの電荷状態の違い

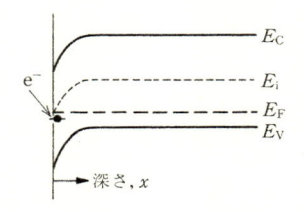

(a) 界面トラップは空の状態
(b) 界面トラップに電子が存在

示すような形で現れる.この図において破線で示した曲線は,(測定周波数が高周波数の場合の)正常な C-V 曲線であるが,実線で表される曲線の正常な C-V 曲線からのシフト量は,図 9・13(b) に示すように,横軸に対しては一定ではなく,ゲート電圧によって変化していることがわかる.このようにゲート電圧 V_G に対するシフト量が一定でないのが界面トラップ Q_{it} を含む MOS ダイオードの C-V 曲線の特徴である.

ゲート電圧 V_G の値によって C-V 曲線のシフト量が変化するということは,ゲート電圧の大きさによって界面トラップ Q_{it} の電荷状態が異なっていることを示している.代表的な条件を使って説明すると図 9・14 に示すようになる.すなわち,図 9・14(a) に示すように(アクセプタ型の)界面トラップは空のときには,この界面トラップはこの状態では C-V 曲線に影響を与えない.しかし,(いまの場合 p 形半導体の MOS ダイオードであるから)ゲート電極に大きい正の電圧が加わると,図(b) に示すように,フェルミ準位は相対的に上にあがるので,Q_{it} は電子で満たされるようになる.するとこの電荷は図 9・13(b) に示すように C-V 曲線を右方へシフトさせるように働く.以上の理由で図 9・13(b) に示す C-V 曲線はゲート電圧 V_G が小さいときにはシフト量が小さく [$\Delta V(1)$], V_G の値が大きいときにはシフト量が大きく [$\Delta V(2)$] なる.

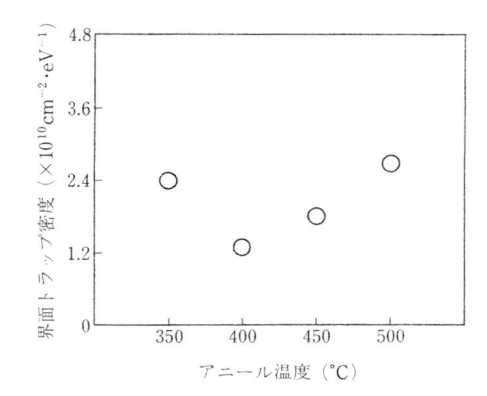

図 9・15 界面トラップへの低温アニール効果

最後に，界面トラップ Q_{it} の低温アニールの効果について簡単に触れておこう．Q_{it} の密度は最近の良好な MOS ダイオードの場合には $1 \times 10^{10} \mathrm{cm}^{-2} \cdot \mathrm{eV}^{-1}$ またはこれ以下にもなっているが，このように低い Q_{it} 密度を得るには熱酸化膜の形成の後に，窒素（N_2）ガスまたは窒素プラス水素（H_2）ガス雰囲気を使って 400～500°C の低温で数分から数十分程度のアニールを行う必要がある．このアニール効果を図 9・15 に示したが，Q_{it} の密度が最低になるアニール温度は雰囲気（N_2 と H_2 の比）によって変化することが知られている．

9・3 MOS・C-t 特性とキャリアの動き

MOS ダイオードの C-V 曲線を詳細に見ると図 9・16（この図では縦軸が C/C_0 ではなく C であることに注意）に示すように，測定周波数を高周波数に限っても常に一

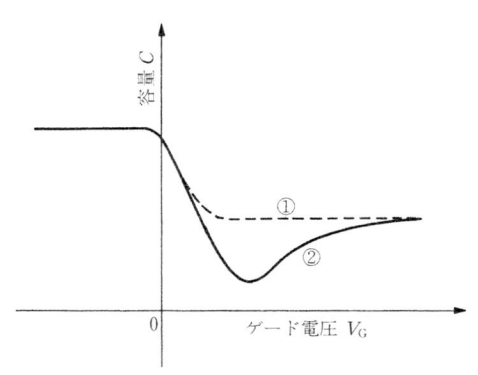

図 9・16 C-V 曲線の測定時間(または深い準位の密度)依存性(p 形 Si のとき)

定の特性が得られるわけではない。図9・16には比較的単純な形の C-V 曲線①と少し変形した曲線②を示したが、普通に MOS ダイオードの C-V 測定をすると、曲線②の形が得られる場合が多い。曲線①が得られる測定条件としては、ⓐゲート電圧 V_G を非常にゆっくり増加させる場合、またはⓑ V_G の変化がそれほど遅くない場合には、Si 結晶中に深い準位が高密度に存在するときである。また、曲線②が現れるのは Si 結晶中の深い準位の密度が低い MOS ダイオードを使ってゲート電圧 V_G を比較的速く増加させた場合である。

図9・16に示すように①または②の2種類の C-V 曲線が現れるのは、C-V 曲線の測定周波数依存性についての説明のときに述べたように、反転層の形成にある程度の時間が必要だからである。すなわち、ゲート電圧の増加速度が大きすぎて反転層の形成に必要な(電子-正孔対の生成による)キャリアの発生がこれに追随できなければ、反転層の形成がその分だけ遅れ、空乏層は最大空乏層幅 $l_{D\,max}$ を超えて増大することになる。その結果、図9・16に②で示すように、MOS 容量は一時的に減少することになる。

MOS ダイオードに形成される空乏層の広がりが、Si 基板結晶に存在する深い準位 (キャリアの発生源)の密度によって変化する様子は図9・17に示す通りである。図(a)

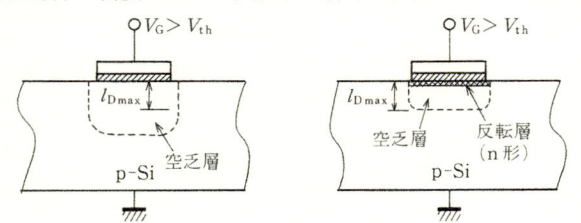

(a) キャリア（ホール）の発生源が少ないとき　　(b) キャリア（ホール）の発生源が多いとき

図9・17 空乏層の広がりのキャリア発生源密度依存性

では空乏層の中で深い準位の密度が低いために、反転層を形成するうえで必要な電子が容易に集まらず空乏層幅が限度 ($l_{D\,max}$) 以上に拡大している。しかし、図(b)では深い準位の密度が高いために、電子はゲート下に比較的速やかに集まり容易に反転層が形成されている。そして空乏層幅は $l_{D\,max}$ 以上には広がっていない。もちろんこの図はゲート電圧 V_G を印加して一定の時間が経った後の様子を示している（一定時間は非常に長くはない）。

以上の C-V 特性から MOS 容量の電圧による変化は測定時間に敏感に依存するこ

9・3 MOS・C-t 特性とキャリアの動き　　　147

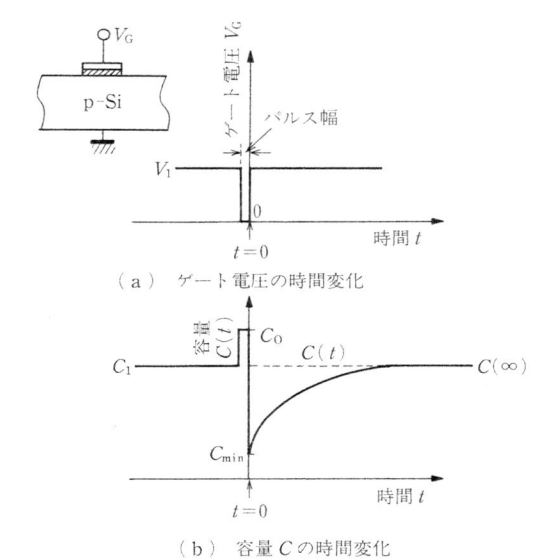

図 9・18 MOS ダイオードの C-t 曲線

(a) ゲート電圧の時間変化

(b) 容量 C の時間変化

とがわかったので，次に MOS 容量の時間変化，すなわち，MOS・C-t 特性について調べよう．MOS・C-t 特性は図 9・18 に示す方法で測定される．いま，MOS ダイオードがいままで通り p 形半導体を使って作られているものとして，図 9・18(a) に示すように，最初ゲート電極に反転する以上の十分大きい電圧 V_1 ($V_1>0$) を加えておき，ある時点でこの電圧を瞬間的に 0 にした（負のパルス電圧を加えた）とする．図 9・18(a) に示すようにパルス電圧が切れるとゲート電圧は再び V_1 になるが，このパルス電圧が切れた時点を $t=0$ として，パルス電圧印加前後の MOS ダイオードの容量の変化 $C(t)$ を描くと図 9・18(b) に示すようになる．まず，正のゲート電圧が加わっているとき ($t \ll 0$) は空乏層が広がり MOS ダイオードの容量 $C(t)$ は，酸化膜容量 C_0 と半導体の空乏層容量 C_{S1} で構成される次の値 C_1 になっている．

$$C_1 = \frac{C_0 C_{S1}}{C_0 + C_{S1}} = \frac{C_0}{1 + C_0/C_{S1}} \tag{9・18}$$

ここでは，高周波数を用いて測定することを想定しているので，反転層の容量はこの式 (9・18) の C_1 には寄与しない．

次に，パルス電圧が加わってゲート電圧 V_1 が 0 になると空乏層容量の寄与はなくなる（$1/C_{S1} \to 0$）ので，MOS 容量 $C(t)$ は酸化膜容量 C_0 のみになり，図 9・18(b) に示すようにその値が増大する．ゲート電圧に加えたパルス電圧が切れると，ゲート電

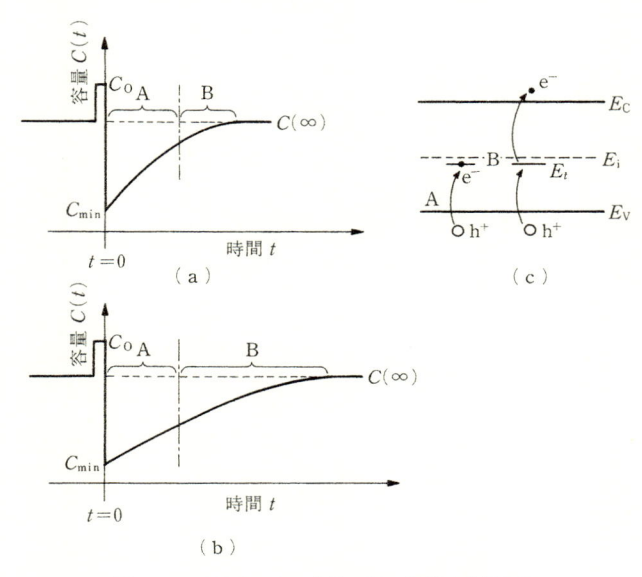

図 9・19 MOS・C-t 特性の深い準位密度依存性

極には再びゲート電圧 V_1 が急に加わることになる．前に述べたように，反転層形成に必要な電子は急には生成できないので，図 9・18(b)に示すように，空乏層は最大空乏層幅 $l_{D\,max}$ を超えて広がり MOS 容量は減少することになる [$C(0) \to C_{min}$]．なぜならば，空乏層が広がると式 (9・18) の C_{S1} が小さくなるので C_1 の値 [$C_1 = C(0)$] が小さくなるからである．しかし，時間が経つ ($t>0$) と，空乏層内で生成した電子-正孔対の電子が反転層を形成するので空乏層幅が縮小し，空乏層容量 C_{S1} が増大するので，MOS 容量 $C(t)$ は図 9・18(b)に示すように徐々に増大し，最終的には $C_1 [= C(\infty)]$ に落ち着く．以上が MOS・C-t 法の内容で図 9・18(b)に描く曲線が C-t 曲線である．

MOS・C-t 特性において，パルス電圧が切れてから MOS 容量が一定値 $C(\infty)$ に落着くまでの時間は，（ゲート下の）空乏層内の深い準位の密度に依存する．深い準位の密度が高いときには図 9・19(a)に示すように，MOS 容量 $C(t)$ は短い時間 t で $C(\infty)$ に落着く．しかし，深い準位の密度が低い場合には容量 $C(t)$ が一定値 $C(\infty)$ に落着くまでに長い時間がかかる．

ここで，MOS 容量が最低値 C_{min} から増大して平衡値 $C(\infty)$ に達するまでには，大別してキャリア（電子または正孔）に 2 種類の動きがあることに注意しよう．（p 形半導体の場合には）一つは図 9・19(c)に記号 A で示すように，深い準位 E_t からの正孔の

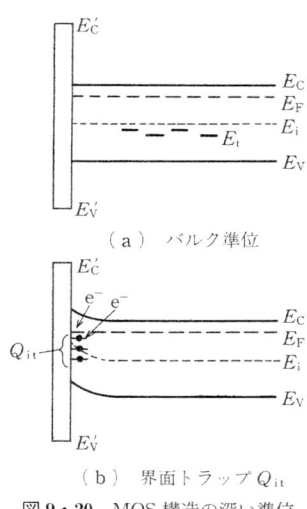

9・3 MOS・C-t 特性とキャリアの動き 149

（a） バルク準位

（b） 界面トラップ Q_it

図 9・20　MOS 構造の深い準位
(n 形 Si)

（a） バルクの深い準位
（E_{t1}, E_{t2}, E_{t3}）

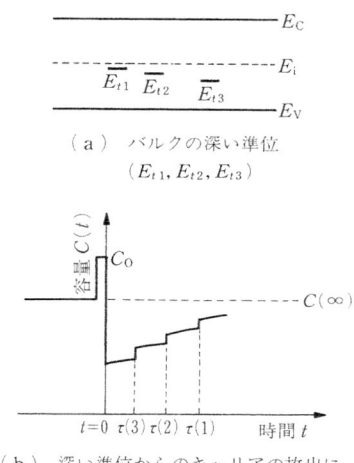

（b） 深い準位からのキャリアの放出による容量の微小変化

図 9・21　MOS・C-t 法による深い準位の測定

放出（トラップ E_t の電子捕獲）であり，これは図 9・19 (a), (b) では記号 A で示す時間の範囲の起る．他方は図 9・19 (c) に記号 B で示す過程で，価電子帯の電子が深い準位 E_t を飛び石にして伝導帯に励起されて，価電子帯に正孔，伝導帯には電子が発生するキャリアの生成である．この過程は図 9・19 (a), (b) に示すように過程 A が終ってから起り，このキャリアの生成によって反転層が形成される．このようにして発生するキャリアの生成時間が，前にも述べたキャリアの生成寿命（generation lifetime）τ_g と呼ばれるものである．したがって，MOS・C-t 法によってキャリアの生成寿命 τ_g を測定することができる．

キャリアの生成中心として深い準位は重要な働きをするが，MOS ダイオードの場合には深い準位としては図 9・20 (a) に示す半導体結晶内に存在するバルクの深い準位の外に，図 (b) に示す界面トラップ Q_it がある．界面トラップ Q_it は比較的浅い準位から深い準位まで連続して分布しているので，キャリアの生成中心として有効に働くのはミッドギャップ（禁制帯の中央）近傍に位置している深い準位である．キャリアの生成寿命 τ_g にも界面トラップ密度は影響するので，この点にも十分注意する必要がある．

最後に，MOS・C-t 法の原理を使うことにより深い準位（トラップ）の測定が可能

であることを簡単に述べておこう. 深い準位 E_t は p 形半導体のエネルギーバンド図の中に描くと, 図 9・21 (a) に示すようになるが, 深い準位 (トラップ) のエネルギーは価電子端からのエネルギー差で表す. このエネルギー値が大きいほど, トラップに捕獲されているキャリアが放出されるには長い時間がかかる. したがって, いまトラップ E_{t1}, E_{t2}, E_{t3} のエネルギー値が $E_{t1} > E_{t2} > E_{t3}$ の順であれば, トラップに捕獲されているキャリアが放出されるときに MOS・C-t 曲線は図 9・21 (b) に示すようにわずかに変形する.

すなわち, トラップ E_{t3} からのキャリアの放出が, まず, 容量 $C(t)$ にわずかな変化を与え, 次に E_{t2}, 最後に E_{t1} が $C(t)$ 曲線に変化を及ぼす. この場合, トラップ E_{t1}, E_{t2}, E_{t3} の信号が MOS・C-t 曲線に現れる時間をそれぞれ $\tau(1)$, $\tau(2)$, $\tau(3)$ とすると, これらの放出時間 $\tau(1)$, $\tau(2)$ および $\tau(3)$ の値からトラップ (深い準位) のエネルギー位置 E_{t1}, E_{t2} および E_{t3} を決定することができる. また, 放出時間 $\tau(1)$, $\tau(2)$ および $\tau(3)$ における MOS 容量の変化量の絶対値からそれぞれの深い準位の密度を計算することができる. すなわち, MOS・C-t 法によって深い準位のエネルギー値と密度の両方を測定することができる. これらのトラップにはバルク準位の他に界面トラップも含まれることはもちろんのことである. このような空乏層容量の過渡特性を測って半導体のトラップなどを調べる方法は過渡容量分光法と呼ばれている.

10 MOSトランジスタとMOSインバータ

　MOSトランジスタはMOS電界効果を使った3端子デバイスであり，バイポーラトランジスタとともに半導体デバイスの代表である．MOSトランジスタの正式の名称はMOS電界効果トランジスタ（Metal-Oxide-Semiconductor Field Effect Transistor：MOSFET）である．MOSFETは超エル・エス・アイ（VLSI；Very Large Scale Integration）技術において中心的なデバイスとして使われているだけでなく，その動作原理は薄膜トランジスタ（Thin Film Transistor：TFT）として液晶デバイスの駆動にも使われていて，世の中で最も多く使用されている半導体デバイスである．この章ではMOSFETの構造および動作原理についてまず説明し，次に電流-電圧特性について述べ，これらの説明を通してMOSFETのデバイス特性を明らかにする．最後に，MOSFETを使った基本回路であるMOSインバータについてその基本構成およびインバータの種類について述べた後，インバータの基本特性について説明する．この章でのMOSFETの動作特性の説明にはロングチャネルモデルを使うこととし，このモデルが適用できない微細なMOSFETの特性については12章で述べることにしたい．

10・1　MOSトランジスタの概要

　MOSトランジスタとはMOS電界効果トランジスタ（MOS Field Effect Transistor：MOSFET）のことであるが，本書では略してMOSTという記号を使うことにしたい．同じ半導体トランジスタでもバイポーラトランジスタは電流制御デバイスであるが，MOSTは電圧制御デバイスである．また，前者が前にも述べたように少数キャリアデバイスであるのに対し，MOSTは多数キャリアデバイスである．さらに，MOSTはバイポーラ（bipolar）トランジスタに対してユニポーラ（unipolar）デバイ

10 MOSトランジスタとMOSインバータ

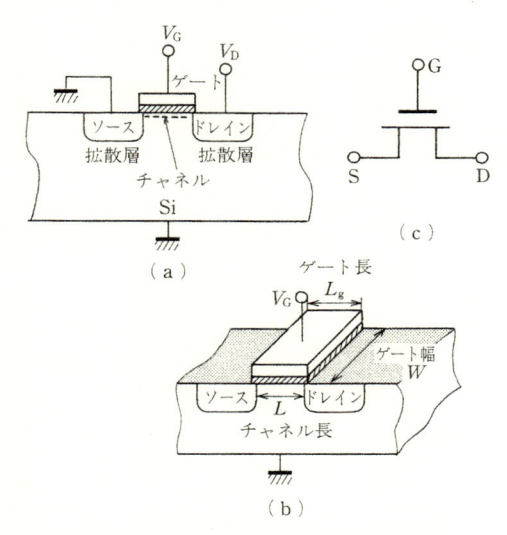

図10・1 MOSトランジスタの構造と記号

スである.これは,MOSTにおいては後で述べるようにnチャネルMOSTでは電子の働き,pチャネルMOSTでは正孔の作用という風に1種類のキャリアの動きでトランジスタが動作するからである.また,MOSTが実際に開発され実用化されているのはSiの場合だけなので,本書ではSiを使ったMOSTについて説明することにしたい.

MOSTの構造は図10・1(a)に示す通りで,MOSダイオードの両側に拡散層を配した構造をしている.MOSTの各部分の名称を図10・1(a)を参考にして説明すると,中央に位置する酸化膜と金属で構成されている部分はゲート,左側の拡散層はソース,右側の拡散層はドレインそしてゲート下の半導体の部分はチャネルであり,各部分は次のような役割と名称の由来をもっている.

- ソース (source):キャリアの源であり,このためにこのように呼ばれる.
- ドレイン(drain):キャリアの吸い込み口,キャリアを水にたとえれば,水が排水される場所なのでこのような呼称が付いている.
- チャネル (channel):キャリアの(ソースからドレインへの)通路なので,このように呼ばれている.
- ゲート (gate):ソースからドレインへ移動するキャリアをチャネルで制御する(門扇な)ので,このように呼ばれている.

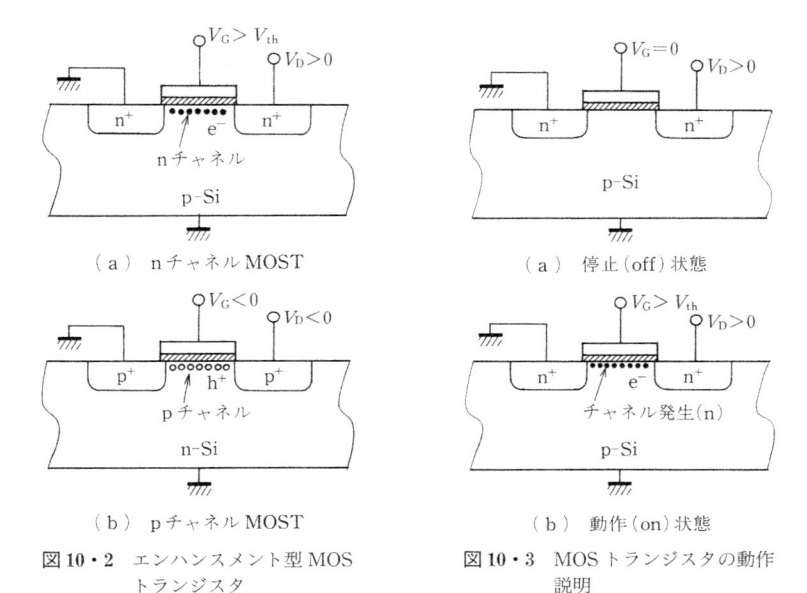

10・1 MOSトランジスタの概要

(a) nチャネル MOST

(b) pチャネル MOST

図10・2 エンハンスメント型MOSトランジスタ

(a) 停止(off)状態

(b) 動作(on)状態

図10・3 MOSトランジスタの動作説明

MOSTの構造を立体的に描くと図10・1(b)に示すようになる．ゲートの長さはゲート長(gate length)と呼ばれ L_g で，またゲート部の奥行きである幅はゲート幅(gate width)と呼ばれ W で，それぞれ表される．また，ゲート下に形成されるチャネルの長さはチャネル長(channel length) L と呼ばれ，この値はゲート長 L_g よりもわずかに短く($L \lesssim L_g$)なっている．MOSTはもっとも簡単には図10・1(c)に示す記号で表され，G，SおよびDはそれぞれゲート，ソースおよびドレインの頭文字である(詳しい記号は図10・6に示すので参照して欲しい)．

次に，MOSトランジスタのチャネルのタイプと動作について簡単に説明しておこう．図10・2には(エンハンスメント型)MOSTのうちnチャネルMOSTの断面図を図(a)に，pチャネルMOSTの場合を図(b)に示した．エンハンスメント型の意味については後ほど説明する．さて，図10・2(a)に示すnチャネルMOST(以後nMOSTと略称)であるが，nMOSTではゲート下のチャネルは電子で形成されていて，その伝導型がn形なので，nチャネルMOSTと呼ばれている．したがって，基板はp形Si(p-Si)でありゲートの左右に作られる拡散層はn形である(普通キャリア密度が高いので n^+ と表示されている)．図10・2(b)に示すpMOSTはチャネルがホールで形成されてp形になっている．この場合には基板はn-Siであり，拡散層はp形(高濃度なので

p$^+$ と表示）である．いずれの MOST の場合にもドレインには逆バイアスを加えるようになっている．したがって，図 10・2(a) の nMOST ではドレイン電圧 V_D は正，図(b)の pMOST では V_D は負電圧である．

MOST の動作について nMOST を使って簡単に概略を述べると次のようになる．図 10・3(a) に nMOST の停止 (off) 状態を，図(b)には動作 (on) 状態を示したが，MOST はソースを接地してゲート電圧 V_G とドレイン電圧 V_D を操作することによってデバイスの停止状態と動作状態が決る．図 10・3(a) に示す状態ではゲート電圧 V_G が 0 であるためにゲート下にはチャネルは形成されない．つまり，この場合にはソースに在る電子がドレイン側へ移動する通路（チャネル）がないので，図 10・3(a) に示すように，ソースが接地（アース）状態でドレイン電圧を正（逆バイアス）にしても，電子がソースからドレインへ移動して，電流がドレインからソースへ流れることはできない．したがって，この状態は停止 (off) 状態である．

次に，ゲート電圧 V_G を正にし，かつ，その値を反転しきい値電圧 V_{th} (8・8 節参照) 以上にすると，図 10・3(b) に示すように，ゲート下に電子が集まって (n) チャネルが形成されるので，図のようにソースを接地しドレイン電圧 V_D を逆バイアスにしてやれば，ソースにある電子はドレイン側へ移動し，ドレインからソースへドレイン電流 I_D が流れる．このドレイン電流 I_D はバイポーラトランジスタのコレクタ電流に対応するが，この電流は後で詳しく述べるようにゲート電圧 V_G の値に依存して変化する．つまり，MOST には増幅作用がある．上に述べたようにスイッチング作用 (on-off 特性) もあるので MOST は，バイポーラトランジスタと同じようにトランジスタ作用をすることがわかる．

ここで，MOST の電流-電圧特性（ドレイン電流 I_D とドレイン電圧 V_D の関係）の概

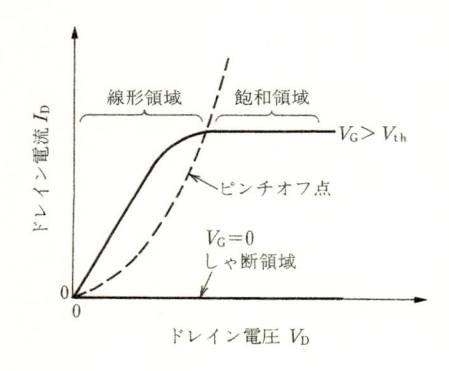

図 10・4　電流-電圧特性（エンハンスメント型 n チャネル MOST のとき）

略を述べておこう．I_D-V_D特性の概略を（エンハンスメント型の）nMOST を例にとって図に描くと図 10・4 に示すようになる．MOST の電流-電圧特性には図 10・4 に示すように三つの領域がある．大別すると電流が流れる動作（on）状態か，電流が流れない停止（off）状態であるが，図 10・4 に示すように動作状態にはさらに二つの領域がある．

いま，ドレイン電圧を逆バイアス状態にしてゲート電圧 V_G をしきい値電圧 V_{th} 以上（$V_G > V_{th}$）にすると，ドレイン電流 I_D が流れるが，この MOST の場合図 10・4 に示すようにドレイン電圧 V_D を正の状態で 0 からその値を増大させていくとドレイン電流 I_D が増大する．このときドレイン電圧 V_D の値が比較的小さい状況で，ドレイン電流 I_D とドレイン電圧 V_D が図 10・4 に示すように比例関係を示す領域は線形領域（linear region）と呼ばれる．

この領域を超えるとドレイン電圧 V_D を増加させてもドレイン電流 I_D が増大しない領域に入るが，この領域は飽和領域（saturation region）と呼ばれる．線形領域と飽和領域の境界はドレイン電圧がピンチオフ（pinch-off）電圧になってチャネルが跡切れた［図 10・12 参照］ときに決るので，飽和領域はピンチオフ領域とも呼ばれている．MOST の停止状態はゲート電圧 V_G がしきい値電圧 V_{th} 以下のときに実現するもので，この領域はしゃ断領域（cutt-off region）と呼ばれる．

10・2 エンハンスメント型とデプレッション型

MOST にはエンハンスメント（enhancement）型とデプレッション（depletion）型がある．二つの型の MOST の断面図と，ドレイン電流 I_D とゲート電圧 V_G の関係をそれぞれ図 10・5 (a) と (b) に示したので，これらを用いて両者の違いを説明しよう．まず，図 10・5 (a) に示すエンハンスメント型 MOST のドレイン電流 I_D とゲート電圧 V_G の関係においては，ドレイン電流 I_D が存在する（$|I_D| > 0$）ということは MOST が動作していることを示していることに注意して欲しい．したがって，図 10・5 (a) のエンハンスメント型 MOST ではゲート電圧 V_G が 0 より大きくなった（つまり enhance した）ときに電流が流れている．したがって，このタイプの MOST はエンハンスメント型と呼ばれている．また，このタイプの MOST はゲート電圧を加えないときには動作しないことからノーマリーオフ（normally-off）型とも呼ばれている．以上の説明からわかるように，図 10・2，10・3 および 10・4 に示した MOST はすべてエンハンスメント型である．

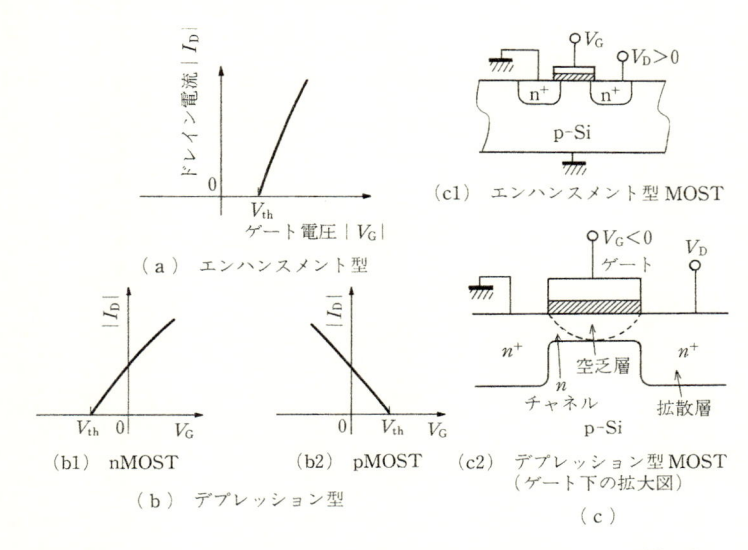

図10・5 エンハンスメント型とデプレッション型 MOST のドレイン電流-ゲート電圧 (I_D-V_G) 特性

　デプレッション型 MOST はエンハンスメント型とは逆で，図10・5(b 1)と(b 2)に示すように，このタイプの MOST ではゲート電圧 V_G の値が 0 のときにドレイン電流 I_D が流れ，MOST は動作している．このためにデプレッション型の MOST はノーマリーオン (normally-on) 型とも呼ばれている．なお，図10・5(b 1)は nMOST の場合を，図(b 2)は pMOST の場合の I_D-V_G 特性を示している．なぜ図10・5(b)に示すような I_D-V_G 特性を示すかというと，デプレッション型 MOST では(いまの場合 nMOST で説明するが) 図10・5(c 2)に示すように MOST の製作時にあらかじめゲート下に矢印で示す n チャネルが作られているからである．したがって，図10・5(b 1)に示すように $V_G=0$ のときに MOST が動作するのは当然である．

　デプレッション型の MOST を停止状態にするには図10・5(c 2)に示すように，（この図に示す nMOST の場合には）ゲート電圧を負にし，その絶対値をしきい値電圧以上 ($V_G \geq |V_{th}|$) にしてやれば，チャネルに空乏層が形成されキャリアはチャネルを移動しにくくなる，つまり，ドレインからソースへドレイン電流が流れなくなるのである．このようにこのタイプの MOST は空乏層によってキャリアの流れが制御されるのでデプレッション型と呼ばれている．このデプレッション型 MOST のしきい値電圧 V_{th} は 8・8 節で述べたしきい値電圧とは異なって，次の式

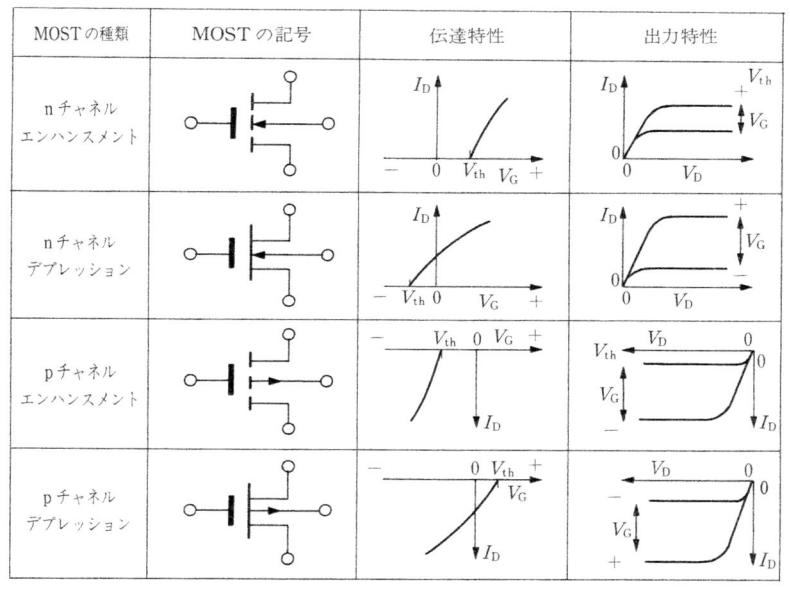

MOSTの種類	MOSTの記号	伝達特性	出力特性
nチャネル エンハンスメント		I_D vs V_G (V_{th})	I_D vs V_D (V_G)
nチャネル デプレッション		I_D vs V_G ($-V_{th}$)	I_D vs V_D (V_G)
pチャネル エンハンスメント		V_{th}, V_G vs I_D	V_D vs I_D (V_G)
pチャネル デプレッション		V_{th}, V_G vs I_D	V_D vs I_D (V_G)

図10・6 MOSTの種類とその記号および特性
R. C. Gallagher and W. S. Corak, *Solid State Electron.*, **9**(1966)571.

$$V_{thD} = 2\phi_f + |V_{FB}| + \frac{\sqrt{2K\epsilon_0 qN_A(2\phi_f)}}{C_0} - \frac{qt_cN_D}{C_0} \tag{10・1}$$

で与えられる（nMOSTのとき）．ここで，t_c はチャネルの深さ，N_D は cm^{-3} 当りのドナー濃度である．

以上の説明でわかるように，MOSTにはnMOSTとpMOST，さらにそれぞれについてエンハンスメント型とデプレッション型があるので，図10・6にまとめて示すように都合4種類のMOSTがある．この図にはMOSTの記号も簡略化しないで記入するとともに，後で説明する各MOSTの伝達特性（I_D-V_G 特性）や出力特性（I_D-V_D 特性）を電流，電圧の正負もわかるように区別して示しておいた．

10・3 MOSTへの界面トラップの影響

界面トラップ Q_{lt} がMOS電界効果にきわめて有害であることは何度も述べてきたが，ここでは再度MOSTへの影響について少し述べておきたい．SiO_2 と Si 結晶の界面に界面トラップ Q_{lt} が低密度にしか存在しない場合と，高密度に存在する場合のMOSTの様子を図10・7に示した．図10・7(a)は Q_{lt} の密度がきわめて低い場合なの

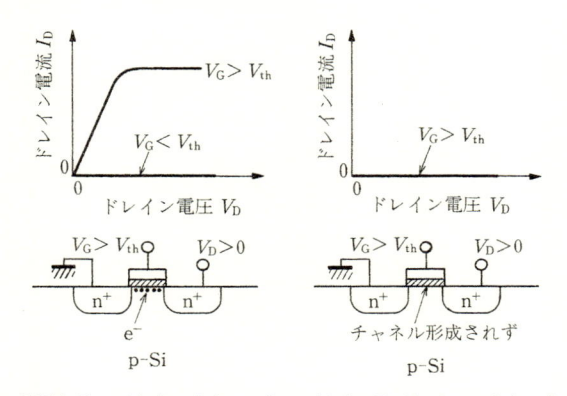

(a) 界面トラップ密度が小さいとき　　(b) 界面トラップ密度が高いとき

図 10・7　界面トラップの MOST への影響

で，図(a)の上部に示すように，I_D-V_D 特性も正常である．ところが，図10・7(b)に示すように界面トラップ Q_{it} が高密度に存在し，8章の図8・9に示したようにフェルミ準位が固定されるような場合には，ゲート電圧 V_G を操作してもゲート下のチャネル部に電子を集めることができないので，ゲート電圧 V_G をしきい値電圧以上に増加させてもドレイン電流 I_D は流れない．つまり，MOST は動作しないことがわかる．

これは極端な場合であるが，Si 結晶以外の材料で MOST（または MIST）を作った場合にはごく普通に起る現象である．界面トラップ Q_{it} の密度がフェルミ準位を固定するほど高くない場合には，ドレイン電流は流れることもあるが，I_D-V_D 特性の安定性は悪くなる．これに似た状況が微細な Si-MOS デバイスでは起りやすくなっている．なぜならば，微細な MOST ではデバイスの内部が高電界化するために，ホットキャリアの発生などが起り，SiO_2/Si 界面が劣化し，界面トラップ Q_{it} の密度が増大しやすくなっているからである．

10・4　ロングチャネルモデルによる電流-電圧特性の解析

MOST の電流-電圧（I_D-V_D）特性は前にも示したように，nMOST を想定すると図10・8のようになる．すなわち，ゲート電圧 V_G が 0 のときには MOST は停止（off）状態で，ドレイン電圧を（逆バイアス状態で）増加させてもドレイン電流は流れない．しかし，ゲート電圧 V_G をしきい値電圧 V_{th} 以上にすれば，ゲート電圧の大きさに依存して（$V_{G1} > V_{G2} > V_{G3}$）図10・8に示すように，ドレイン電流 I_D はドレイン電圧 V_D を

10・4 ロングチャネルモデルによる電流-電圧特性の解析   159

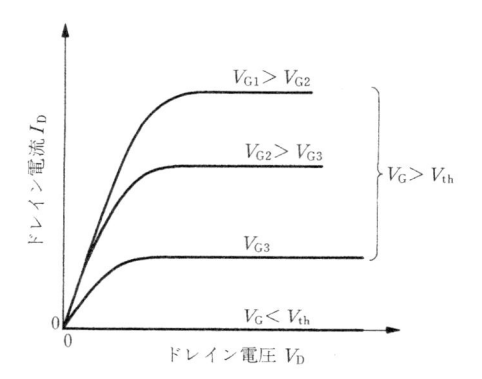

図10・8 MOST の電流-電圧(I-V)特性(n チャネルエンハンスメント型)

増加させることによって増大する．ここでは，この電流-電圧特性を解析的に求めることにする．

ひと口に MOS トランジスタといってもゲート長 L_g の大きさが $100\mu\mathrm{m}$ 以上の比較的大きいものから，VLSI デバイスに使われる非常に微細なもの（ゲート長 $0.5\mu\mathrm{m}$ 以下）まである．ゲート長 L_g が大きいものから小さいものまで，すべての MOST の電流-電圧特性を一つの式で表すことは不可能である．ゲート長の長いロングチャネル MOST とゲート長の短いショートチャネル MOST とでは，MOST 内部の電位分布が全く異なっているからである．ここでは話を簡単にしてわかりやすくするために，図 10・9 に示すロングチャネルモデルを使って（nMOST の）電流-電圧特性を解析的に解くことにする．

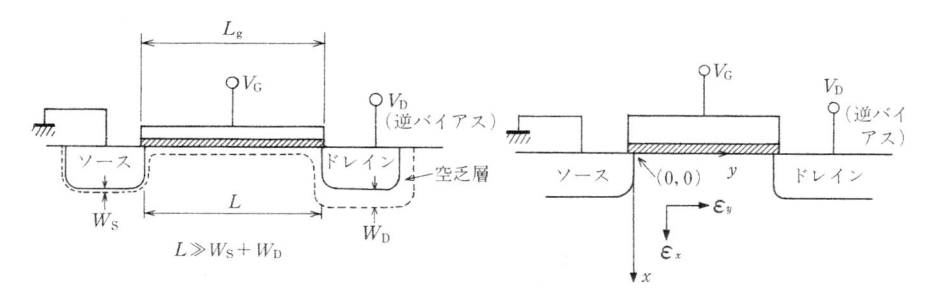

図10・9 ロングチャネルモデルの適用できる MOST

図10・10 MOS トランジスタを解析するための座標のとり方

10 MOSトランジスタとMOSインバータ

MOST のロングチャネルモデルでは，ゲート電圧 V_G のみでゲート下のチャネルが制御できることが前提条件になっている．このことを式で表すと

$$\mathcal{E}_x \gg \mathcal{E}_y \tag{10・2}$$

ということになる．ここで，$\mathcal{E}_x$ は図 10・10 に示すように表面に垂直な方向の電界で，ゲート電界を表している．また，$\mathcal{E}_y$ は表面に平行な電界でドレイン電界を表している．したがって，式(10・2)は，ロングチャネルモデルではチャネルの部分においてはドレイン電界 $\mathcal{E}_D$ が無視できるほど小さい必要があることを示している．

式(10・2)の条件を別の表式で表すと，次のようになる．

$$L \gg W_S + W_D \tag{10・3}$$

ここで，L は MOST のチャネル長であり，W_S と W_D はそれぞれソース部およびドレイン部の Si 基板側の空乏層の幅である．ここで空乏層を基板側に限ったのは，MOST の場合ソースおよびドレインを形成する拡散層のキャリア密度はかなりの程度高いので，拡散層内の空乏層幅はきわめて狭くなり，これを無視することができるからである．式(10・3)をさらに説明すると，ソース側はアース電位なので空乏層幅 W_S は小さいが，ドレイン側の空乏層幅 W_D はドレインが逆バイアス状態なので大きい値になる．したがって，この式(10・3)もドレイン電界がそれほど大きくないことを要求している．

(a) ドレイン近傍のゲート下 ($V_D>0$)

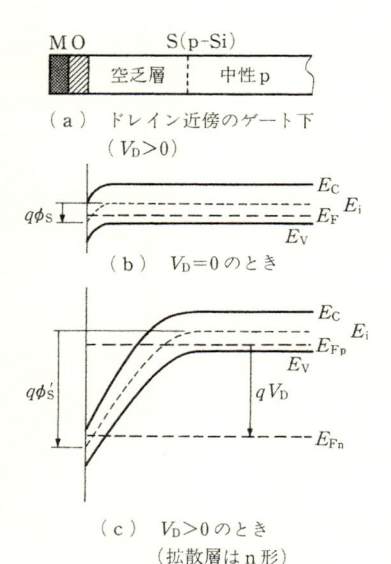

(b) $V_D=0$ のとき

(c) $V_D>0$ のとき (拡散層は n 形)

図 10・11 MOST のドレイン近傍におけるエネルギーバンド図(nMOST のとき)

以下では式(10・2)または式(10・3)の条件の下にMOSTの電流-電圧特性を解析することにする．しかし，ドレイン電界 $\mathcal{E}_\mathrm{D}$ を小さいと仮定するにしても，逆バイアス状態の比較的大きい電界を無視すると非常に荒っぽい近似になるので，ここで，ドレイン近傍の(ゲート下の)空乏層幅へのドレイン電圧 V_D の影響について少し考えることにしよう．

ドレイン近傍におけるゲート下の半導体(p形)表面近くのエネルギーバンド図は図10・11に示すようになる．図10・11(b)にはドレイン電圧が0の場合で，ゲート電圧 V_G もそれほど大きくない(表面ポテンシャル ϕ_S は $2\phi_\mathrm{f}$ より小さい)ときのエネルギーバンド図を描いた．また，図10・11(c)にはドレインに逆バイアス電圧 V_D を加えたときのエネルギーバンド図を示した．ここで注意すべきことは，ドレイン拡散層はn形なので，いま考えているドレイン近傍のゲート下にはp-n接合が存在していることであり，ドレイン電圧はこのp-n接合に対して逆バイアスに加わっていることである．したがって，図10・11(c)においては擬フェルミ準位 E_Fp と E_Fn の差が qV_D になっている．

次に，MOSTでもっとも問題になる表面ポテンシャル ϕ_S について考察しよう．図10・11(b)ではドレイン近傍であってもドレイン電圧 V_D は印加されていないので，表面ポテンシャルは8章で述べた普通の方法を用いて求めることができる．しかし，ドレイン電圧 V_D を印加した図10・11(c)ではドレイン近傍のゲート下においては，ゲート電圧 V_G の他にドレイン電圧が加わるために，表面ポテンシャル ϕ_S は図10・11(c)に示すように，次の式 ϕ'_S に変形される．

$$\phi'_\mathrm{S} = \phi_\mathrm{S} + V_\mathrm{D} \tag{10・4}$$

したがって，反転が起るときの表面ポテンシャルを $\phi'_\mathrm{S(Inv)}$ とすると，$\phi'_\mathrm{S(Inv)}$ は次の式

$$\phi'_\mathrm{S(Inv)} = 2\phi_\mathrm{f} + V_\mathrm{D} \tag{10・5}$$

で与えられる．なぜならば，ドレイン電圧 V_D を考慮しない場合に反転が起るときのゲート下のポテンシャルは $2\phi_\mathrm{f}$ だからである．

MOSTの電流-電圧特性を厳密に求めるには，8章で示した全表面電荷密度 Q_S の厳密な式(8・32)を使う必要がある．この式を再度示すと，Q_S は

$$Q_\mathrm{S} = -K\epsilon_0\,\mathcal{E}_\mathrm{S} = \pm\frac{\sqrt{2}K\epsilon_0 kT}{qL_\mathrm{D}}\cdot F[(q/kT)\phi(x),(n_\mathrm{p0}/p_\mathrm{p0})] \tag{10・6}$$

である．しかし，この式は複雑であって見通しが悪いので，ここでは別の簡便な方法を用いることにする．Q_S は前に述べたように，反転層の電荷密度 Q_I と空乏層の電荷

密度 Q_B の和になるので，次の式

$$Q_\text{S} = Q_\text{I} + Q_\text{B} \tag{10・7}$$

で表すことができる．本書では Q_B と Q_S を以下のように求め，得られた Q_B と Q_S を式 (10・7) に代入して Q_I を求め，この Q_I を使って MOST の電流-電圧特性を求めることにする．

まず，MOST の場合の空乏層の電荷密度 Q_B であるが，MOST の場合には MOS ダイオードの場合と違ってドレイン電圧の影響を受けて，その分だけ空乏層が広がっているので，このことを考慮する必要がある．ドレイン電圧 V_D の影響をゲート下の全チャネル領域で考慮するために，座標軸の原点 (0, 0) を図 10・10 に示すようにゲート下のソース端にとって解析しよう．そしてソース端から y だけ離れた位置のドレイン電圧の成分を $V(y)$ とすることにする．するとゲート下の半導体表面が反転条件を満たしているときの，ソース端から y だけ離れている位置の表面ポテンシャル $\phi_\text{S(inv)}$ は，式 (10・5) を用いて，次の式で与えられる．

$$\phi_\text{S(inv)} = 2\phi_\text{f} + V(y) \tag{10・8}$$

したがって，空乏層の電荷密度 Q_B は 8 章の式 (8・9 b) に従って，次の式

$$Q_\text{B} = -\sqrt{2K\epsilon_0 q N_\text{A}[V(y) + 2\phi_\text{f}]} \tag{10・9}$$

で与えられる．

一方，Q_S は，式 (8・16) において（反転層が形成され）反転層の電荷 Q_I の寄与がある場合には，Q_B を Q_S に変更する必要があるので，Q_B を Q_S に変更した式を使うと，次の式で与えられる．

$$Q_\text{S} = C_0(\phi_\text{S} - V_\text{G}) \tag{10・10}$$

したがって，Q_I は式 (10・7)，式 (10・9) および式 (10・10) を使って

$$\begin{aligned}Q_\text{I} &= Q_\text{S} - Q_\text{B} \\ &= C_0(\phi_\text{S} - V_\text{G}) + \sqrt{2K\epsilon_0 q N_\text{A}[V(y) + 2\phi_\text{f}]}\end{aligned} \tag{10・11}$$

と求めることができる．

式 (10・11) において Q_I を $Q_\text{I}(y)$ とし，式 (10・8) を使って書き変えると，次の式

$$Q_\text{I}(y) = -[V_\text{G} - V(y) - 2\phi_\text{f}]C_0 + \sqrt{2K\epsilon_0 q N_\text{A}[V(y) + 2\phi_\text{f}]} \tag{10・12}$$

が得られる．ここで，荒っぽい近似であるが，ゲート下の空乏層幅はドレイン電圧 $V(y)$ の影響を受けないと仮定すると，式 (10・12) は簡単になり，次の式

$$Q_\text{I}(y) = -\left[V_\text{G} - V(y) - 2\phi_\text{f} - \frac{\sqrt{2K\epsilon_0 q N_\text{A}(2\phi_\text{f})}}{C_0}\right]C_0 \tag{10・13}$$

に近似できる．これはグラジュアルチャネル（gradual channel）近似と呼ばれる．また，式(10・13)に8章で示したしきい値電圧 V_th の式(8・38)を用いると，$Q_\mathrm{I}(y)$ は次の式で表すことができる．

$$Q_\mathrm{I}(y) = -[V_\mathrm{G} - V(y) - V_\mathrm{th}]C_\mathrm{O} \tag{10・14}$$

以上の検討で，$Q_\mathrm{I}(y)$ がゲート電圧 V_G を含む関数を用いて表すことができたので，これを用いていよいよ電流-電圧（I_D-V_D）特性を表す式を導こう．ここで，まず，準備のために抵抗と抵抗率 ρ_R の関係を復習しておこう．抵抗 R は次の式

$$R = \rho_\mathrm{R}\frac{l_0}{A} \tag{10・15}$$

で与えられる．ここで，l_0 はある抵抗物体の長さであり，A はその断面積である．いまの場合 ρ_R は，チャネルを考えているので，次の式で与えられる．

$$\rho_\mathrm{R} = \frac{1}{qn\mu_\mathrm{n}} = \frac{1}{qn_\mathrm{I}\mu_\mathrm{n}} \tag{10・16}$$

ここで，n_I は反転層のキャリア密度，μ_n は電子の移動度である．また，l_0/A は同じくチャネルを考えているので，次の式で与えられる．

$$\frac{l_0}{A} = \frac{L}{Wl_\mathrm{I}} \tag{10・17}$$

ここで，L はチャネル長，W はチャネル幅（ゲート幅と同じになる）および l_I はチャネル（反転層）の深さである．

したがって，nMOST のチャネルの抵抗 R は，式(10・15)より次の式

$$R = \frac{L}{qn_\mathrm{I}\mu_\mathrm{n}l_\mathrm{I}W} \tag{10・18}$$

で表すことができる．Q_I は反転層のキャリア密度 n_I と深さ l_I を使って

$$Q_\mathrm{I} = qn_\mathrm{I}l_\mathrm{I} \tag{10・19}$$

と表されることを考えて，Q_I を $Q_\mathrm{I}(y)$ に変更すると，結局，R は次の式

$$R = \frac{L}{W\mu_\mathrm{n}Q_\mathrm{I}(y)} \tag{10・20}$$

で与えられる．

いま，チャネルをドレイン電流が I_D だけ流れたとすると，このときの電圧降下 $\mathrm{d}V$ はチャネルの抵抗 R を使って，次の式で与えられる．

$$\mathrm{d}V = I_\mathrm{D}\mathrm{d}R = -\frac{I_\mathrm{D}}{W\mu_\mathrm{n}Q_\mathrm{I}(y)}\mathrm{d}y \tag{10・21}$$

ここで，$\mathrm{d}L$ と書くべき所を後の計算の都合を考えて，式(10・21)では $\mathrm{d}y$ とした．式

(10・21)を用いると,ドレイン電流I_Dは次の式に導かれる.

$$I_D = -W\mu_n Q_t(y)\frac{dV}{dy} \qquad (10・22)$$

式(10・22)をyについては0(ソース端)からL(ドレイン端)まで,電圧Vについては0(ソース電位)からV_D(ドレイン電位)まで積分すると,次の式

$$I_D\int_0^L dy = W\mu_n C_0 \left\{ \left(V_G - 2\phi_f - \frac{V_D}{2}\right)V_D \right.$$
$$\left. -\frac{2}{3}\frac{\sqrt{2K\epsilon_0 qN_A}}{C_0}\left[(V_D+2\phi_f)^{3/2}-(2\phi_f)^{3/2}\right]\right\} \qquad (10・23)$$

が得られる.この計算には式(10・12)を使用したが,誤差が大きくなることを承知のうえで式(10・14)を使うと,次の式が得られる.

$$I_D\int_0^L dy = W\mu_n C_0 \int_0^{V_D}[V_G - V(y) - V_{th}]dV \qquad (10・24\,a)$$
$$= W\mu_n C_0[(V_G - V_{th})V_D - (1/2)V_D^2] \qquad (10・24\,b)$$

以上の結果,ドレイン電流I_Dは式(10・23)を使うと,次の式

$$I_D = \frac{W\mu_n C_0}{L}\left\{\left(V_G - 2\phi_f - \frac{V_D}{2}\right)V_D - \frac{2}{3}\frac{\sqrt{2K\epsilon_0 qN_A}}{C_0}\left[(V_D+2\phi_f)^{3/2}-(2\phi_f)^{3/2}\right]\right\}$$
$$(10・25)$$

で与えられ,式(10・24 b)を使うと,次の式で与えられる.

$$I_D = \frac{W\mu_n C_0}{L}\left[(V_G - V_{th})V_D - \frac{1}{2}V_D^2\right] \qquad (10・26)$$

式(10・25)は空乏近似の式,式(10・26)はグラジュアルチャネル近似の式と呼ばれる.もちろん,近似の良いのは式(10・25)の空乏近似の式であるが,この式もその導出では常に反転層が形成されている(すなわち,Q_tが存在する)と仮定しているので,ゲート電圧V_Gが小さくて弱い反転($\phi_f<\phi_s<2\phi_f$)状態の領域では必ずしも良い近似ではない.また,式(10・26)のグラジュアルチャネル近似の式はさらに近似は悪いが,式が簡単で見通しが良いために一般に良く使われる式である.

以上の議論では反転層が形成されていてチャネル全体に$Q_t(y)$が存在していることが前提であった.したがって,式(10・25)や式(10・26)は線形領域(図10・4参照)において成り立つ式である.次に,飽和領域で成立する電流の式を求めよう.これにはチャネルの様子について調べておく必要がある.チャネルの状態のドレイン電圧依存性は図10・12に示す通りで,図(a)に示す線形領域ではチャネルはゲート下の全領域に形成されている.しかし,ドレイン電圧を増加させていくと図10・12(b)に示すよう

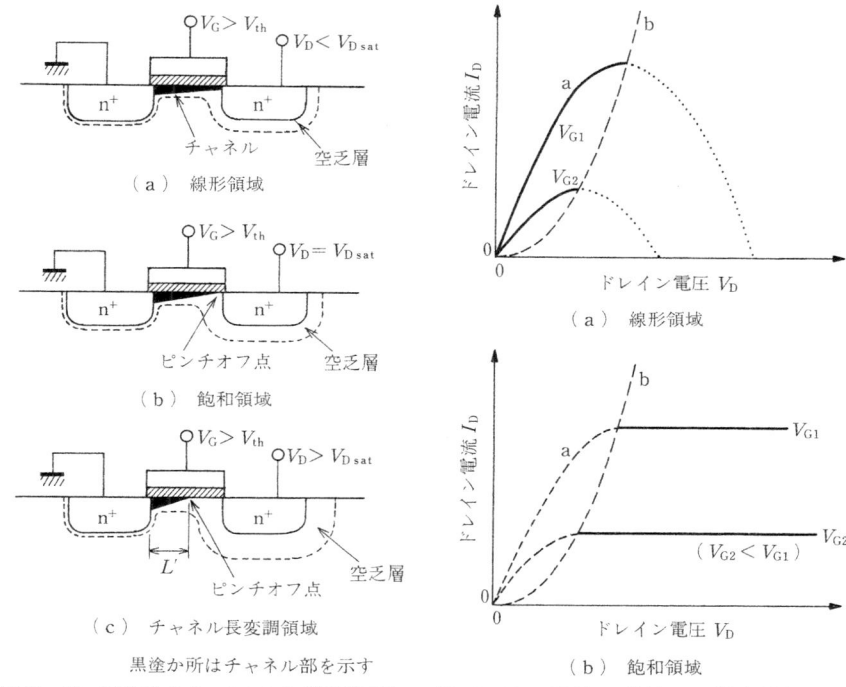

10・4 ロングチャネルモデルによる電流-電圧特性の解析

図10・12 MOST のチャネルおよび空乏層幅の
ドレイン電圧依存性

(a) 線形領域
(b) 飽和領域
(c) チャネル長変調領域

黒塗か所はチャネル部を示す

図10・13 MOST の線形および飽和領域の電流-
電圧特性

(a) 線形領域
(b) 飽和領域

にゲート下のドレイン端でチャネルがきわめて狭くなって点(実際は,線)状になる,いわゆる,ピンチオフ(pinch-off)状態が生じる.この電圧はピンチオフ電圧と呼ばれる.さらにドレイン電圧を増加させると図10・12(c)に示すようにピンチオフ点はソース側に移動し,ゲート下の一部でチャネルが消失する.この状態は後で述べるチャネル長変調領域に対応する.

ここで,ピンチオフ点が電流-電圧特性の中でどのような軌跡をたどるかについて調べておこう.式(10・26)を変形すると,次の式

$$I_\mathrm{D} = \frac{W\mu_\mathrm{n} C_\mathrm{O}}{L}\left\{-\frac{1}{2}\left[V_\mathrm{D} - (V_\mathrm{G} - V_\mathrm{th})\right]^2 + \frac{(V_\mathrm{G} - V_\mathrm{th})^2}{2}\right\} \tag{10・27}$$

が得られる.ドレイン電流 I_D の最大電流の軌跡は,次の式

$$V_\mathrm{D} = V_\mathrm{G} - V_\mathrm{th} \tag{10・28}$$

が満たされたとき得られるので,最大のドレイン電流 $I_\mathrm{D\,max}$ は次の式で与えられる.

$$I_{D\,max} = \frac{W\mu_n C_0}{L} \cdot \frac{(V_G - V_{th})^2}{2} = \frac{W\mu_n C_0}{L} \cdot \frac{V_D^2}{2} \tag{10・29}$$

式(2・27)は図10・13に実線と点線で表される曲線 a となり，破線が示される曲線 b は式(2・29)を表している．この曲線 b がピンチオフ（が始まる）点の電流と電圧の軌跡である．

さて，飽和領域の電流-電圧特性であるが，この特性は図10・13に示すピンチオフ点の電流と電圧の軌跡から始まるが，ドレイン電流 I_D はチャネルを通過することのできるキャリア密度で決るので，ピンチオフ状態はキャリア密度の勾配が最大になったときであるから，この（飽和する）最大電流が飽和領域で流れることになる．つまり，飽和電流 $I_{D\,sat}$ は式(10・29)で表されることがわかる．$I_{D\,sat}$ の様子は図10・13(b)にゲート電圧 V_G を変化させた場合も含めて横実線（V_{G1}, V_{G2}）で示してある．

一般的には飽和電流 $I_{D\,sat}$ は式(10・29)の係数を少し変更して，次の式

$$I_{D\,sat} \fallingdotseq \frac{m}{2} \cdot \frac{W\mu_n C_0}{L}(V_G - V_{th})^2 \tag{10・30}$$

で表される．しかし，低水準注入の条件では $m \fallingdotseq 1$ と近似できるので，実際にはこの式は式(10・29)とほぼ同じである．なお，ドレイン電圧 V_D が増加して飽和電圧 $V_{D\,sat}$ 以上（$V_{D\,sat} < V_D$）に達し，図10・12(c)に示すようにチャネルが途中で跡切れているにもかかわらずドレイン電流が流れるのは，ピンチオフ点に達したキャリア（電子）はドレイン電界（プラス）によって強力に吸引され，空乏層を通ってドレイン電極に運ばれるからである．

MOSTにおいてもドレイン電圧を著しく増大させると，p-n 接合ダイオードの場合

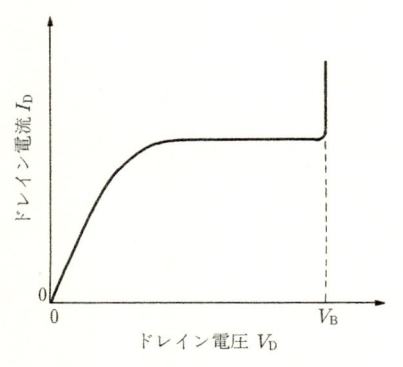

図10・14 MOST の降伏現象

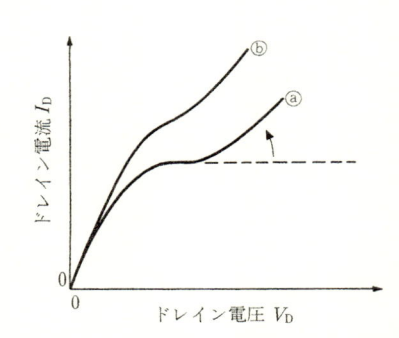

図10・15 チャネル長変調が起きたときの電流-電圧特性

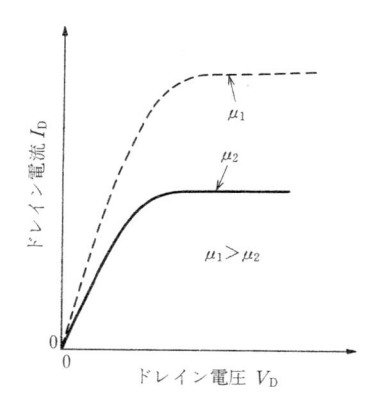

図10・16 電流-電圧特性への移動度の影響

と同様にアバランシェ降伏が起り，図10・14 に示すように，ドレイン電流が大量に流れる降伏現象が起る．もちろん，チャネル長 L が短いほどこの現象は起りやすい．チャネル長 L が短いときには次の現象も起りやすい．すなわち，図10・12 においてドレイン電圧 V_D をピンチオフ電圧を越えて増大させるとピンチオフ点がソース側へ移動することを指摘したが，この状態では実効的なチャネル長は L から L' に減少することになる．すると，ドレイン電流 $I_{D\,sat}$ は次の式

$$I'_{D\,sat} = \frac{m}{2} \cdot \frac{W\mu_n C_0}{L'}(V_G - V_{th})^2 \tag{10・31}$$

で表される $I'_{D\,sat}$ になり，電流値が増大することになる．この様子は図10・15 に示す通りである．この現象はチャネル長変調（channel length modulation）と呼ばれている．なお，図10・15 のⓑはⓐよりもチャネル長変調が著しく起っている場合を示すが，微細な MOST になってチャネル長 L が短くなると，この現象はⓐからⓑへと顕著になってくる．

MOST の電流-電圧（ I_D-V_D ）特性の式(10・26)を見るとわかるように，ドレイン電流 I_D はキャリアの移動度 μ_n によって変化する．もちろん，移動度が大きいほど図10・16 に示すように大きいドレイン電流 I_D が得られる．ドレイン電流 I_D は次に述べる MOST の相互コンダクタンスやスイッチング速度にも影響するので，その値は大きいほど良いわけである．しかし，MOST ではキャリアがゲート下の半導体の表面を走る（移動する）ために SiO_2/Si 界面で散乱を受けて移動度が下がることになる．また，MOST は微細化するとデバイスの内部が高電界化し，この原因によっても移動度は低下する．いずれにしても移動度が低下すると MOST の電流-電圧特性は，図10・16 の

実線と破線の比較から明らかなように,劣化することになる.

10・5 チャネルコンダクタンスと相互コンダクタンス

MOST のデバイス特性として重要なものにチャネルコンダクタンス (channel conductance) g_d と相互(トランス)コンダクタンス (trans conductance) g_m がある. g_d および g_m はそれぞれ次の式で定義される.

$$g_d = \frac{\partial I_D}{\partial V_D}\bigg|_{V_G 一定} \tag{10・32}$$

$$g_m = \frac{\partial I_D}{\partial V_G}\bigg|_{V_D 一定} \tag{10・33}$$

線形領域と飽和領域では I_D-V_D 特性が異なるので,チャネルコンダクタンス g_d も相互コンダクタンス g_m も二つの領域では異なった値をもつ.まず,線形領域で考えると,式(10・26)を使って, g_d, g_m はそれぞれ次の式で与えられる.

$$g_d \fallingdotseq \frac{W\mu_n C_0}{L}(V_G - V_{th}) \tag{10・34}$$

$$g_m = \frac{W\mu_n C_0}{L} V_D \tag{10・35}$$

ここで, g_d の計算においては,線形領域なのでドレイン電圧 V_D の値は $(V_G - V_{th})$ の値に比べて十分小さいと仮定した.

ところで,線形領域における MOST の抵抗 R_m は式(10・34)で表される g_d の逆数になるので,次の式を用いて求めることができる.

$$R_m = \frac{1}{g_d} = \frac{L}{W\mu_n C_0(V_G - V_{th})} \tag{10・36}$$

したがって,MOST は抵抗の代りに使えることがわかる.しかも, L と W の比および $(V_G - V_{th})$ の値を適当に選ぶことによって相当大きい値の抵抗も得ることができるので,LSI 技術では MOST は抵抗としてしばしば使われている.

次に,飽和領域でのチャネルコンダクタンス g_d と相互コンダクタンス $g_{m\,sat}$ は,式(10・30)を用いて,それぞれ次の式で与えられる.

$$g_d = 0 \tag{10・37}$$

$$g_{m\,sat} = \frac{mW\mu_n C_0}{L}(V_G - V_{th}) \tag{10・38}$$

飽和領域ではチャネル端がピンチオフ状態になっていて,チャネルが塞がれているので当然のことながら g_d は式(10・37)に示すように 0 になっている.

10・5 チャネルコンダクタンスと相互コンダクタンス

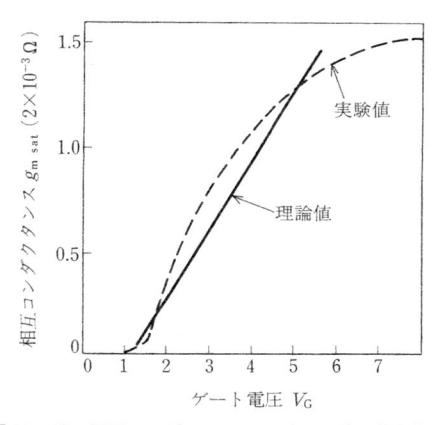

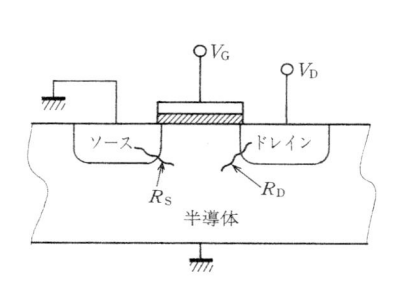

図10・17 相互コンダクタンスのゲート電圧依存性（飽和領域）
A. S. Grove, Physics and Technology of Semiconductor Devices, John Wiley & Sons (1967), p.327.

図10・18 MOSTのシリーズ抵抗（R_SとR_D）

一方，相互コンダクタンス $g_{m\,sat}$ の方は $m \fallingdotseq 1$ と近似すると，式(10・34)で表される線形領域におけるチャネルコンダクタンス g_d と一致する．飽和領域における $g_{m\,sat}$ は図10・17に示すように，ゲート電圧 V_G の値が小さいときにはゲート電圧に比例して増大する．しかし，ゲート電圧 V_G の値がある程度以上大きくなると移動度 μ が減少するので $g_{m\,sat}$ は V_G に比例して増加しなくなる．相互コンダクタンス g_m は定義の式(10・33)からもわかるように，信号の増幅度を表すものなのでMOSTにとっては基本的に重要なデバイス因子である．次に述べるように g_m はしゃ断周波数やスイッチング速度などを決める因子であるとともに，MOSTの電流駆動力を決める重要な因子でもある．

なお，ここで示した g_d や g_m の値は理想的なものである．実際には図10・18に示すように，ソースおよびドレイン部のシリーズ抵抗 R_S および R_D が g_d および g_m の値を劣化させるので，実際のチャネルコンダクタンス g'_d と相互コンダクタンス g'_m は，これらの効果によってそれぞれ次の式

$$g'_d = \frac{g_d}{1+(R_S+R_D)g_d} \tag{10・39}$$

$$g'_m = \frac{g_m}{1+R_S g_m} \tag{10・40}$$

で表されるように，その値が低下する．ことにVLSI技術で使われている微細な

MOST ではシリーズ抵抗 R_S および R_D の成分が相対的に大きくなる結果，これらが MOST の特性に深刻な影響を与えるようになっている．

10・6　しゃ断周波数とスイッチング速度

MOST が動作する最大の交流周波数，すなわち，しゃ断周波数 f_T は，ゲートに蓄えられる電荷の変化量 $C_G \Delta V_G$ が，ドレイン電流の変化量 $g_m \Delta V_G$ と釣り合う条件から，次のようにして決められる．

$$f_T = \frac{\omega}{2\pi} = \frac{1}{2\pi} \cdot \frac{g_m \Delta V_G}{C_G \Delta V_G} = \frac{g_m}{2\pi C_G} \tag{10・41}$$

ここで，ΔV_G はゲート電圧の変化量，C_G は次の式で与えられるゲート容量である．

$$C_G = L_g W C_0 \tag{10・42}$$

式(10・35)，式(10・41)および式(10・42)を使うと，f_T は次の式で与えられる（$L_g ≒ L$ とする）．

$$f_T = \frac{\mu_n V_D}{2\pi L^2} \tag{10・43}$$

一方，スイッチング時間を τ_r とすると，τ_r は MOST のチャネル（長さ L）をキャリアが移動する時間であるから，nMOST を想定し，キャリアの速度を v_y とすると，次の式

$$\tau_r = \frac{L}{v_y} = \frac{L}{\mu_n \mathcal{E}_y} \tag{10・44}$$

で与えられる．ドレイン電界 $\mathcal{E}_y$ は $\mathcal{E}_y = V_D/L$ で表されるので，この関係を式(10・44)に代入すると，スイッチング時間 τ_r は次の式

$$\tau_r = \frac{L^2}{\mu_n V_D} \tag{10・45}$$

で表すことができ，当然のことながら(2π を除くと)式(10・43)の逆数になっている．したがって，MOST はチャネル長 L が短いほどスイッチングスピードが速い，つまり，微細な MOST ほど高性能になることがわかる．

10・7　MOS インバータ

MOS トランジスタを使ったもっとも簡単な回路は MOS インバータ（MOS inverter）と呼ばれる．これは図 10・19 にその記号と回路を示すが，MOST を使った基本回路となっている．図 10・19(a)に記号で示す MOS インバータを MOST を使った回

10・7 MOSインバータ　171

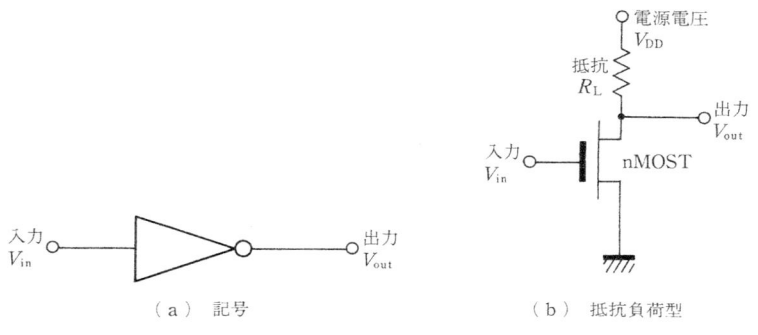

(a) 記号　　　(b) 抵抗負荷型

図10・19　MOSインバータ

路に書き直すと図(b)に示すようになる．図10・19(b)に示すMOSインバータは抵抗を負荷に用いているので，抵抗負荷型と呼ばれ，MOSインバータの基本型である．なお，MOSインバータはMOSTにpMOSTを使うかnMOSTを使うかによってそれぞれpMOSインバータ，nMOSインバータと呼ばれている．nMOSインバータの方がより高速で動作するので，本書ではnMOSインバータを用いて説明することにする．

図10・19(b)に示す抵抗負荷型を用いてMOSインバータについて説明すると以下のようになる．いま，このMOSTをエンハンスメント型のnMOSTと仮定し，入力電圧をV_{in}，出力電圧をV_{out}および電源電圧をV_{DD}とすると，出力電圧V_{out}は次の式で表すことができる．

$$V_{out} = V_{DD} - I_D R_L \tag{10・46}$$

ここで，I_DはnMOSTを流れるドレイン電流，R_Lは負荷抵抗の値である．

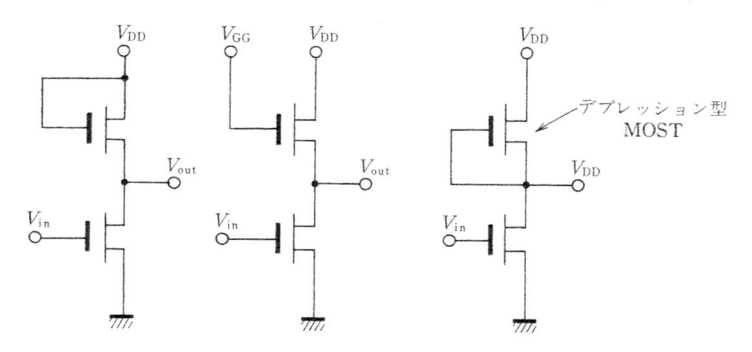

(a) 飽和MOS負荷型　(b) 不飽和MOS負荷型　(c) デプレッション型MOSTを用いた負荷型

図10・20　MOSTを負荷に用いたMOSインバータ

172   10 MOSトランジスタとMOSインバータ

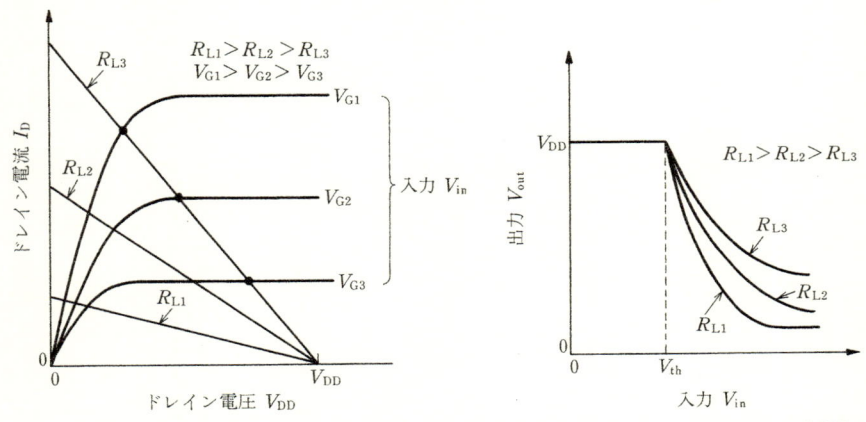

図10・21 MOSインバータの負荷特性

図10・22 MOSインバータの伝達特性

MOSインバータの負荷特性や伝達特性に入る前に，式(10・46)を用いてMOSインバータの動作を簡単に説明しよう．いま，図10・19(b)の入力電圧 V_in がこのnMOSTのしきい値電圧 V_th より大きい（これを"高"とする）とすると，nMOSTは動作するのでドレイン電流 I_D が流れ，出力 V_out の値は式(10・46)に従ってほぼ0（アース電位）になる（これを"低"とする）．逆に，入力 V_in がnMOSTのしきい値電圧 V_th 以下（これを"低"とする）であれば，nMOSTは動作しないので $I_\mathrm{D}=0$ となり，出力 V_out は電源電圧 V_DD に等しくなる（これを"高"とする）．つまり，MOSインバータは入力信号 V_in と出力信号が逆になるように動作する．このことからMOSインバータは信号を逆転させる（invert）装置（デバイス）と定義される．

前に述べたようにMOSTは抵抗として使うことができるので，図10・20に示すように，MOSインバータの負荷抵抗の代りにMOSTを負荷に用いたMOSインバータもある．これらには負荷MOSTの使い方によって図10・20に示すように3種類あり，それらは図(a)に示す飽和MOS型，図(b)の不飽和MOS型および図(c)のデプレッションMOS型である．これらはMOSインバータの使用目的によって使い分けられている．

次に，MOSインバータの負荷特性に移ろう．厳密な出力電圧 V_out の値を知るにはドレイン電流 I_D の値を正確に知る必要があるが，これには図10・21に示すように，MOSTの I-V 特性と負荷抵抗 R_L の電流-電圧特性を用いて入力（ $V_\mathrm{in}=V_\mathrm{G}$ ）を変えたときのドレイン電流の値を求めれば良い．すなわち，図10・21に示す交点（●印）から I_D の値を決定することができる．負荷抵抗 R_L は一定の数値で表されるので I_D が

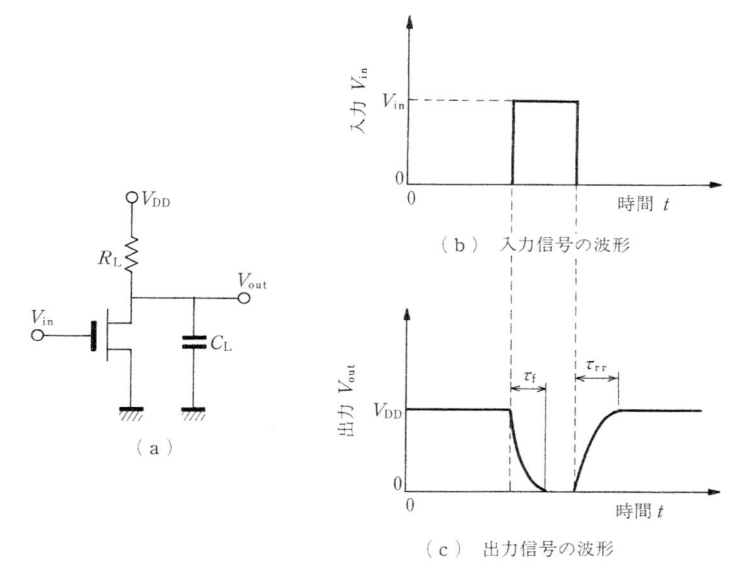

図10・23 MOSインバータの過渡応答

求まれば，式(10・46)より各入力値(V_{in})に対する出力の値V_{out}を求めることができる．以上のようにして求めた入力V_{in}と出力V_{out}の関係が図10・22に示すMOSインバータの伝達特性である．この図10・22からわかるように，抵抗値が高いほど入力V_{in}に対する出力V_{out}の変化が急になる（応答性が良い）ので，高速スイッチングには負荷として高抵抗が必要なことがわかる．このような場合には大きな値の抵抗の製造に必ずしも大面積を必要としない負荷MOSTを使う方法が有利となる．

最後にMOSインバータのスイッチング特性について説明しておこう．いま，図10・23(a)に示すnMOSインバータと図に示す負荷容量C_Lを想定して，このnMOSインバータに図(b)に示すような入力信号V_{in}を加えたとすると，図(c)に示す出力信号が得られる．容量の放電にτ_f，充電にτ_{rr}の時間が必要なために，出力信号V_{out}の波形に図10・23(c)に示すような時間遅れが生じる．

抵抗負荷型のMOSインバータではτ_fの値は一般に小さいので，τ_{rr}の項のみ考えれば良い．充電時間τ_{rr}は，負荷抵抗R_Lを通しての容量C_Lの充電であるから，この値は次の式

$$\tau_{rr} = R_L C_L \tag{10・47}$$

で表され比較的大きい値になる．普通，MOSインバータの応答時間τ_rは式(10・47)で

与えられる τ_{rr} に近似できることになる．なお，図 10・20 (c) に示すようにデプレッション型の MOST を負荷に使うと充電と放電の時間を等しくできるので MOS インバータの応答を高速化することが可能になる．

Dawon Kahng 氏（1976 年）
(1931～　　)
IEEE Trans. Electron Devices, July 1976, p. 787
(ⓒ 1976 IEEE)

MOS トランジスタの発明は難航を極めた．本書にも述べたように，電界効果を妨害する電荷の問題が難解で，半導体の電界効果が制御できなかったからである．電界効果のアイデアは 1930 年代に提案され，1948 年には Shockley と Pearson によって半導体表面の電界効果が理論的にハッキリと示されていたにもかかわらずである．ついに，1960 年，当時氏 (Kahng) が所属していた B. T. L. から M. M. Atalla との共同の仕事として，待望の MOS トランジスタの発明が発表された．MIS 構造の絶縁膜に熱酸化膜 (O) を使用したのが成功の鍵だったようである．超 LSI の大部分は MOS デバイスで構成されているので，今日の超 LSI の隆盛はこの発明のお陰であるといえるであろう．もちろん，氏の言われるように，この他に著名な人々やうずもれている（unsung）人々の多くの寄与があることを忘れてはならないが．氏はお隣の韓国生まれであり，アメリカの半導体の分野で大活躍してきたアジア出身の一人である．韓国の半導体産業は急速に力をつけ，今やアメリカ，日本に次ぐ大きな勢力になっている．メモリ LSI の重要な一部（DRAM：Dynamic-Random-Access-Memory）の分野では世界一の生産を誇る企業も出てきた．

11 CMOSデバイスとラッチアップ

　CMOSトランジスタ（以下CMOSTと省略する）とはCMOSインバータのことである．CMOSインバータは消費電力が小さいという特徴をもつために超エル・エス・アイ（VLSI）技術において脚光を浴びている．この章ではまずCMOSインバータの動作原理，伝達特性および構造について説明する．次に，これらの事柄についての理解の下にCMOSインバータ（すなわち，CMOST）の特徴（長所および短所）について説明する．つづいてCMOSTに付随する寄生デバイスである寄生サイリスタが如何にして形成され，その性能がCMOSTの微細化とともに向上する理由を述べる．寄生デバイスは人間に対する寄生虫のようなもので，微細なCMOSTにとってきわめて有害である．この寄生デバイスが動作するとラッチアップ現象が起り，著しい場合にはCMOSTが破壊されてしまうような事故も起る．最後にCMOSインバータのラッチアップ現象を防ぐ対策について考察するとともに，ラッチアップに対する完全な対策となり得るSOIデバイスの使用が注目されているので，このデバイスについても簡単に触れておくことにしたい．

11・1 CMOSインバータ

　nMOSTとpMOSTで構成されるMOSトランジスタはCMOSトランジスタ（Complementary MOST，相補形MOST）と呼ばれる．このMOSTの回路図は図11・1に示すようになるが，このCMOSTはMOSインバータとして動作する．つまり，CMOSTとはCMOSインバータのことである．このMOSインバータは10章で述べたMOSインバータとは少し異なっていて，図11・1に示すように，必ずpMOSTとnMOSTで構成されており，しかもpMOSTとnMOSTのゲートに同時に入力信号V_{in}が加わるようになっている．また，CMOSインバータではpMOSTとnMOSTが互いに負荷の役割を果している．

176   11 CMOSデバイスとラッチアップ

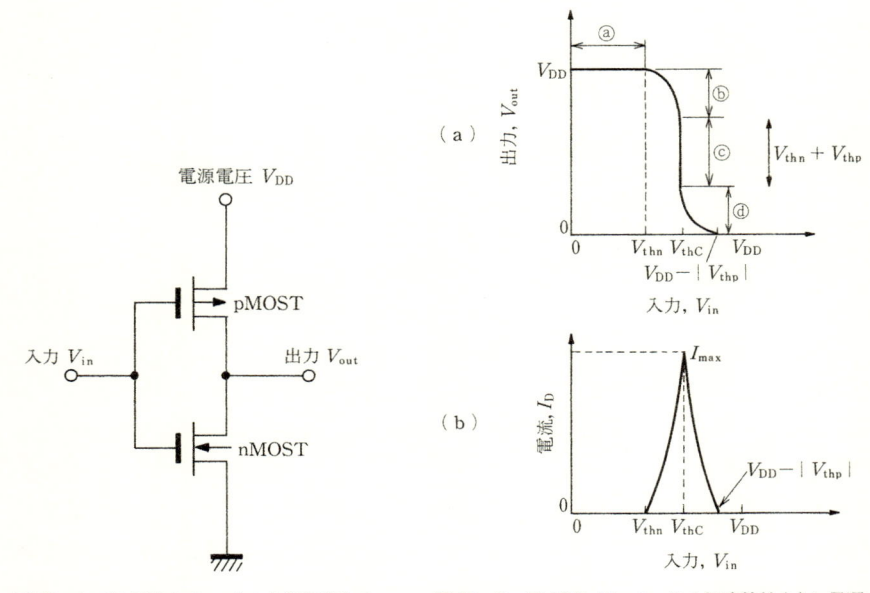

図11・1 CMOSトランジスタ(CMOSインバータ)

図11・2 CMOSインバータの伝達特性(a)と貫通電流(b)

　次に，CMOSインバータの動作（伝達特性）を図11・2に示すグラフを用いて説明しよう．CMOSインバータの動作は図11・2(a)に示すように五つの領域に分けて考えることができる．各領域はこのインバータを構成するpMOSTとnMOSTの動作状態によって以下のように分けられるが，ここでの記述は入力電圧V_{in}の値が小さい方から順にしたい．なお，以下の説明において，V_{thn}，V_{thp}はそれぞれnMOSTおよびpMOSTのしきい値電圧を示し，V_{in}，V_{out}およびV_{DD}はそれぞれ入力，出力および電源電圧を表している．また，V_{thc}は図11・2(a)にその位置を示している．

ⓐ　$0 \leq V_{in} < V_{thn}$のとき

　nMOSTが非導通で，pMOSTは線形領域での動作状態なので，図11・2(a)に示すように，出力V_{out}はV_{DD}に等しくなる．

ⓑ　$V_{thn} \leq V_{in} < V_{thc}$のとき

　nMOSTは飽和領域での動作，pMOSTは線形領域での動作になるので，同じく図11・2(a)からわかるように，出力V_{out}の値はV_{DD}より少し小さくなる．

ⓒ　$V_{in} = V_{thc}$のとき

このとき nMOST と pMOST はともに飽和領域での動作になるが，このときの V_{in} の値は一定であり，導出は省略するが，V_{thc} となる．この状態での出力 V_{out} には最大値 $V_{out(max)}$ と最小値 $V_{out(min)}$ があり，両者の間には次の関係が成立している．

$$V_{out(max)} - V_{out(min)} = V_{thn} + |V_{thp}| \tag{11・1}$$

ⓓ $V_{thc} < V_{in} < V_{DD} - |V_{thp}|$ のとき

nMOST は線形領域で動作し，pMOST は飽和領域で動作する．このときの V_{out} は図 11・2(a)に示すように 0 よりわずかに大きい値をとる．

ⓔ $V_{DD} - |V_{thp}| \leq V_{in}$ のとき

nMOST が線形領域で動作し，pMOST は非導通となる．したがって，このときの出力 V_{out} は図 11・2(a)に示すように 0 である．

以上の説明からわかるように，CMOS インバータでは入力が低いレベル（$V_{in} < V_{thn}$）または高いレベル（$V_{in} \geq V_{DD} - |V_{thp}|$）のときには，nMOST または pMOST のどちらか一方の MOST が非導通状態になるため，電源電圧 V_{DD} とアースの間に電流が流れないことがわかる．10 章で述べた nMOS インバータ（や省略した pMOS インバータ）では入力が低レベル（pMOS インバータでは高レベル）のときには非導通であるが，入力が高レベルのときには電源 V_{DD} からアースまで電流が流れている．したがって，nMOS インバータは動作時に電流が流れるが，CMOS インバータでは動作時にも（一定の間は）電流が流れないことになる．このため CMOS インバータは電力の消費が少なく，多数のインバータを使う必要のある VLSI 技術では非常に有利である．しかし，CMOS インバータにおいても電流が一切流れないわけではなく，図 11・2(a)のⓑとⓓの間の条件，つまり入力 V_{in} の値が V_{thn} と（$V_{DD} - |V_{thp}|$）の間にある条件では電源からアースまで貫通電流が流れる．貫通電流は図 11・2(b)に示すように V_{in} の値が上記ⓒの $V_{in} = V_{thc}$ の条件を満たすときに，その値が最大になる．

図 11・2(b)に示す CMOS インバータの貫通電流は，入力電圧（信号）が高レベルから低レベルへ，または低レベルから高レベルへ切り換わるときにのみ，流れることがわかる．したがって，CMOS インバータの消費電力 P はインバータのスイッチング回数，すなわち，交流の周波数 f に依存する．このことを考慮して CMOS インバータの消費電力 P を求めると，P は（導出は省略するが）次の式で与えられる．

$$P = f C_L V_{DD}^2 \tag{11・2}$$

ここで，f は周波数であり，C_L は図 11・3 に示す負荷容量である．これは CMOS インバータの出力部のソースまたはドレインの接合容量や（回路を構成する）次段の

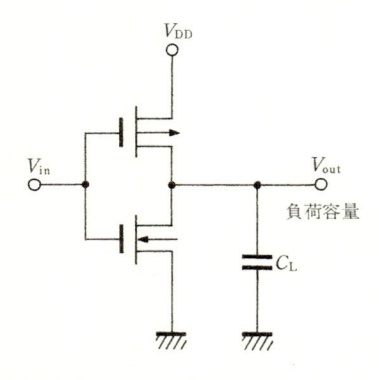

図11・3 CMOSインバータと負荷容量

MOSTの容量や配線容量を含んでいる．

11・2 CMOSインバータの構造と特徴

　CMOSインバータの断面図は図11・4に示すようになる．CMOSインバータはnMOSTとpMOSTの2種類のMOSTで構成されているので，普通のnMOSTなどと比べて製造が複雑である．すなわち，nMOSTまたはpMOSTを作るのであれば，基板結晶としてそれぞれ単にp形またはn形のSiウェーハを使えば良いが，CMOSインバータではn, p両方のMOSTを作る必要があるので，図11・4(a)に示すように，ウェル（well：井戸）の部分を作る必要がある．図11・4(a)の場合にはp形Siウェーハを使っているので，nウェルが作られている．ここでは省略するが，これとは逆にn形ウェーハを基板に使う場合にはpウェルを作る必要がある．

　しかし，最近のVLSIプロセスにおいては図11・4(b)に示すpウェルとnウェルの両方をもつ両ウェル構造が普及している．この場合にはp形またはn形の比較的高抵

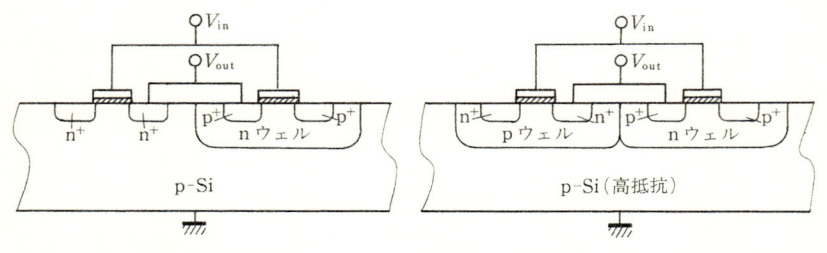

（a）従来型のCMOSトランジスタの断面構造（p形基板のとき）

（b）両ウェル型のCMOSトランジスタの断面構造（高抵抗p形基板のとき）

図11・4　CMOSトランジスタ（CMOSインバータ）の断面構造

抗な Si ウェーハを基板として使い，n, p 両方のウェルを形成する．両ウェルの作製は CMOS インバータを製造するうえではプロセスが複雑になりやっかいであるが，pMOST と nMOST の性能を揃えて CMOS インバータの性能を向上させるためには，このような両ウェル構造が必要なようである．

次に，CMOS インバータの特徴を見ておこう．CMOS インバータには，消費電力が少ないという，長所があることは既に述べたが，表 11・1 に示すように，その他にも

表 11・1 CMOS インバータの特徴

長　　所	短　　所
① 消費電力が小さい	① ラッチアップの発生
② 動作範囲が広い	② 製造プロセスが複雑
電圧範囲	③ 占有面積が大きい
温度範囲	
③ 雑音余裕が広い	

デバイスの動作範囲が広いとか，雑音の許容範囲が広いなどの長所がある．動作範囲に関しては電圧についても温度についても広いので，雑音許容範囲も含めてこれらの許容範囲が広いということは回路設計が行いやすいという利点にもなっている．短所は次節で詳しく述べるラッチアップ現象の他に，上に述べた CMOST の構造から推察されるように，製造プロセスが複雑なこと，および pMOST と nMOST の両方で構成されるために MOS インバータの占有面積が広いことなどである．

11・3　ラッチアップ現象とその対策

CMOS インバータの断面構造をよく見ると，図 11・5 に点線で示すように，寄生デバイスが必然的に形成されることがわかる．図 11・5 には n 形基板に直接作った pMOST と p ウェル内に形成した nMOST で構成される CMOS の断面構造を示し

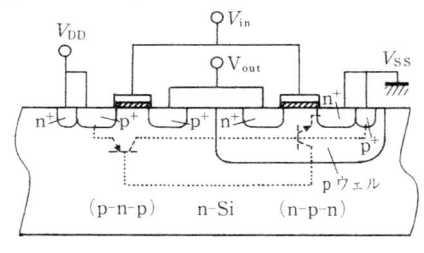

図 11・5　CMOS インバータの寄生デバイス（寄生サイリスタ）

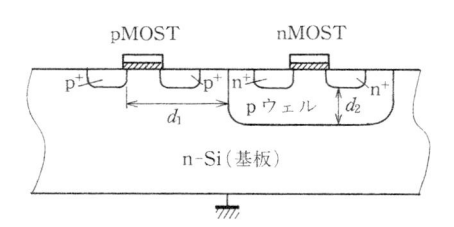

図 11・6　CMOS インバータの微細化と距離 d_1，d_2 の縮小

たが，n 基板側と p ウェルの中に（点線で示す）二つの寄生バイポーラトランジスタが形成されていることがわかる．すなわち図 11・5 において左側に位置する n 基板側の寄生デバイスは pMOST の p$^+$ 拡散層をエミッタとし，n 形 Si 基板部をベース，そして p ウェルの部分をコレクタとする横型の p-n-p バイポーラトランジスタである．また，右側の p ウェル内の寄生デバイスは，nMOST の n$^+$ 拡散層をエミッタ，p ウェルをベースそして n 形基板をコレクタとする縦型の n-p-n バイポーラトランジスタである．しかも，この横型と縦型の二つの寄生バイポーラトランジスタは図 11・5 に点線で示すように寄生サイリスタを構成している．

　断面構造のうえで寄生デバイスが形式上構成されていても，寄生デバイスの性能が劣っていて，これが容易に動作しなければ実際上の弊害は生じない．しかし，寄生デバイスが高性能化すると本来のデバイス（いまの場合 CMOS インバータ）の特性に重大な影響を及ぼすようになる．バイポーラトランジスタはベース幅が狭く，エミッタ注入効率が高いほど高性能化するが，このことを念頭に入れて微細化した CMOS インバータの断面構造を見ると重大なことがわかる．つまり，図 11・6 に示す微細化した CMOST では pMOST と nMOST を接近させているので，横型寄生バイポーラトランジスタのベース幅に相当する p$^+$ 拡散層と p ウェルの間隔 d_1 が短くなる．

　また，微細化した CMOST ではウェルの深さも浅くなるので，縦型 n-p-n 寄生バイポーラトランジスタのベース幅 d_2 も小さくなる．さらに，微細な MOST ではソース，ドレインを形成する拡散層のキャリア密度も高くしているので，ベース幅が狭くなったことと合せて寄生バイポーラトランジスタのエミッタ注入効率がますます高くなっていることがわかる．このことは横型と縦型の両方の寄生バイポーラトランジスタが高性能化して動作しやすくなっていることを示している．

　さらに深刻なことには，この縦型と横型の二つの寄生バイポーラトランジスタで構成される（寄生）サイリスタ（デバイス）は，付録 E に示すように，電流が一度流れ始めてデバイスが動作しだすと，電流が流れ続けるという性質をもっていることである．いまの場合ノイズ電流などの原因で寄生デバイスのエミッタにキャリアが注入されて寄生バイポーラトランジスタが動作し始めると，電流は図 11・5 に示す電源（V_{DD}）からアース（V_{SS}）まで貫通して流れ続けることになる．これが CMOS インバータのラッチアップ（latch up）の現象である．このラッチアップ電流が流れると CMOS インバータは故障するばかりでなく，破壊されてしまうこともあるので，ラッチアップ現象は CMOS インバータにとって重大な問題である．

次に，ラッチアップを防ぐ対策について考えよう．バイポーラトランジスタの重要な性能の一つであるエミッタ接地電流利得 h_{FE} は，先ほど述べたエミッタ注入効率 γ を使って，次の式で表すことができる．

$$h_{FE} = \frac{\gamma \alpha_T}{1 - \gamma \alpha_T} \tag{11・3}$$

ここで，$\gamma \alpha_T$ はほぼベース接地電流利得に等しくなる量である．式（11・3）からわかるように，$\gamma \alpha_T$ の値が1に近いときに利得の値は大きくなる（$\gamma \alpha_T$ は性質上その値は常に1以下である）．

図 11・5 に点線で示した寄生サイリスタの回路図は詳しく書くと，図 11・7 に示すようになるが，この寄生サイリスタが動作するためには，p-n-p と n-p-n 二つの寄生バイポーラトランジスタの電流利得 $h_{FE(1)}$ と $h_{FE(2)}$ の積が1以上になる必要がある．したがって，ラッチアップの発生を防ぐには電流利得 $h_{FE(1)}$ または $h_{FE(2)}$ の値を小さくすれば良いことがわかる．エミッタ注入効率 γ の値を下げるには，キャリアのキラーセンターを導入して少数キャリアの（再結合）寿命 τ を短くすることも考えられるが，この方法は CMOS インバータの性能も同時に下げることになるのであまり得策ではない．

もう一つの方法は，エミッタ-ベース間のシャント抵抗 R_1 と R_2 の値を下げることである．これらの抵抗 R_1, R_2 の値が十分小さくなれば，たとえこの場所にリーク電流 I_r が流れても $I_r R$ の積の値が小さくなるので，エミッタ-ベース接合に加わる順バイアス電圧は小さくなり，寄生バイポーラトランジスタは容易には動作しない．したがって，寄生サイリスタも動作しないことがわかる．このシャント抵抗の低下には CMOS インバータを製造する基板ウェーハにエピタキシャルウェーハを使用するのが有効である．

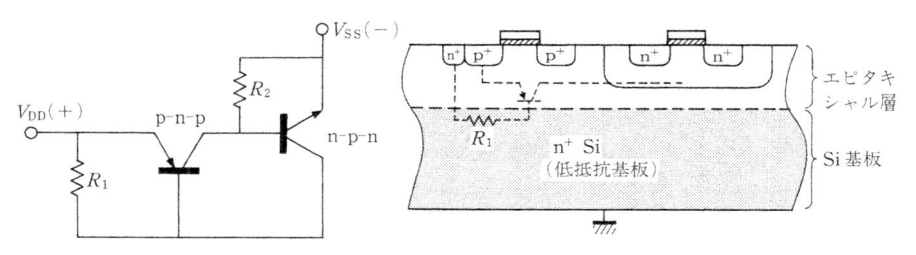

図 11・7 寄生抵抗（R_1 と R_2）と寄生サイリスタの性能の関係を示す回路図

図 11・8 CMOS インバータのラッチアップ対策（エピタキシャルウェーハの使用）

182   11　CMOSデバイスとラッチアップ

　エピタキシャルウェーハを基板に使用した場合のCMOSインバータの断面図は図11・8に示す通りである．この図において太い破線以下の部分はSiのバルク基板（結晶）で，破線より上がSiのエピタキシャル（結晶）層である．この場合バルク基板には低抵抗率（0.1Ω・cm以下）のウェーハが使われ，エピタキシャル層は比較的高抵抗（～10Ω・cm）になるように作られる．したがって，エピタキシャルウェーハを使うと図11・8に示す寄生（p-n-p）バイポーラトランジスタのシャント抵抗R_1の値が通常の場合よりも小さくなることがわかる（CMOSインバータは普通，抵抗率が10Ω・cm程度のSiウェーハを使って製造される）．この方法はCMOSTのラッチアップ対策として有効なのでアメリカなどでは早くから実用化されているが，日本ではウェーハコストの負担（エピタキシャルウェーハは比較的高価）を考慮してあまり使用されていないようである．CMOSインバータのラッチアップ対策としてさらに有効な手段に，次に述べるSOIウェーハの使用がある．

11・4　SOIウェーハ

　CMOSインバータは消費電力が少ないために非常に注目されているが，微細化するとラッチアップ現象が発生しやすくなるのがこのデバイスの最大の欠点である．CMOSインバータを微細化してもラッチアップが原理的に起らなければ，それが最良のラッチアップ対策になる．実は，このことがSOI（Silicon On Insulator）ウェーハを使うことにより可能になるのである．

　SOIウェーハを使った場合のCMOSインバータの断面図を図11・9に示したが，この図からわかるようにこのCMOSインバータではpMOSTとnMOSTが絶縁膜

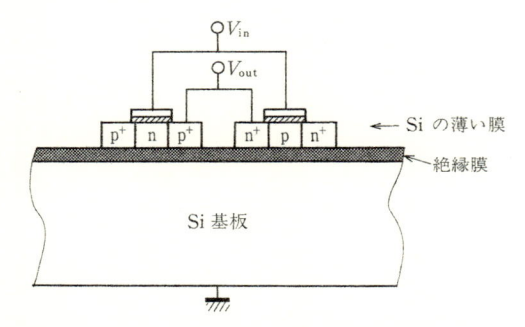

図11・9　ラッチアップに対する完全な対策（SOIウェーハの使用）

11・4 SOIウェーハ 183

図11・10 SOIウェーハ(1)―貼り合せウェーハ

図11・11 SOIウェーハ(2)―SIMOX

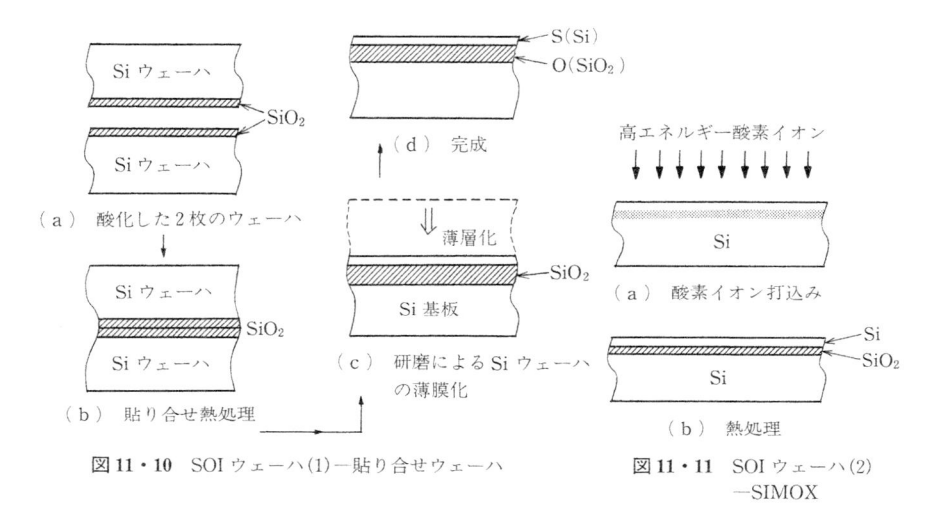

(SiO_2) の上に独立に形成されていて，両者は電気的に完全に分離されている．したがって，この構造では寄生サイリスタはおろか寄生バイポーラトランジスタも形成されることはない．以上のことからSOIウェーハの使用がCMOSTの完全なラッチアップ対策になることが容易に理解できると思う．

　SOIウェーハは以上のようにCMOSデバイスにとって理想的な基板ウェーハなので古くから検討されている．最初に検討されたのは奇妙な名前であるが，SOS(Silicon On Sapphire) ウェーハである．これはサファイア (sapphire) 単結晶の上にSiの単結晶薄膜をエピタキシャル成長させたものであるが，ウェーハの製造コストが高価になるために本格的に実用化されるまでには至らなかった．

　最近注目されているSOIウェーハには2種類のものがあり，一つは図11・10に示す貼り合せSiウェーハで，他の一つは図11・11に示すSIMOXウェーハである．Siの貼り合せウェーハは2枚のSiウェーハを貼り合せたもので，製造工程は図10・10に断面図を使って示している通りである．すなわち，図11・10(a)から(b)に示すように，まず，SiO_2の付いた2枚のSiウェーハを熱処理によって貼り合せ，次に，図(c)から(d)に示すように，一方のウェーハを研削かつ研磨して，1μm内外の薄いSi層を絶縁膜 (SiO_2) の上に残したものである．もちろん，CMOSインバータはこの薄いSi層の上に形成される．

　SIMOX (Separation by IMplanted OXgen) ウェーハは，図11・11(a)に示すよう

に，高エネルギーの酸素イオンを Si ウェーハの表面にイオン打ち込みし，これを熱処理することにより製造される．完成したウェーハは図 11・11(b) に示すように，表面近傍に薄い酸化膜層が埋め込まれ，その上に薄い Si 結晶層が形成されることになる．貼り合せ，SIMOX のいずれの SOI ウェーハの場合にも良好な特性の CMOS インバータが製作できることが報告されているので，やがてこれらの SOI ウェーハも製造現場で実用化されるであろう．

Jack S. C. Kilby 氏（1985 年）
（1923～2005）
写真提供 ワイド・ワールド・フォト

　1950 年代は新しく登場した半導体のトランジスタが，真空管に代わって実用化され始めた時代であった．これによって電気装置は大幅に小型化されたが，それでもより高度な電気システムを作ろうとすると，装置は複雑になり，かつ，信頼性に問題を生じるようになっていた．その当時（1958 年）Texas Instrument（T. I.）に所属していた氏の仕事は，半導体装置（デバイス）を小型化することであった．そこで氏は，基本的な電子回路の一つであるフリップ-フロップ回路を半導体（Ge）を使ったメサ型トランジスタなどを用いて作製することを考え，これを実現させた．これが固体回路（Solid Circuit），すなわち，集積回路（IC：Integrated Circuit）の最初であり，1959 年のことであった．この小さい芽は大きく育ち，今日では一つのチップ（LSI）の中に一千万個以上のトランジスタを集積した超 LSI に発展している．この IC の特許はキルビー（Kilby）特許として数年前に日本の新聞紙上を賑わした．この特許の使用料は莫大だからであり，クロスライセンスが可能な（互いに交換可能な）優れた特許をもたない新規参入の半導体メーカーにとっては死活問題だからである．

12 微細 MOS デバイスの ショートチャネル効果

　集積度の高い VLSI チップを製造するには，VLSI 回路に使われる個々のデバイスの大きさをできるだけ小さくする必要がある．MOS・LSI の場合で考えると MOST のサイズを小さくしなければ，高集積な MOS・VLSI は達成できないことになる．この章ではまず MOST を微細化したときの問題点を概説し，その後 MOST を微細化したときに起る代表的な現象である，ショートチャネル効果の発生原因と対策について述べる．続いて，微細な MOST でしばしば問題になる，しきい値電圧以下での MOST の動作，すなわち，サブスレッショルド特性とその特性劣化について説明する．最後に，微細な MOST で最も深刻な問題になっているデバイス内部の高電界化と，これによって発生するホットキャリアの問題とその対策について簡単に説明し，微細な MOS デバイスの問題点を垣間見ることにしたい．

12・1　MOST の微細化と問題点

　MOST のサイズを小さくするとデバイス内部の高電界化など多くの問題が生じる．電源電圧も含めてデバイスのサイズをすべて比例的に小さくするのであれば，デバイスの内部が特別に高電界になることはない．しかし，電源電圧はこれを下げると，使い難くなるとか，信号が小さくなるとか，応答速度が遅くなるとかの不都合な事が起るので，電源電圧の低下はゆるやかにしか実施されていない(ごく微細な MOST ではさすがに徐々に行われている)．

　いま，ドレイン電圧 V_D は一定に保ってチャネル長 L の比較的大きいデバイスと小さいデバイスの断面図を描くと，それぞれ図 12・1 (a) と (b) に示すようになる．図 12・1 (a) (b) に示した二つの MOST の違いとしては，図 (b) の微細な MOST ではチャネル長 L が短いこと，およびソースとドレインの拡散層の深さ x_j の値が小さ

(a) ロングチャネル MOST (b) ショートチャネル MOST

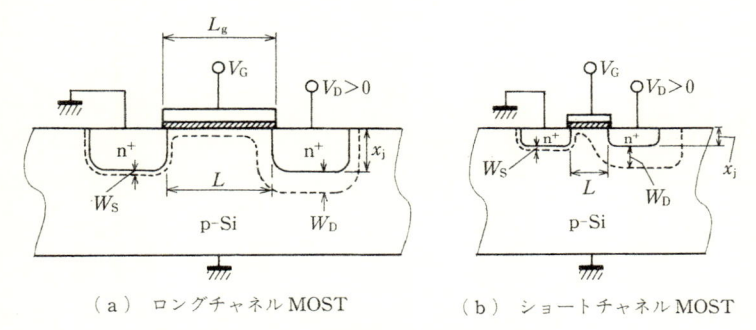

図 12・1　MOST の微細化とショートチャネル化

いことがあげられる．その結果として，図 12・1 (b) に示す微細な MOST では，空乏層がドレイン拡散層の下に広く広がっているだけでなく，この空乏層の影響はゲート下のチャネル部にも及んでいる．このために，MOST にロングチャネルモデルが適用できる条件（ $L \gg W_S + W_D$，W_S と W_D はソースおよびドレインの空乏層幅）が失われ，単純な式では電流-電圧（I-V）特性が表せなくなっている．図 12・1(b) に示す MOST はいわゆるショートチャネル MOST で，この MOST の電流-電圧特性を得るには，ドレイン電界のチャネルへの影響を大幅に採り入れた 2 次元（場合によっては 3 次元）化した電界分布を使わなくてはならない．ショートチャネル MOST の I-V 特性の解析は，本書の範囲を越えるので参考図書を見ていただくことにして，ここでは説明を省略する．

ところで，微細な MOST においてチャネル長 L が短く，拡散層深さ x_j が浅いのは

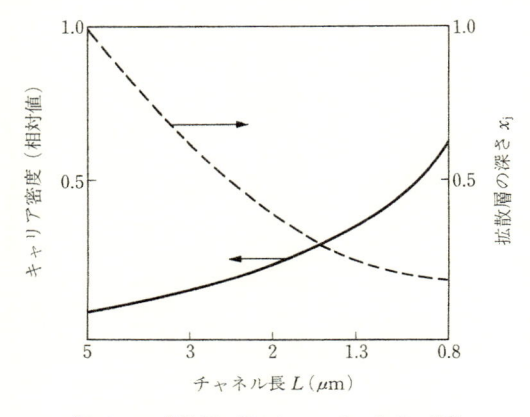

図 12・2　拡散層の深さとキャリア密度の推移

次のような事情によっている.すなわち,チャネル長 L を短くするのは MOST を微細化して VLSI の集積度を上げるためであるが,チャネル長 L を短くすることによって MOST のスイッチング速度を高めて［式 (10・45) 参照］,これを高性能化することも達成できている.拡散層の深さ x_j の推移は図 12・2 に破線で示す通りで,チャネル長 L の短縮とともに浅くなっている.これは次節で述べるようにショートチャネル効果の発生を抑制するためである.MOST の拡散層は信号を取り出す電極として使われるので,拡散層の抵抗はできるだけ小さいことが望ましい.拡散層 x_j が上記のように浅くなると拡散層抵抗が増大するので,これを抑えるように拡散層のキャリア密度は図 12・2 に実線で示すように増加させている.

次に,微細な MOST のドレイン近傍の電界について考えてみよう.ドレイン電界の値を $\mathcal{E}_D$ とすると,$\mathcal{E}_D$ は 6 章の式 (6・75) に従って,次の式で与えられる.

$$\mathcal{E}_D = -\frac{2(\phi_{bi} + V_D)}{W_D} \tag{12・1}$$

ここで,ϕ_{bi} はドレイン拡散層と基板の接合(p-n 接合)で生じる内部電位であり,V_D はドレイン電圧そして W_D はドレインの空乏層幅である.

また,ドレイン接合の空乏層幅 W_D は 6 章の式 (6・32 b) に従って,次の式

$$W_D = \sqrt{\frac{2K\epsilon_0(N_A + N_D)(\phi_{bi} + V_D)}{qN_AN_D}} \tag{12・2}$$

で与えられる.したがって,ドレイン電界 $\mathcal{E}_D$ は式 (12・1) と式 (12・2) より

$$\mathcal{E}_D = \sqrt{\frac{2qN_AN_D(\phi_{bi} + V_D)}{K\epsilon_0(N_A + N_D)}} \fallingdotseq \sqrt{\frac{2qN_AV_D}{K\epsilon_0}} \tag{12・3}$$

となる.ここで,$N_A \ll N_D$,$\phi_{bi} \ll V_D$ と仮定したがこれは妥当な仮定である.チャネル長が $1.1\mu m$,ドレイン電圧が 5 V のときの MOST を想定してドレイン電界 $\mathcal{E}_D$ の値を求めると,約 $2.5 \times 10^5 V \cdot cm^{-1}$ になる.電界の値が $10^5 V \cdot cm^{-1}$ に達すると 1 章で述べた（図 1・10 参照）ようにキャリアの速度飽和が起り,キャリアの移動度が低下する.移動度が下がると MOST の性能は著しく低下するので,デバイス内部の高電界化は移動度の低下だけとっても深刻な問題である.

12・2 ショートチャネル効果

MOST のチャネル長 L が短くなると,10 章でも述べたように,ロングチャネルモデルは成立しなくなる.これはチャネルがゲート電圧のみでは制御できなくなるからである.この結果として MOST のしきい値電圧 V_{th} はゲート長 L_g が短くなるにつれて

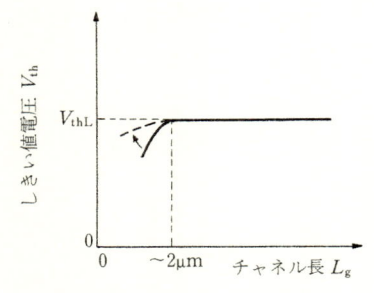

図 12・3 ショートチャネル効果

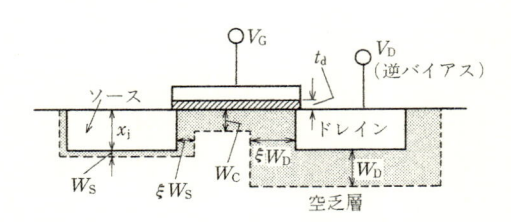

図 12・4 ショートチャネル MOST の様子を示すモデル断面図
H. S. Lee, *Solid State Electron.*, **16** (1973) 1407.

図 12・3 に示すように低下する（注：慣例で横軸が L ではなく L_g にとられる）．この現象はショートチャネル効果と呼ばれる．微細な MOST においてしきい値電圧 V_{th} が低下する理由は簡単には，次のように説明される．すなわち，微細な MOST ではゲート下の（半導体表面の）反転にゲート電圧のみでなく，ドレイン電圧も寄与する．したがって，実際に反転に必要なしきい値電圧を V_{th} とし，ゲート電圧の寄与を $V_{th\,G}$，ドレイン電圧の寄与を $V_{th\,D}$ とすると，次の式が成立する．

$$V_{th} = V_{th\,G} + V_{th\,D} \tag{12・4}$$

MOST にゲート電圧を加えて実際に観測するしきい値電圧は $V_{th\,G}$ であるから，$V_{th\,D}$ が有限である限り（ドレイン電界の寄与が始まると），$V_{th} > V_{th\,G}$ となり，ショートチャネル効果が起るのは当然であることがわかる．

ショートチャネル効果の発生原因をいま少し厳密に調べるために，微細 MOST のしきい値電圧 $V_{th\,S}$（上記の $V_{th\,G}$ に相当する）とロングチャネル MOST のしきい値電圧 $V_{th\,L}$ ［式(12・4)の V_{th}］の関係を式で表すと次のようになる．

$$V_{th\,S} = V_{th\,L} - \frac{\xi}{C_0 L}(A_0 + A_1 x_j + A_2 x_j^2) \tag{12・5}$$

ここで，ξ は図 12・4 に示すようにチャネル部の空乏層の広がりの程度を示す係数であり，この値が大きいほど空乏層の広がりは大きくなることを示している．また，C_0 は酸化膜の容量（$C_0 = K\epsilon_0/t_d$）である．また，A_0, A_1, A_2 は係数であり，x_j は先ほど述べた拡散層の深さである．

式(12・5)を用いてショートチャネル効果の抑制を考えよう．このためには $V_{th\,S}$ の

値をできる限り $V_{\text{th L}}$ に近づければよい（図 12・3 において実線を破線の方へ近づける）．式 (12・5) で考えると第 2 項以下をできるだけ小さくすれば良いことがわかる．このことは微細な MOST で達成されなければならないので，L の値は小さい値のままでなくてはならない．したがって，次の 3 の対策が考えられるが，これらは実際にも実行されている．

① 酸化膜容量 C_0 の値を大きくすること：微細な MOST では酸化膜容量が大きくなるように非常に薄い（～15 nm）ゲート酸化膜が使われている．

② 係数 ξ の値を小さくすること：ドレイン電界のチャネルへの影響が小さくなれば良いので，前述のドレイン接合の電界 $\mathcal{E}_D$ の値を小さくする工夫が，後でも述べるようになされている．

③ 拡散層の深さ x_j を浅くすること：係数 A_0 の影響は残るが，x_j の値が小さくなれば式 (12・5) のカッコの中の第 2 項以降に対して効果が大きいので，図 12・2 に破線で示すように，拡散層深さの縮小が行われている．

12・3 サブスレッショルド特性

MOST ではゲート電圧 V_G の値がしきい値電圧 V_{th} 以下の場合でも，8 章で述べたように表面ポテンシャル ϕ_S の値がフェルミポテンシャル ϕ_f 以上であれば，ゲート下の半導体の表面は弱反転状態になっているので，図 12・5 に示すように，チャネルコンダクタンス g_d の値は 0 よりわずかに大きくなり，図 12・6 に矢印で示すように，ド

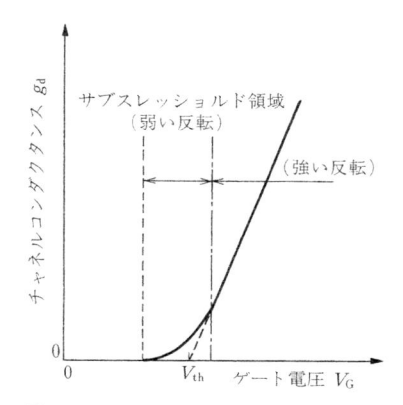

図 12・5 サブスレッショルド領域の特性

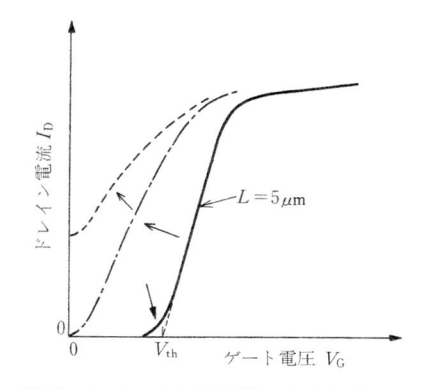

図 12・6 チャネル長の短縮によるサブスレッショルド特性の劣化

レイン電流が流れる．このドレイン電流はサブスレッショルド電流（subthreshold carrent）と呼ばれ，この電流-電圧領域はサブスレッショルド領域と名付けられている．

サブスレッショルド領域のMOSTの動作はスイッチング特性に関連するので，MOSTでは重要な性質である．ことに，微細なMOSTでは図12・6に一点鎖線で示すように，サブスレッショルド電流が流れやすくなっているばかりでなく，破線で示すようにゲート電圧が0のときでさえドレイン電流が流れやすくなっているからである．ゲート電圧が0のときにサブスレッショルド電流が流れるのは一見奇妙に聞こえるかもしれないが，MOSTの弱い反転状態ではキャリアの移動に対して拡散の寄与が大きくなり，デバイスの動作はバイポーラトランジスタと同じようになるので，理論的にも不思議なことではない．

すなわち，サブスレッショルド領域の微細なMOSTでは図12・7に示すように，

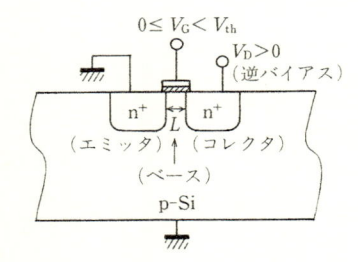

図12・7 サブスレッショルド領域におけるMOSTの動作に対する説明図

MOSTのソース(n^+)をエミッタ，ゲート下の領域(p)をベースそしてドレイン(n^+)をコレクタとするn-p-nバイポーラトランジスタが形成されていると見なせる．したがって，この状態におけるドレイン電流I_Dは，10章で示した式（10・25）や式（10・26）と異なって，次の式で表される．

$$I_D = -qAD_e\frac{dn}{dy} = qAD_e\frac{n(0)-n(L)}{L} \quad (12\cdot6)$$

ここで，Aはチャネルの有効断面積，D_eは電子の拡散係数，$n(0)$，$n(L)$はそれぞれソース端およびドレイン端におけるキャリア（電子）の密度である．式（12・6）を計算した結果のみを示すと，次のようになる．

$$I_D = \frac{W}{L}\mu_n\frac{kT}{q}\sqrt{\frac{K\epsilon_0 N_A kT}{2}}\left(\frac{n_i}{N_A}\right)^2\left(\frac{q}{kT}\phi_s\right)^{-1/2}e^{(q/kT)\phi_s}(1-e^{-(q/kT)V_D})$$

$$(12\cdot7)$$

この式を見ると，ドレイン電流 I_D は表面ポテンシャル ϕ_s に依存するので，結局図 12・6 で見られるように，ドレイン電流はゲート電圧 V_G に依存して増大する．

12・4　ホットキャリアとその対策

MOST を微細化するとゲート下のドレイン接合近傍が高電界化することはすでに 12・1 節で述べた．ドレイン接合近傍が高電界化すると，図 12・8 に示すように，チャネルを通過するキャリアはエネルギーを付与されてホットキャリア（kT よりエネルギーの高いキャリア）になる．伝導電子の場合にはホットエレクトロン，正孔の場合にはホットホールが発生する．このような機構で生じるホットエレクトロンはチャネル・ホットエレクトロン（Channel Hot Electron : CHE）で，これは電界が比較的小さいときに生じる．電界がさらに大きくなるとチャネルのエレクトロンはより一層高エネルギー化し，電子-正孔対をなだれ的に発生させることができるようになるが，このようにして発生したものはドレイン・アバランシェ・ホットキャリア（Drain Avalanche Hot Carrier : DAHC）と呼ばれている．

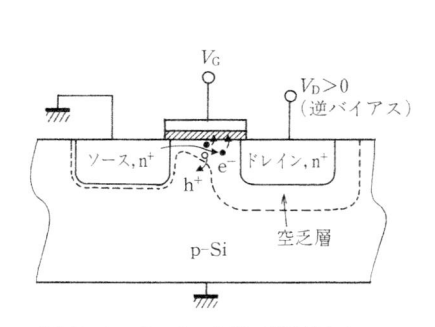

図 12・8　デバイス内部の高電界化とホットキャリアの発生

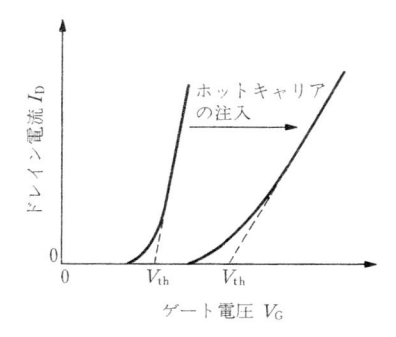

図 12・9　ホットキャリアの注入による V_{th} のシフト

MOST の中でホットエレクトロンが発生すると，これはエネルギーの高いキャリアなのでゲート酸化膜の中へポテンシャル障壁を越えて注入されるようになる．その結果，図 12・9 に示すように MOST のしきい値電圧 V_{th} が変化するとともに，しきい値電圧が不安定になり MOST の特性が著しく劣化する．ホットキャリアはドレイン接合の電界が大きくなるために発生しているので，この抑制には式 (12・3) で示したドレイン電界 $\mathcal{E}_D$ を緩和してやれば良い．しかし，可能ならばこの電界の緩和をドレイン電圧 V_D を下げないで実行することが望ましい．

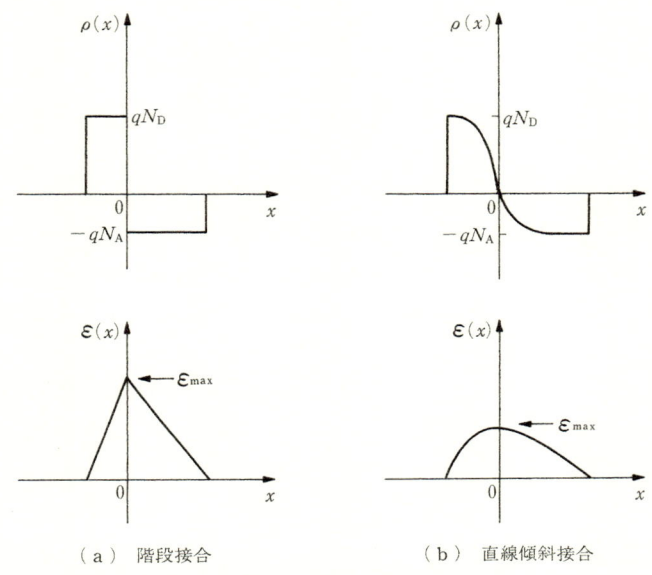

(a) 階段接合 (b) 直線傾斜接合
図 12・10 p-n 接合の電荷分布と電界分布(ドレイン接合)

p-n 接合の電界分布は接合が急峻な階段接合か直線傾斜接合かによって図 12・10 に示すように異なってくる．微細な MOST ではすでに述べたように，拡散層深さ x_j を小さくし，キャリア密度を高くしているので，ドレイン接合は当然図 12・10 (a) に示すように階段接合になっている．微細な MOST においてはドレイン電界を緩和するために階段接合を直線傾斜接合に変える各種の工夫がなされているが，代表的な方法は図 12・11 (a) に示す LDD (Lighty Doped Drain) 法である．

LDD ではゲート加工の工夫とイオン打込み法を巧みに使って，図 12・11(a) に示す

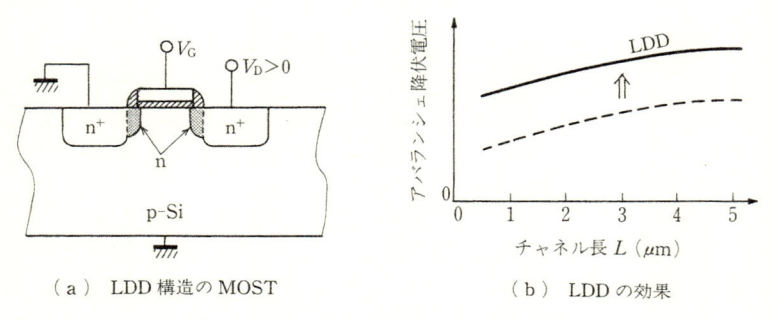

(a) LDD 構造の MOST (b) LDD の効果
図 12・11 ホットキャリア対策とその効果

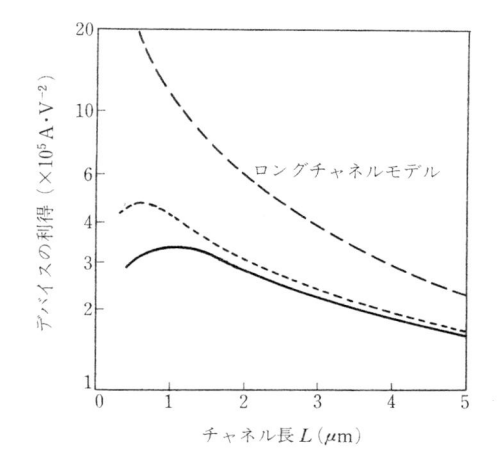

図 12・12 微細化による MOST の利得の劣化
Y. El-Mansy, *IEEE J. Solid Circuits,* SC-17(1982)197.

ように，ドレイン拡散層とチャネルの間にキャリア密度の低い部分を付加することによりドレイン接合を階段接合から直線傾斜接合に変えている．LDD 法はドレイン接合の電界緩和に非常に有効で，その一例を図 12・11(b) に示した．この図からわかるように LDD 法によってアバランシェ降伏電圧が向上し，この降伏が原因で起る前述のホットキャリア（DAHC）の発生が抑制されている．

最後に，微細な MOST の利得について少し考察してこの項を閉じよう．ロングチャネルモデルによれば MOST の利得の重要な要素である相互コンダクタンス g_m は式 (10・35) および式 (10・38) に従うのでチャネル長 L の縮小とともに増大する．したがって，MOST の利得は微細化するほど図 12・12 に破線で示すように増大するはずである．しかし，実際には MOST を微細化すると（デバイス内部の高電界化による）キャリアの移動度の低下，拡散層のシリーズ抵抗の増大 [10 章，式 (10・39) および式 (10・40) 参照] およびゲート容量の減少などによって，チャネル長 L が $1\mu\mathrm{m}$ 以下にもなると図 12・12 に実線で示すように，むしろ利得は低下してくる．これでは困るのでホットキャリアに対する抑制対策などが積極的に行われ，図 12・12 に（短い）破線で示すように，微細化しても利得が減少しないように工夫されているのが現状である．

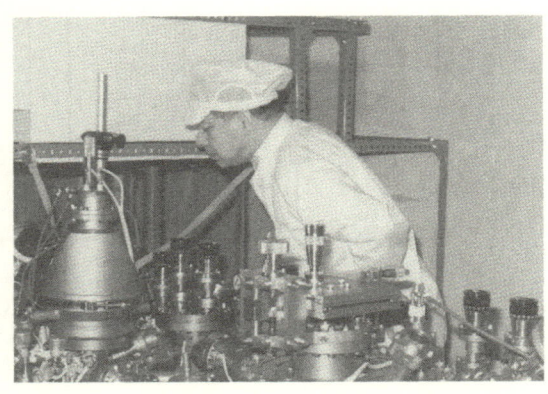

研究室における西澤潤一氏
（1926〜　　）

　若い頃から活躍された場所が東京でなく東北であった故もあり，氏は比較的年配になってから有名になった．その発明は驚異的である．注入型半導体レーザ，p-i-n ダイオード，イオン打ち込み技術，p-i-n フォトダイオード，静電誘導トランジスタ，そして（屈折率変調型）光ファイバーなどなど，これらがすべて氏の発明によるものである．特許の数は実に 700 以上にのぼるという．氏の研究はデバイスに限らず結晶成長にも及んでおり，半導体技術に対する氏の造形には実に深いものがある．これだけの幅広い発明が生れるまでにはデバイスの物理についての徹底的な探究があったようである．毎年ノーベル賞候補の噂に上るというのも納得できるところである．現在は東北大学の総長を勤められているが，氏は自ら設立した半導体研究所の所長兼主住研究員でもある．（信じられないことであるが）今でも現役の研究者である．氏は若い頃から"全人類の生活水準を向上させたい"という願望をもっていて，これが氏の発明の原動力（motivation）だそうである．このモーチベーションの高さを，われわれ後に続く者も見習うべきであろうか．

13 LSI プロセスの基礎

　LSI (Large Scale Integration) は半導体デバイスを使った回路を集積化したものである．これを大規模に行ったものが VLSI (Very Large Scale Integration) である．この章では MOST を使った LSI の製造プロセスについて基本的な部分のみを記述することにする．MOS・LSI プロセス全体は非常に複雑な製造プロセスであるが，要点は LSI 回路を構成する MOS トランジスタを作ることである．したがって，LSI プロセスを理解するためには MOST の知識が不可欠である．この章では，まず MOS・LSI プロセスの概要を述べ，次に，LSI プロセスの説明に入る前に予備知識として LSI プロセスに必ず付随する寄生デバイスについて説明する．その後，MOS・LSI プロセスの二大基本プロセスである LOCOS プロセスと Si ゲートプロセスについて述べる．最後に，LSI プロセスの実際の例として nMOS プロセスと CMOS プロセスについて簡単に説明する．

13・1　LSI プロセスの概要

　LSI が完成するまでのすべての製造プロセスを大きく分けると，図 13・1 に示すよ

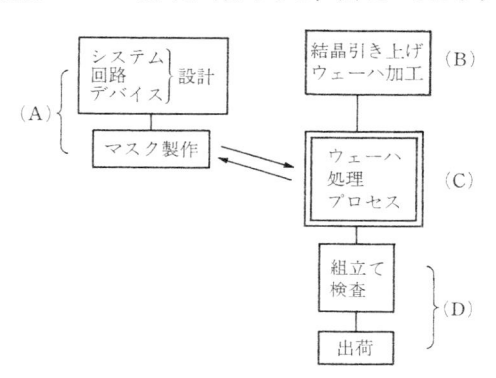

図 13・1　LSI の製造プロセス

うに次の四つのカテゴリーに分けられる．

A：LSI 回路の設計および LSI 回路に使用する LSI デバイスの設計から，これらの回路を実現するためのマスク製作までのプロセス．

B：Si 単結晶の引き上げから Si ウェーハの製作までのプロセス．

C：ウェーハ処理プロセスからプローブ検査までのプロセス．

D：プローブ検査を終えたウェーハからの LSI チップの切り離し，組立てから最終検査までのプロセス

この中でカテゴリー C が一般に LSI プロセスと呼ばれるものである．プロセス C の中には次の製造プロセスが含まれている．

（ⅰ） 酸化プロセス：LOCOS 酸化，ゲート酸化，フィールド酸化など．

（ⅱ） イオン打込み―拡散プロセス：ソース，ドレイン，ウェルの形成など．

（ⅲ） 絶縁膜形成プロセス：層間絶縁膜，保護膜の形成など

（ⅳ） 配線用金属薄膜の形成プロセス：ゲート配線膜，一般配線（Al）膜の形成など．

（ⅴ） 加工プロセス：ウエットエッチ，ドライエッチによる各種の膜および Si の加工．

ここで示した（ⅰ）～（ⅴ）までの各プロセスを使って Si ウェーハ上に多数の LSI チップと，各チップの中に複雑な LSI 回路が作られるが，各チップを切り離すまでの上記 C のプロセスはウェーハプロセスまたは前工程プロセスとも呼ばれ，D の後工程プロセスと区別されている．

LSI プロセスでは LSI 回路で構成される一つのシステムが製作されるわけである

（a） NAND 回路　　　（b） NOR 回路

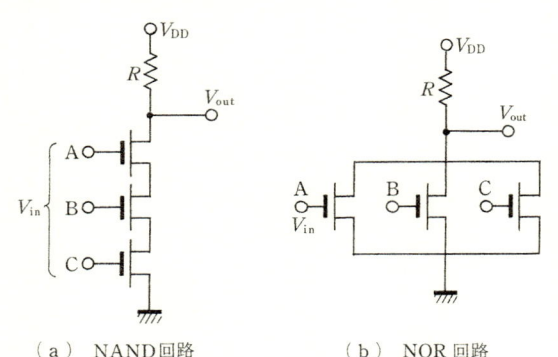

図 13・2　LSI 回路を構成する基本回路

が，LSI の論理回路は図 13・2 に示される (a) NAND 回路および (b) NOR 回路を組合せて作られる．図 13・2 (a) に示す NAND 回路は入力 V_in の A，B，C がすべて高電位の状態のときに出力 V_out が低電位になる回路であり，(b) の NOR 回路は入力 A，B，C のいずれかが高電位のとき出力が低電位になる回路である．

また，LSI では各 MOST が Si ウェーハ（の表面）上に高密度に製造されるので，p-n 接合などのデバイスの基本部分が高性能に能率よく製造される必要がある．この製造プロセスの基本になる技術は図 13・3 に示すプレーナ技術である．p-n 接合は最初の頃は図 13・3(A) に示す成長接合法で作られていた．この方法では，まず p 形の単結晶を成長させ，そのあと材料結晶 (Si) の融液にドープするドーパント不純物をアクセプタからドナーに変えて n 形の単結晶を成長させ，両者の境界の部分を切り出して p-n 接合を製造していた．この方法はきわめて面倒で大量の p-n 接合を製造するのは困難である．

成長接合に対して図 13・3(B) に示すプレーナ技術では，Si ウェーハ上に形成した酸化膜 (SiO_2) を加工して p-n 接合を作る部分のみに穴を開け，そこからドーパント不純物を拡散させて p-n 接合を作るので，同一の Si ウェーハ（表面）上に多数の p-n

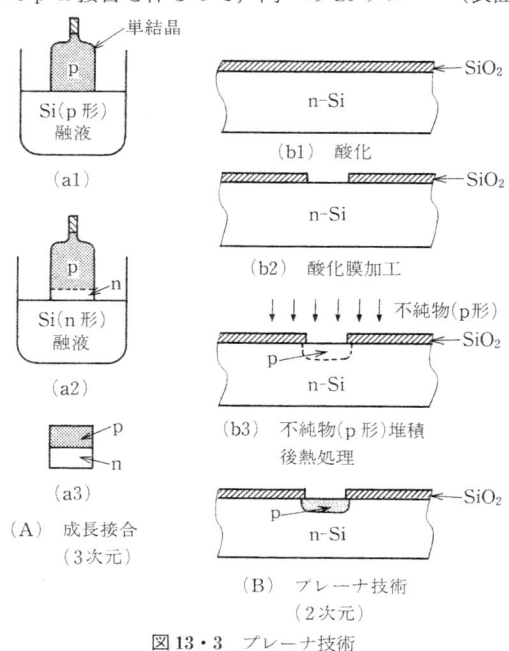

図 13・3 プレーナ技術

接合を容易に製造することができる．LSIプロセスにおいてはこのプレーナ技術に，高精度のリソグラフィーを用いた微細加工とイオン打込み技術が巧みに付加されて多数のMOSTが高密度に製造できるようになっている．

　LSIプロセスのもう一つの大きな特徴は配線プロセスである．LSIでは多くのデバイスをSiウェーハの2次元平面上に集積させるので，LSIの配線は基本的に2次元配線であり，かつ，図13・4(a)に示すように迂回配線になっている．この図に示すよう

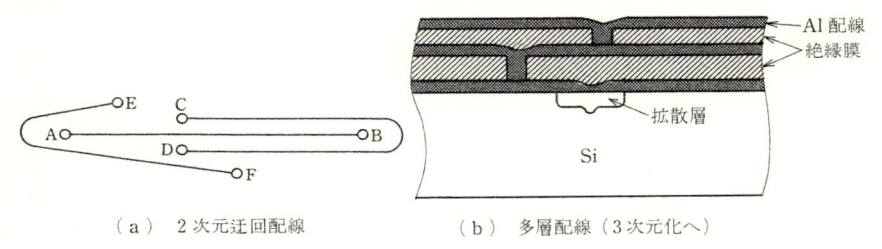

　　　(a) 2次元迂回配線　　　　(b) 多層配線（3次元化へ）
図13・4　LSIの配線

に，最初のA–B間の配線以外は，C–D間にしてもE–F間にしても最短距離で結ぶのは不可能なので，すべて迂回配線になる．したがって，高集積なLSIでは図13・4(b)に示すように配線を一部3次元化する多層配線技術が使われるようになっている．しかし，一般の電気装置のように完全な立体配線は不可能なので，LSIの配線は基本的には2次元に近い平面的な配線である．したがって，高集積なLSIでは配線の長さが膨大になり，その結果，信号の遅延（$RC = \tau$による遅延）が深刻な問題になっている．

13・2　寄生デバイス

　LSIの製造においては多数のデバイス（MOST）を平面上に作るために，作るつもりのない余分なデバイスが付随的に形成されることが起る．この付随的に形成される余分なデバイスは寄生デバイスと呼ばれるが，寄生デバイスは人間に対する寄生虫と同じように有害な場合が多い．もっとも頻繁に発生する寄生デバイスは図13・5に示す寄生MOSTないしは寄生チャネルと呼ばれるものである．

　図13・5(a)には二つのMOSTの間に厚い酸化膜（フィールド酸化膜）が形成されており，正常な状態では拡散層①と②は電気的に完全に絶縁されていなくてはならない．ところが，図13・5(a)に示すように拡散層①と②の間にn形の寄生チャネルが形成されて両者が電気的につながることがある．すると，これら二つのMOSTは誤動作するので，寄生チャネルの形成はLSI回路に重大な事故を引き起こすことになる．

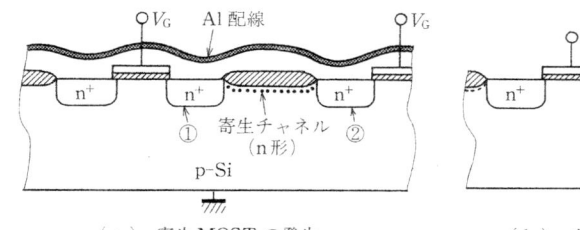

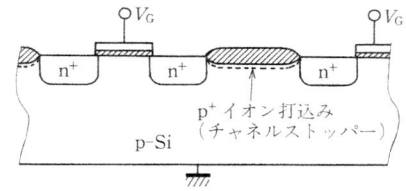

(a) 寄生 MOST の発生 　　　　　(b) チャネルストッパーの形成

図 13・5　寄生デバイスの発生とその防止

なぜこのようなことが起るかというと，図 13・5(a)に示すように，厚い酸化膜の上には普通 Al 配線が走っていて，この配線には当然何らかの電圧が加わっているので，もしも厚い酸化膜の下の（半導体の）キャリア密度が低い場合には，半導体の表面が簡単に反転してチャネルが形成されやすいからである．この寄生チャネルの発生を防ぐには図 13・5(b)に示すように，厚い酸化膜の下の半導体をその表面部分のみキャリア密度を少し高くしてやれば良いことがわかる．

このチャネルの発生を防ぐ対策は LSI プロセスでは巧妙に行われていて，寄生チャネルの発生が危惧される場所に酸化膜を形成する場合においては，この厚い酸化膜の形成の前に酸化する予定の Si ウェーハの表面のみに，基板ウェーハの伝導型と同じドーパント不純物をイオン打込みすることによって行われている．すると，厚い酸化膜を形成した後では図 13・5(b) に示すように，厚い酸化膜の下は同じ伝導型 (p) でも，高濃度になっている (p^+) ために（反転に必要なしきい値電圧 V_{th} が大きくなり），酸化膜の上を電圧が加わった配線が走っても，この下にはチャネルは容易には発生できなくなるのである．このイオン打込みプロセスはチャネルストッパーイオン打込みと呼ばれている．

13・3　LOCOS プロセス

LOCOS (LOCal Oxidation of Silicon) プロセスは図 13・6 の (A) に示すように，Si ウェーハの表面上に長方形 ($Z \times W$) で示すデバイス (MOST) を作る場所と，多数のこれらの場所の間の，デバイス間を電気的に絶縁する場所とを区別し，それぞれの位置を特定するプロセスである．このプロセスと次に述べる (MOST を作るプロセスである) Si ゲートプロセスは LSI の二大プロセスであって，もっとも基本になるプロセスである．LSI プロセスを知るうえにはこの二つのプロセスを理解することが不可欠であるが，それほどこの二つのプロセスは重要であることをここで指摘しておき

200   13 LSIプロセスの基礎

(a) Si₃N₄膜デポ→フォトレジスト膜塗布

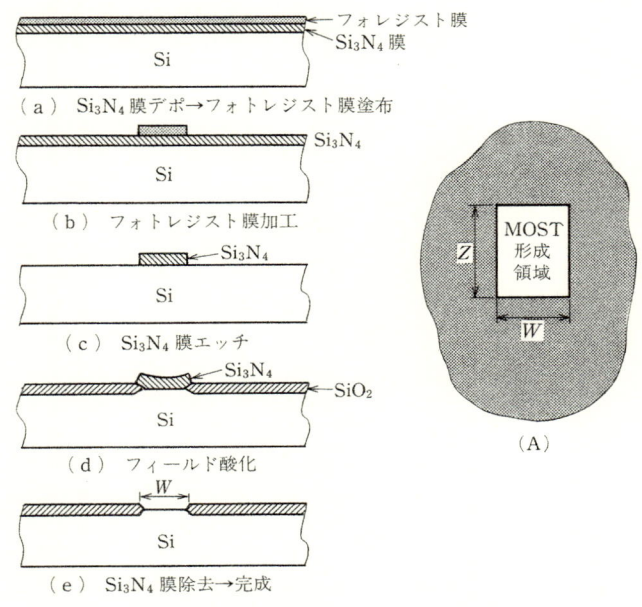

(b) フォトレジスト膜加工

(c) Si₃N₄膜エッチ

(d) フィールド酸化

(e) Si₃N₄膜除去→完成

図13・6　LOCOSプロセス(1)—原理

たい．

　LOCOSプロセスの基本的な工程は図13・6に示す通りで，まず(a)に示すようにSiウェーハの上に窒化膜Si_3N_4を堆積させる．次に，これを加工するために窒化膜の上にフォトレジスト膜を塗布し，図13・6の(b)に示すようにフォトレジスト膜を加工した後，これをマスクにして図の(c)に示すように，デバイスを形成する領域の上のみに窒化膜を残すように他の部分をエッチオフする．この状態で高温の酸素雰囲気において熱処理すると，図の(d)に示すように窒化膜のないSiの部分のみが酸化され，厚い酸化膜（フィールド酸化膜）が形成される．この後，窒化膜Si_3N_4をエッチングして除去すると図の(e)に示すように，デバイスを形成する予定のSi表面の部分のみが外部に現れることになる．図13・6の(e)の状態を上から見ると図(A)に示すようになり，この領域の幅はW，長さはZになっている．

　実際のLOCOSプロセスは図13・7に示すように，図13・6に示す原理上のプロセスよりもやや複雑で，まず，最初の窒化膜を堆積する工程の前に，Siウェーハの表面を軽く酸化して下敷き酸化膜（pad SiO_2）を形成する．窒化膜は硬い強じんな材料なので，図13・6(c)の状態でSiウェーハを熱酸化すると，窒化膜の両端の部分でSiウェ

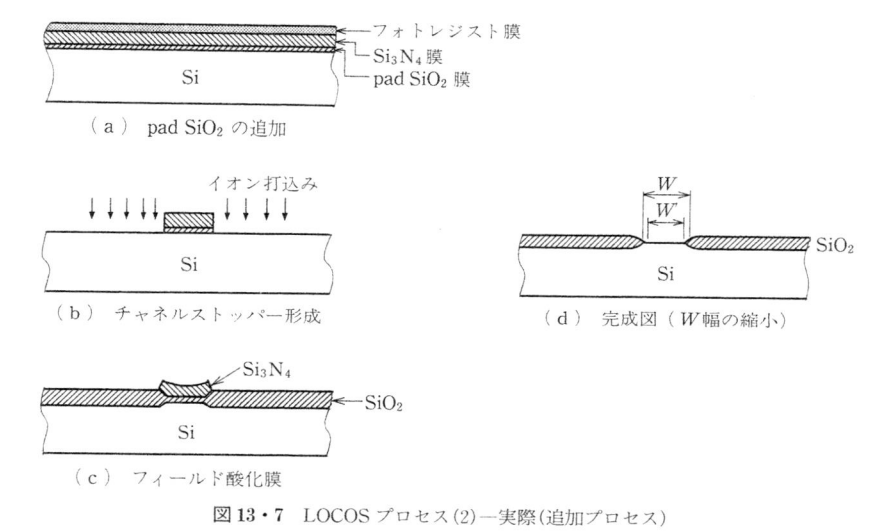

図 13・7 　LOCOS プロセス(2)—実際(追加プロセス)

(a) pad SiO_2 の追加
(b) チャネルストッパー形成
(c) フィールド酸化膜
(d) 完成図 (W 幅の縮小)

ーハに大きな応力が加わり，Si ウェーハに結晶欠陥が発生する．下敷き SiO_2 膜はこの結晶欠陥の発生を防ぐ作用をしているのである．さらに，図 13・7(b) ではパターンニングした窒化膜の周囲の Si ウェーハ上にチャネルストッパーのためのイオン打込みが行われている．この後は図 13・6 のプロセスに従って，フィールド酸化を行い，窒化膜を除去してプロセスを終えるわけであるが，この場合には下敷き SiO_2 膜の存在のために，酸化工程中に窒化膜の両端から酸化が進行し，窒化膜の両端近傍で酸化膜が厚くなる現象が起る．するとデバイス領域の幅 W は少し狭くなり W' ($W' < W$) となるが，これはこのプロセスの一つの欠点である．

13・4　Si ゲートプロセス

Si ゲートプロセスはすでに述べたように LOCOS プロセスとともに LSI の基本プロセスである．Si ゲートプロセスは図 13・8 に示す通りで，通常の LSI のプロセスでは LOCOS プロセスに続いて行われるので，まず，図 13・7(d) に示す状態の Si ウェーハを酸化してゲート酸化膜を形成すると図 13・8(a) の状態になる．次に，図 13・8(b) に示すようにこの上に（不純物を高濃度にドープした）多結晶 Si（poly Si）を堆積し，この後リソグラフィ技術を使って図(c)に示すように，MOST のゲート部分を加工形成する．続いて，このゲート部分をマスクとして使用し図 13・8(d) に示すようにソース，ドレイン拡散層形成用のイオン打込みを行い，最後に，(e) に示すよう

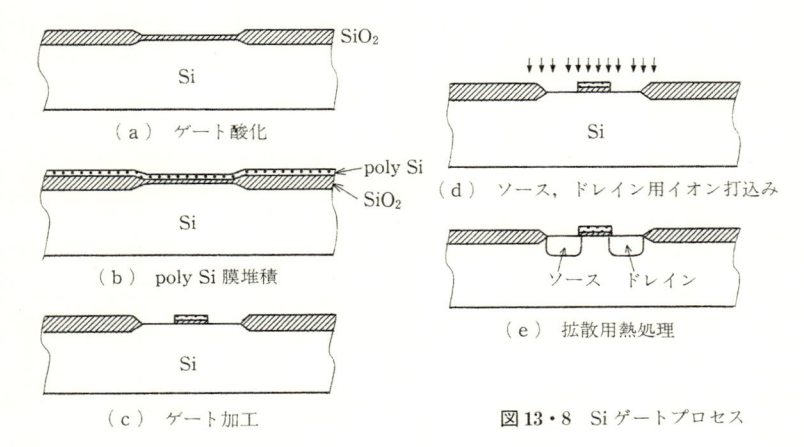

(a) ゲート酸化

(b) poly Si 膜堆積

(c) ゲート加工

(d) ソース,ドレイン用イオン打込み

(e) 拡散用熱処理

図13・8 Si ゲートプロセス

に熱処理してドーパント不純物を拡散し,このプロセスを終える.

　Si ゲートプロセスには,このプロセス以外では不可能な微細加工の秘密が隠されているのであるが,これを説明するために Si ゲートプロセスの前に使われていた Al ゲートプロセスを見てみよう.Al ゲートプロセスの基本形を図13・9に示したが,このプロセスでは,Si ウェーハを熱酸化して厚い酸化膜を形成した後,まず,ソース,ドレイン拡散層を作るために図13・9(a)に示すように拡散層を形成する部分の酸化膜を除去し,ここからドーパント不純物を導入して図(b)に示すように熱拡散を行って

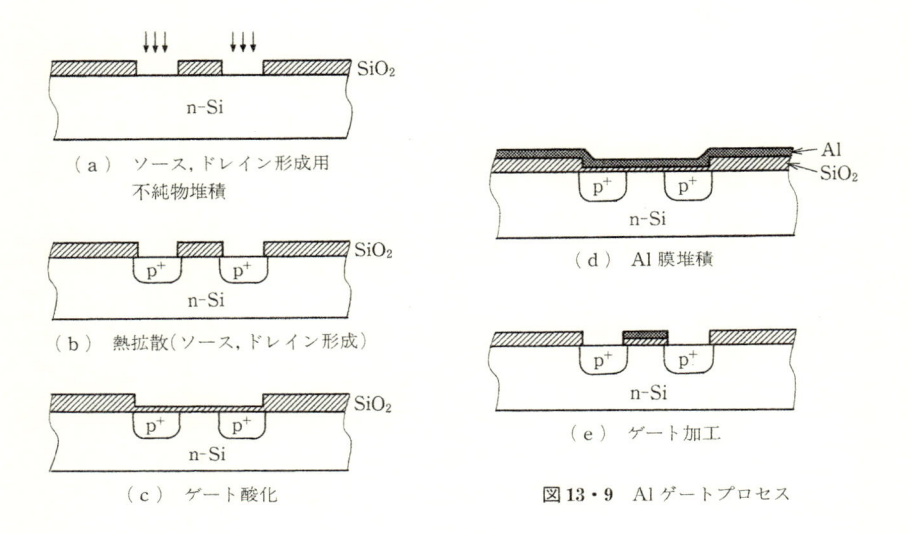

(a) ソース,ドレイン形成用不純物堆積

(b) 熱拡散(ソース,ドレイン形成)

(c) ゲート酸化

(d) Al 膜堆積

(e) ゲート加工

図13・9 Al ゲートプロセス

ソース，ドレインを形成する．拡散処理が終ると図 13・9(c) に示すように二つの拡散層（ソースとドレイン）の間の厚い酸化膜を除去した後この部分を熱酸化してゲート酸化膜を形成する．続いて (d) に示すように Al 膜を堆積し，ゲート酸化膜と同時にゲート加工を行ってプロセスを終える．一見すると両方のプロセスは同じように見えるが，ゲート部分の微細加工の見地からは重大な違いがある．

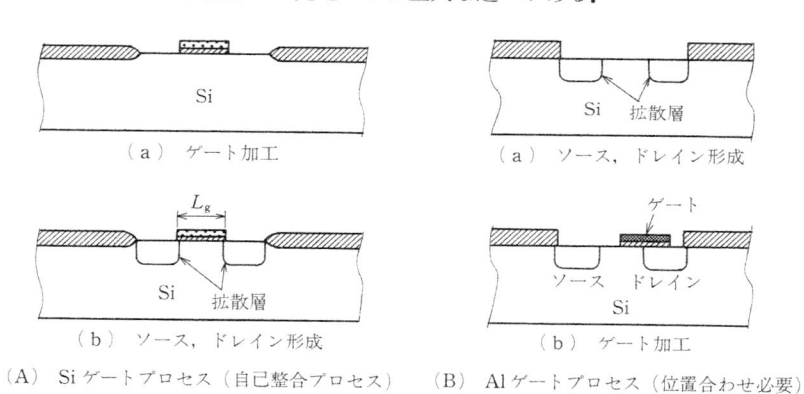

（a） ゲート加工	（a） ソース，ドレイン形成
（b） ソース，ドレイン形成	（b） ゲート加工
（A） Si ゲートプロセス（自己整合プロセス）	（B） Al ゲートプロセス（位置合わせ必要）

図 13・10 微細加工における自己整合プロセスの有利性

図 13・10 に両者の違いを示すが，図 (A) に示す Si ゲートプロセスではゲート加工を行ってから拡散層を形成しているのに対し，図 (B) の Al ゲートプロセスにおいては拡散層を形成してからゲート加工をしている．図 13・10(A) の Si ゲートプロセスにおいてはゲート加工をしてから拡散層の位置決めおよび拡散処理を行っているので，ゲート部は必ず両拡散層を橋渡しするように形成される．しかも，このプロセスでは特別に精度の高いマスクの位置合せが必要でない．このようなプロセスは自己整合 (self alignment) プロセスと呼ばれる．

一方，図 13・10(B) の Al ゲートプロセスでは，拡散層を形成してからゲート部を加工するので，ゲート部が必ず両拡散層を橋渡しするように高精度にマスクを位置合せしてから，ゲート部分を加工する必要がある．そうでないと図 13・10(B) の (b) に示すようにゲートの位置が拡散層からずれてしまい MOST は正常に動作しないからである．ゲート長 L_g の大きさが $0.5\,\mu\mathrm{m}$ 程度にも微細になると，この位置合せは絶望的に難しくなり，図 13・10 (B) の (b) 状態は容易に起り得るのである．

LSI プロセスで要求される多数の MOST のゲート加工を自己整合プロセスを使わないで，ほぼ同じ精度で正常に加工することはきわめて難しいのである．以上の説明

からわかるように微細な MOST の製造は，自己整合プロセスが使える Si ゲートプロセスだからこそ，可能になっているといえるであろう．なお，ゲート加工プロセスの後に拡散層形成のプロセスを行うには，ゲート（金属）材料の融点は拡散温度（1 000°C 以上）よりも高くなくてはならない．このために poly Si を使っているのであるが，これは抵抗が高いので，高濃度に不純物をドープして縮退した状態の半導体にしている．

13・5　nMOS プロセスと CMOS プロセス

　実際の LSI プロセスは非常に複雑なので，ここでは基本的なプロセスの代表例として nMOS プロセスと CMOS プロセスのみ簡単に説明することにする．nMOS プロセスとは nMOS インバータで構成する LSI 回路（メモリ LSI も含む）を作るプロセスである．例えば，図 13・11 に示すような nMOS インバータを使った 2 入力の NAND 回路（で構成されるシステム）を作る場合には，図 13・12 にその断面図を示すような nMOS プロセスが使われる．図 13・12 の(c)までは LOCOS プロセスである．図(d)のチャネルイオン打込みという処理は，LSI プロセスでは多くの MOST のしきい値電圧 V_{th} を一定に揃える必要があるが，この V_{th} をコントロールするために行うものである．しきい値電圧 V_{th} の値が揃うためには Si ウェーハのキャリア密度はウェーハ内で高精度に均一であることが要求される．しかし，この要求を達成することは Si ウェーハの製造上きわめて困難なことである．そこで Si ウェーハの表面部分のみについてキャリア密度を均一にするために，通常このようなチャネルドープイオン打込みが行われている．

　図 13・12(e) のプロセスが付加されているのは，図 13・11 に示す NAND 回路にはエンハンスメント型の他に負荷抵抗としてデプレッション型の MOST が使われてい

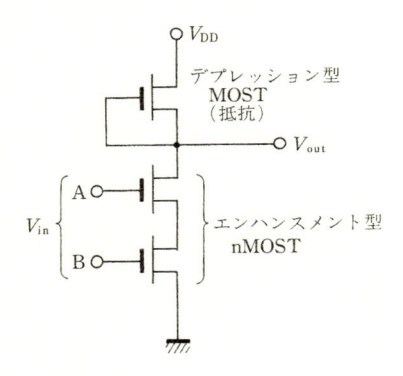

図 13・11　2 入力 NAND 回路

13・5 nMOSプロセスとCMOSプロセス

(a) pad SiO₂, Si₃N₄ デポ
→フォトレジスト膜塗布
（フォレジスト膜／Si₃N₄／pad SiO₂／p-Si）

(b) SiO₂パターンニング→チャネル
ストッパーイオン打込み

(c) フィールド酸化（厚いSiO₂形成）

(d) ゲート酸化→チャネルイオン打込み

(e) 負荷MOST用チャネルイオン打込み

(f) （配線用）拡散層パターンニング

(g) フォトレジ膜除去→poly Si デポ

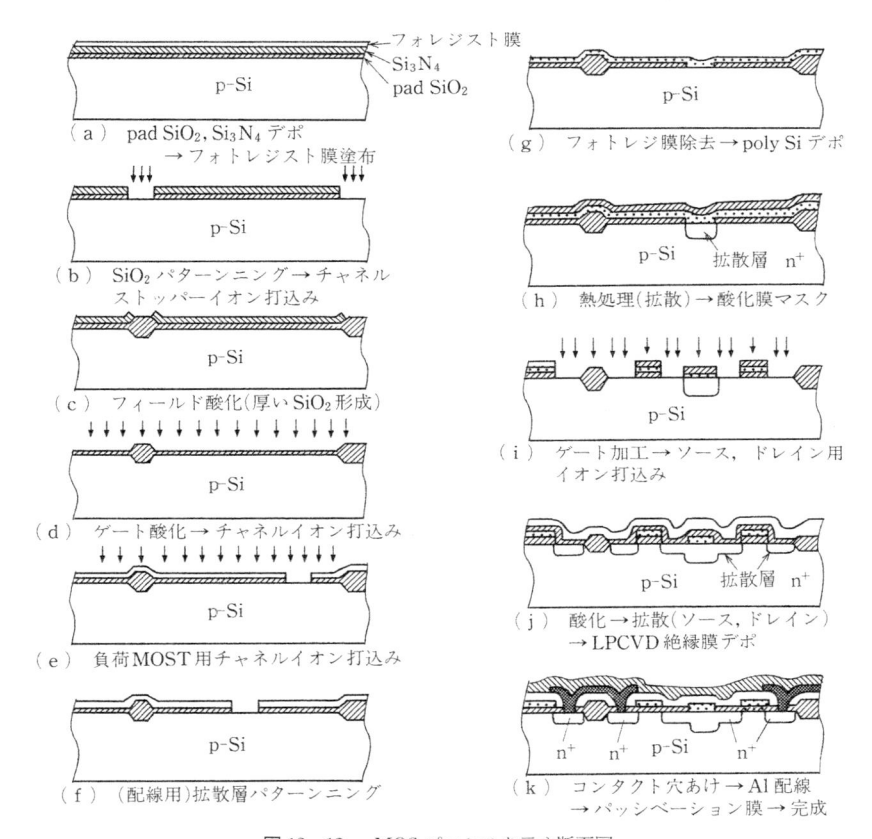

(h) 熱処理（拡散）→酸化膜マスク
（拡散層 n⁺）

(i) ゲート加工→ソース,ドレイン用
イオン打込み

(j) 酸化→拡散（ソース,ドレイン）
→LPCVD絶縁膜デポ
（拡散層 n⁺）

(k) コンタクト穴あけ→Al配線
→パッシベーション膜→完成
（n⁺ n⁺ p-Si n⁺）

図13・12 nMOSプロセスを示す断面図

るからである．ほぼ図(j)まではSiゲートプロセスであって，その後は配線プロセスや配線間の電気的な絶縁を保つためのプロセスがあり，最後はLSIチップを保護するためのパッシベーションプロセスで終了している．

CMOSプロセスはもちろんCMOSインバータを使ったLSI回路を作るためのプロセスである．このプロセスの簡単な例は図13・13に示したが，この例ではCMOSインバータの断面構造として11章の図11・4(b)に示した両ウェル構造のものを使用している．前にも述べたように，CMOSインバータではpMOSTとnMOSTの両方を作る必要があるので，図13・13からもわかるように，nMOSプロセスに比べて複雑である．ここには示していないがプロセスの工程数（プロセスステップ）もCMOSプロセスはnMOSプロセスに比べて圧倒的に多い．このためCMOSプロセスは高価でも

206   13 LSIプロセスの基礎

(a) pod SiO_2 → Si_3N_4 デポ

(b) nウェル・イオン打込み

(c) フィールド酸化

(d) Si_3N_4膜除去→pウェル用イオン打込み

(e) ウェル拡散

(f) Si_3N_4デポ→LOCOSプロセス

(g) ゲート酸化→チャネル・イオン打込み
→poly Siデポ→ゲート加工

(h) nMOST用ソース,ドレイン・イオン打込み

(i) pMOST用ソース,ドレイン・イオン打込み

(j) 層間絶縁膜→配線→パッシベーション→完成

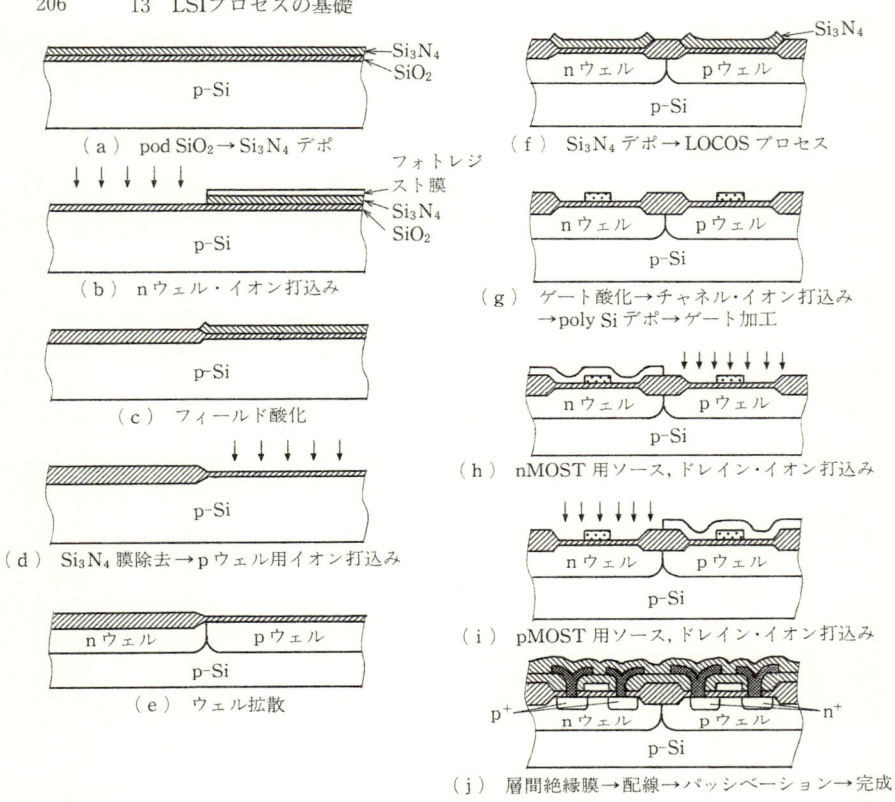

図13・13 CMOSプロセスを示す断面図

ある．

付　　録

基本定数と換算表

物理量など	記号および値
ボルツマン定数	k, 8.62×10^{-5} eV/K
プランクの定数	h, 6.625×10^{-27} erg·s
電子の電荷量	q, 1.60×10^{-19} C
真空の誘導率	ϵ_0, 8.86×10^{-14} F·cm^{-1}
電子の質量	m, 9.11×10^{-28} g
電子ボルト	eV, 1.60×10^{-12} erg
1 eV/分子	23.1 kcal/mol
$kT/q(T=300\mathrm{K})$	0.026 V

付録A　有効質量の式の導出

固体の中を運動する電子を波としてとらえ，その波長を λ，波数を k とすると両者の間には次の関係が成立する．

$$k=2\pi/\lambda \tag{A・1}$$

この波数 k は3次元にすると波数ベクトル $\boldsymbol{k}$ となる．これを使うと運動量 $\boldsymbol{p}$ は

$$\boldsymbol{p}=\hbar\boldsymbol{k} \tag{A・2}$$

となる．ここで，$\hbar$ はプランクの定数 h を 2π で割ったもの ($\hbar=h/2\pi$) である．

一方，自由空間における電子の運動エネルギー E は，次の式

$$E=\frac{\boldsymbol{p}^2}{2m} \tag{A・3}$$

で表されるので，これを運動量で微分すると電子の速度 $\boldsymbol{v}$ として，次の式

$$\boldsymbol{v}=\frac{\boldsymbol{p}}{m} \tag{A・4}$$

が得られる.

　また，運動量として式(A・2)を使うと，電子の運動エネルギー $E(\boldsymbol{k})$ は，次の式

$$E(\boldsymbol{k}) = \frac{\hbar^2 \boldsymbol{k}^2}{2m} \tag{A・5}$$

で表される．これを $\boldsymbol{k}$ で微分すると次の式が得られる.

$$\frac{\mathrm{d}E(\boldsymbol{k})}{\mathrm{d}\boldsymbol{k}} = \frac{\hbar^2 \boldsymbol{k}}{m} \tag{A・6}$$

式(A・6)を式(A・4)に代入すると，電子の運動速度 $\boldsymbol{v}$ は次のように求まる.

$$\boldsymbol{v} = \frac{\hbar \boldsymbol{k}}{m} = \frac{1}{\hbar} \cdot \frac{\mathrm{d}E(\boldsymbol{k})}{\mathrm{d}\boldsymbol{k}} \tag{A・7}$$

この速度 $\boldsymbol{v}$ は電子の波束の速度であり，群速度と呼ばれるものである．ここで，式(A・7)は一般式であり，$E(\boldsymbol{k})$ は一般には式(A・5)の形に拘束されないことに注意すべきである.

　式(A・7)をさらに時間で微分すると $\mathrm{d}\boldsymbol{v}/\mathrm{d}t$ として，次の式が得られる.

$$\frac{\mathrm{d}\boldsymbol{v}}{\mathrm{d}t} = \frac{1}{\hbar} \cdot \frac{\mathrm{d}}{\mathrm{d}t}\left\{\frac{\mathrm{d}E(\boldsymbol{k})}{\mathrm{d}\boldsymbol{k}}\right\} = \frac{1}{\hbar} \cdot \frac{\mathrm{d}^2 E(\boldsymbol{k})}{\mathrm{d}\boldsymbol{k}^2} \cdot \frac{\mathrm{d}\boldsymbol{k}}{\mathrm{d}t} \tag{A・8}$$

この式も一般式であることに注意する必要がある．一方，運動量 $\boldsymbol{p}$ を時間で微分すると，次の関係式が得られる.

$$\frac{\mathrm{d}\boldsymbol{p}}{\mathrm{d}t} = m\frac{\mathrm{d}\boldsymbol{v}}{\mathrm{d}t} = \boldsymbol{F} \tag{A・9}$$

また，式(A・2)を時間で微分して，式(A・9)の関係を使うと次の式

$$\frac{\mathrm{d}\boldsymbol{p}}{\mathrm{d}t} = \hbar\frac{\mathrm{d}\boldsymbol{k}}{\mathrm{d}t} = \boldsymbol{F} \tag{A・10}$$

が得られる.

　式(A・10)の関係を式(A・8)に代入すると $\mathrm{d}\boldsymbol{v}/\mathrm{d}t$ は次の式

$$\frac{\mathrm{d}\boldsymbol{v}}{\mathrm{d}t} = \frac{1}{\hbar^2} \cdot \frac{\mathrm{d}^2 E(\boldsymbol{k})}{\mathrm{d}\boldsymbol{k}^2} \boldsymbol{F} \tag{A・11}$$

で表すことができる．この式はもちろん一般式で $E(\boldsymbol{k})$ は式(A・5)の形には拘束されない．式(A・11)を質量 m^* の粒子に関する次の運動方程式

$$\boldsymbol{F} = m^* \frac{\mathrm{d}\boldsymbol{v}}{\mathrm{d}t} \tag{A・12}$$

と比較すると，質量 m^* は次の式

$$m^* = \hbar^2 \left(\frac{\mathrm{d}^2 E(\boldsymbol{k})}{\mathrm{d}\boldsymbol{k}^2}\right)^{-1} \tag{A・13}$$

で表されることがわかる．この式が固体（結晶）の中を運動する電子（または正孔）の有効質量を表す式である．

式(A・13)の中で電子のエネルギー $E(\boldsymbol{k})$ の形は，半導体の場合においては，伝導帯では(2章の)図2・8の曲線Aで，価電子帯では曲線Bで表される．したがって，電子の有効質量は曲線Aの曲率に依存し，正孔の有効質量は曲線Bの曲率に依存する．摂動論（量子論）の関係でコメントすれば，$E(\boldsymbol{k})$ と $\boldsymbol{k}$ の関係が図2・8の曲線Aで表されるということは，結晶格子に基づく周期ポテンシャルの成分がこの関係の中に繰り入れられているということである．自由電子の場合には周期ポテンシャルは関係ないので全エネルギーは式(A・5)で表され，計算してみればわかるように電子の本来の質量 m が有効質量 m^* になる（$m=m^*$）．

付録B　フェルミ粒子とボース粒子およびその統計

自然界に存在する粒子には2種類あり，それらは電子などのフェルミ粒子と光子(光)などのボース粒子である．前者はフェルミ-ディラック（Fermi-Dirac）統計に従い，後者はボース-アインシュタイン（Bose-Einstein）統計に従うので，このように呼ばれている．ボース粒子もフェルミ粒子もスピンをもつが，ボース粒子のスピン数は0を含む整数（0，1，2，3，…）であり，フェルミ粒子のスピン数は半整数（1/2，3/2，5/2，…）である．このスピン数と関連してボース粒子が互いに"反発し合わない"性質をもつのに対して，フェルミ粒子は互いに"反発し合う"性質をもっている．

これらの粒子の挙動は一定の統計法則に従うが，以上のように二つの粒子は基本的な性質が異なるために，フェルミ粒子とボース粒子では従う統計法則がまったく異なっている．フェルミ粒子は上記の"反発し合う"性質と関連して，"同一の物理状態に

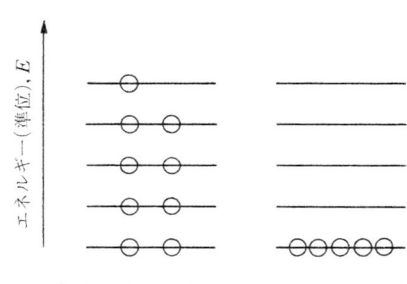

図B・1　エネルギー準位への粒子の詰まり方（0Kを想定）

（a）フェルミ粒子　　（b）ボース粒子

はただ一つの粒子の存在しか許されない"というパウリの排他律に拘束されるために，図B・1(a)に示すように，絶対零度であっても，最低のエネルギー準位には二つの粒子の存在しか許されない(スピンが異なるので二つまで許される). しかし，ボース粒子はパウリの排他律の制約を受けないので，図B・1(b)に示すように，最低のエネルギー準位を多くの粒子が占めることができる.

以上の事柄は数式的には統計分布を表す式を用いて表現できるが，フェルミ粒子の場合には，エネルギーが E の状態を占有する粒子の確率 $f_F(E)$ は，次の式

$$f_F(E) = \frac{1}{e^{(E-E_F)/kT}+1} \tag{B・1}$$

で与えられる. この式はフェルミ-ディラック分布関数と呼ばれている. 一方，ボース粒子の場合には，ある粒子がエネルギー E の状態を占有する確率 $f_B(E)$ は

$$f_B(E) = \frac{1}{e^{(E-\mu)/kT}-1} \tag{B・2}$$

となる. ここで，μ は化学ポテンシャルで，式(B・1)の E_F に対応するものである. この式(B・2)はボース-アインシュタイン分布関数である.

式(B・1)を描くと図B・2(a)に示すようになり，破線で示す $T=0\,\mathrm{K}$ の場合

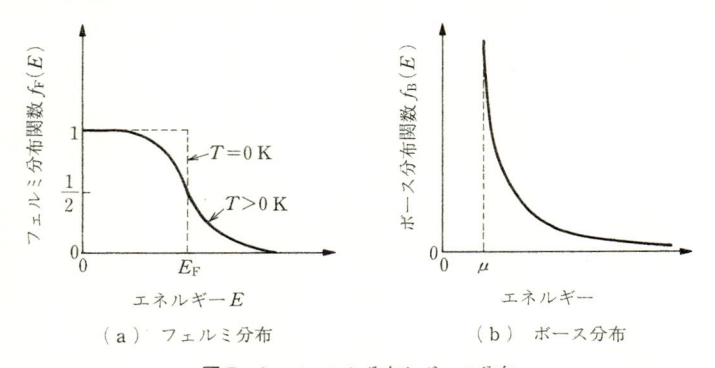

図B・2 フェルミ分布とボース分布

には粒子のエネルギーがフェルミ・エネルギー E_F に達するまでは，占有確率は常に1である. $T>0\,\mathrm{K}$ のときには図に実線で示すように分布の形がくずれるが，フェルミ準位 E_F に位置する粒子の占有確率は常に1/2である. 一方，ボース粒子に対する分布関数は図B・2(b)に示すようになり，粒子のエネルギーが化学ポテンシャル μ に近づくと，粒子の数が非常に増大するようになる. この様子は図B・1(b)の状況に対応している.

付録C 状態密度の導出

一辺が L の 3 次元の井戸型ポテンシャルの中に閉じ込められている電子を想定することにする．まず，自由電子の運動エネルギー $E(\boldsymbol{k})$ は，次の式で表される．

$$E(\boldsymbol{k}) = \frac{\boldsymbol{p}^2}{2m} = \frac{h^2}{8\pi^2 m}\boldsymbol{k}^2 \tag{C·1}$$

ここで，$\boldsymbol{k}$ は 3 次元の各波数成分に対して，次の関係を満たしている．

$$\boldsymbol{k}^2 = k_1^2 + k_2^2 + k_3^2 \tag{C·2a}$$

$$k_1 = \frac{n_1}{L}\pi, \quad k_2 = \frac{n_2}{L}\pi, \quad k_3 = \frac{n_3}{L}\pi \tag{C·2b}$$

式（C·1）は式（C·2a），（C·2b）を使って書き直すと，$E(\boldsymbol{k})$ は次のようになる．

$$E(\boldsymbol{k}) = \frac{h^2}{8mL^2}(n_1^2 + n_2^2 + n_3^2) = \frac{h^2 \boldsymbol{R}^2}{8mL^2} \tag{C·3}$$

ここで，$\boldsymbol{R}$ は次の式

$$\boldsymbol{R}^2 = n_1^2 + n_2^2 + n_3^2 \tag{C·4}$$

で表され，3 次元空間における原点から点 (n_1, n_2, n_3) へのベクトルを表している．この空間では $L=1$ の単位立方体（体積 1）を一つの状態とみなすことができるので，状態の数は体積に等しくなる．したがって，半径 $\boldsymbol{R}$ の球に対する自由電子の状態数は，次の式で与えられる．

$$N = \frac{4\pi \boldsymbol{R}^3}{3} = \frac{4\pi}{3}\left(\frac{8m}{h^2}\right)^{3/2} E^{3/2} \tag{C·5}$$

ここで，式（C·3）の関係を使い，かつ，$L=1$ とした．

エネルギーが E と $E+dE$ の間にある状態密度は，式（C·5）を E で微分して

$$N(E)dE = 2\pi\left(\frac{8m}{h^2}\right)^{3/2} E^{1/2} dE \tag{C·6}$$

と求まる．しかし，まず，n_1, n_2, n_3 の中で許される値は，正の整数のみなので（$2^3=8$）8 で割る必要がある．また，スピンを考慮すると全体を 2 倍にすることも必要なので，結局，式（C·6）を 4 で割って，状態密度 $N(E)$ について次の関係式が得られる．

$$N(E)dE = \left(\frac{4\pi}{h^3}\right)(2m)^{3/2} E^{1/2} dE \tag{C·7}$$

付録D　トンネル現象

絶縁体（真空も含む）で遮られた二つの導体（または半導体）の間の電子のトンネル現象について考えよう．この現象は，粒子がその運動エネルギーよりも高いポテンシャルの壁をすり抜けるという，量子力学的なトンネル現象である．いま，二つの導体の中の電子を考えると，これは図D・1に示すように，有限なポテンシャル障壁 V_0 をもつ A，B 二つの井戸（well：ウェル）の中に閉じ込められた電子と考えることができる．ここで電子のエネルギーは V_0 よりも小さいと仮定する．したがって，古典論で考えれば井戸の中に閉じ込められた電子は外に出ることはできない．

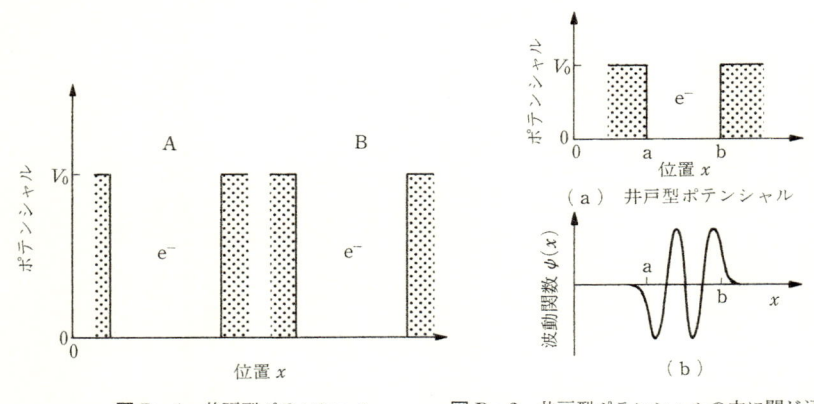

図D・1 井戸型ポテンシャル

図D・2 井戸型ポテンシャルの中に閉じ込められた電子の波動関数（$n=3$）
(a) 井戸型ポテンシャル
(b)

ところが量子論では，電子の状態は波動関数 $\psi(x)$ で表され，その存在確率は $|\psi(x)|^2$ に比例するので，ウェルの中に閉じこめられている電子の波動関数 $\psi(x)$ が図D・2(b)に示す形をとるとすると，電子の存在確率は図D・3(a)に示すようになる．実際の物質では障壁の端は数学的な意味の端と異なって，種々のぼやけが存在するので，電子の分布は平均化され図D・3(b)に示すようになると考えて良いであろう．ここで，注意すべきことは，図D・3では(a)においても(b)においても電子の存在確率は井戸の外でもそのごく近傍においては有限であって0でないことである．この現象は量子論に特有なもので，古典論ではあり得ないことである．

次に，図D・4に示すように二つのウェル（井戸）を近づけて，その間隔を非常に狭く d にしたとすると，図に示すように両方のウェルの波動関数の存在確率が重な

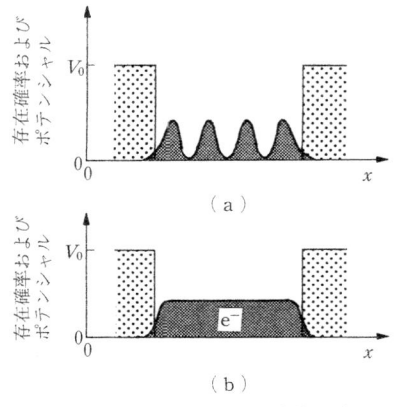

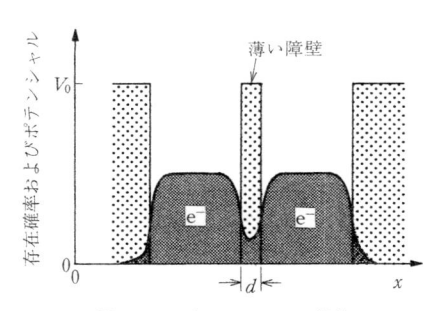

図 D・3　井戸型ポテンシャル内外の電子の存在確率

図 D・4　電子のトンネル状態

ようになる．つまり，電子は二つの井戸の間（障壁の中）にも存在できるようになる．このことは電子が二つの井戸の間を相互に往き来できることを示している．これが電子のトンネル現象である．電子のトンネル確率は障壁の高さ V_0 の値が小さいほど，また，障壁の間隔 d は小さいほど高くなるので，電子は二つの井戸（物体）を近づけるほどトンネルしやすくなる．

付録E　サイリスタ

サイリスタは図E・1(a)に示すように，二つのバイポーラトランジスタを背中合せに重ねたような構造（p-n-p-n構造）をしていて，p-n接合が三つ（以上）ある半導体デバイスである．サイリスタは on-off 動作のみの2安定デバイスで，一般には電力制御や電力変換に使われている．さて，サイリスタの動作であるが，このデバイスの電流-電圧（I-V）特性は図E・2に示す通りで，順方向に電圧を0から増加させていくと最初はわずかしか電流が流れないが，臨界電圧 V_fb を越えるとサイリスタの抵抗値が急に下って突然大量の電流が流れ始める．

しかし，この電流が流れている（サイリスタの動作）状態も，電圧をある値以下に下げると電流は流れなくなりデバイスの動作は停止してしまう．このしきい値電圧は図E・2に示す保持電圧 V_H である．電流についても同様なことが当てはまり，電流値を図E・2に示す I_H 以下にすると，電流が流れなくなりデバイスの動作も止まる．こ

214　付　録

(a)　サイリスタ　　(b)　サイリスタは二つのバイポーラトランジスタに分割できる（寄生サイリスタ）

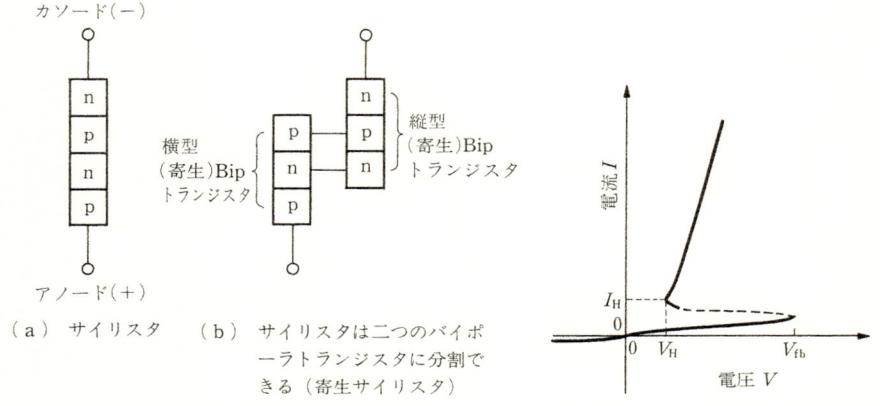

図 E・1　サイリスタの原理図

図 E・2　サイリスタの電流-電圧特性

のしきい値電流 I_H は保持電流と呼ばれる．

　以上の説明からわかるように，サイリスタは印加する電圧（または電流）を保持電圧（または保持電流）以上に保っておけば，いつまでも電流が流れ続けデバイスの動作を維持できることがわかる．したがって，最初に述べたようにサイリスタは整流作用とスイッチング作用のある2安定素子である．なお，サイリスタの構造は図 E・1 (b)に示すように，二つのバイポーラトランジスタに分割することができるが，本文（11章）で述べた寄生サイリスタを構成する縦型と横型の二つのバイポーラトランジスタは丁度このような形になっている．

付録 F　LSI メモリデバイス

　ここでは代表的な LSI メモリデバイスとして(a)DRAM，(b)SRAM および(c)不揮発性メモリ（EPROM と EEPROM）について簡単に説明する．

　(a)　DRAM

　DRAM（Dynamic Random Access Memory）は随時書き込み読み出しが可能な便利なメモリデバイスであり，現在もっとも高集積化が進んでいる VLSI である．DRAM のメモリセルは図 F・1 に示す通りで，このメモリは高集積を達成するために，一つの MOST で一つの MOS キャパシタに蓄えた電荷（メモリ信号）を操作するようになっている．この構造は 1 (one) トランジスタ-1(one) セルと呼ばれている．

　メモリの書き込みはワード線を高電位にして MOST を導通させ，ビット線を通じてメモリ情報を MOS キャパシタに電荷の形で送り込むようになっている．読み出し

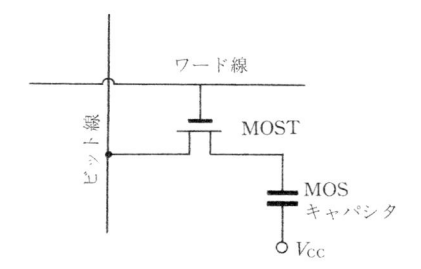

図 F・1　DRAM のメモリセル

ではビット線を浮かした状態にし，ワード線を高電位にしてビット線の電位変化を測定する．このメモリにおいては MOS キャパシタが使われているので，当然メモリ信号（容量）は時間とともに変化する．これを補償するために信号の再生が行われるが，この操作はリフレッシュ（refresh）と呼ばれる．

(b)　SRAM

SRAM（Static Random Access Memory）は DRAM と同じく随時読み出し書き込みが可能なメモリデバイスである．このメモリの集積度は DRAM に比べてやや劣るが，高速で使いやすいなどの利点がある．二つの MOS インバータを図 F・2(a) に示すように，互いに出力を入力に入れるようにつなぐとメモリデバイスができ上る．これが SRAM の原理である．すなわち，二つのインバータをリング状につないで図 F・2(a) に矢印 A で示す位置に，信号切り換え用のデバイス（MOST）を付加すれば一組のメモリデバイスができ上る．SRAM は以下に示すようにこのような仕組みになっている．

SRAM の回路は図 F・2(a) に示す原理図を MOS インバータ回路を用いて描けばでき上る．平易に説明すると，図 F・2(a) を抵抗負荷形の MOS インバータ (10 章の

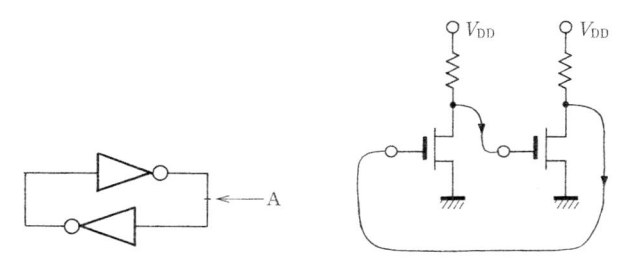

(a)　SRAM の原理　　(b)　MOS インバータを用いて書き換えた図

図 F・2　SRAM（メモリ）の原理図

(a) 高抵抗負荷型   (b) CMOS型

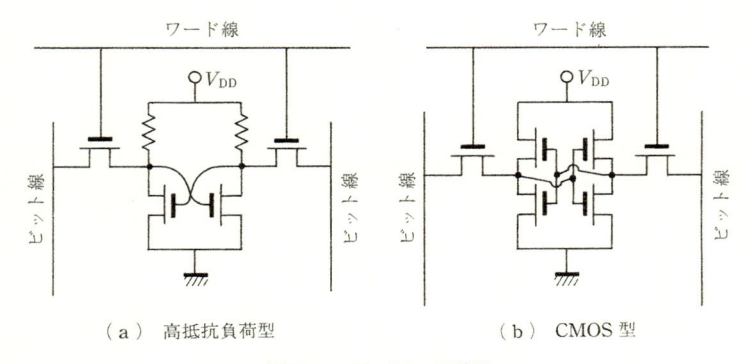

図 F・3 SRAM の回路図

図 10・19 参照）を用いて書き換えると，図 F・2(b) に示すようになる．この回路図を共通の部分（電源部 V_{DD} とアース部）を一つにまとめて簡潔化し，さらに回路の両側にメモリ信号切換え用の MOST を付加すると図 F・3(a) に示す高抵抗負荷型の SRAM 回路ができ上る．

図 F・3(b) に示す SRAM 回路は CMOS インバータ (11 章の図 11・1 参照) を使って同様な方法で作成したものである．図 F・3(a) の高抵抗負荷型は現在もっとも多く製造され，かつ，使われている SRAM である．図 F・3(b) の CMOS 型は消費電力が小さいタイプなので今後発展が予想される SRAM である．

（c） 不揮発性メモリ（EPROM と EEPROM）

EPROM (Erasable Programmable Read Only Memory) は消すことも書くこともできる（要するに読み出しも書き込みも可能な）読み出し専用のメモリである．このデバイスの名称は矛盾している．なぜならば ROM（読み出し専用メモリ）のはずなのに書き込みもできるからである．これには次のような由来がある．半導体メモリ（RAM の方であるが）は，この不揮発性デバイスが開発される前までは，電源が切れるとメモリ信号が失われる揮発メモリ (volatile memory) であった．これでは不便なので電源が切れてもメモリ内容が消えない不揮発性メモリ (non-volatile memory) が待望されるようになり，その結果開発されたのが EPROM などの不揮発性メモリである．そのためにこのような一見奇妙な名前が付いたのである．

最初に開発された EPROM は，その断面図を図 F・4 に示すが，FAMOS (floating gate avalanche MOS) である．このメモリデバイスでは図 F・4 のゲート部に poly Si で構成される浮遊ゲートを作り，この浮遊ゲートを絶縁膜で囲んでおき，この poly

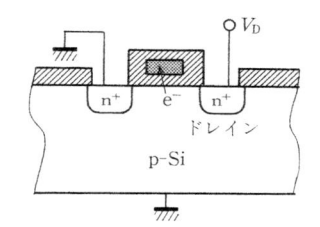

図 F・4　FAMOS の断面構造

Si 部に電荷を注入しこれを蓄えてメモリ信号に使用する．poly Si 部は電荷が外へ逃げないようにエネルギー障壁の高い絶縁物で囲まれているので，この浮遊ゲート部にキャリアを注入するには高電界が必要である．FAMOS では図 F・4 のドレイン部に強い逆バイアスを加え，ここでなだれ降伏を起こさせてキャリアを浮遊ゲート部へ注入している．このためになだれ（avalanche）の名前が付いている．メモリ信号の消去，すなわち，poly Si 部に蓄えられた電荷の外部への追い出しでは，キャリアに障壁を越えられるだけの高いエネルギーを付与するために紫外線照射を行っている．したがって，このメモリには紫外線照射用の窓が付いている．

EPROM を改良してメモリ信号の消去も電気的に行えるようにしたものが，EEPROM（Electrically Erasable-Programmable ROM）であり，E が二つ付いているので E^2PROM と呼ばれることもある．EEPROM にはいろいろなタイプのものがあるが，ここでは上記の FAMOS を改良した Flotox（Floating-gate tunnel oxide）について簡単に述べよう．Flotox ではメモリの消去が紫外線照射ではなくて電気的に行

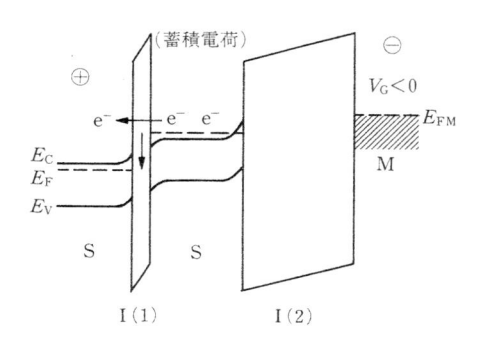

（a）Flotox のエネルギーバンド図
　　　（消去のとき）

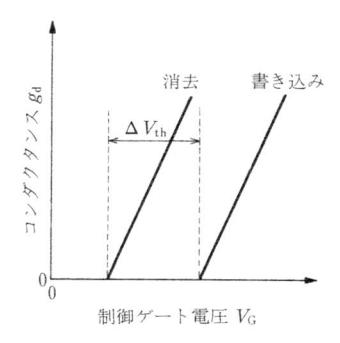

（b）蓄積電荷の変化による V_{th} の変化

図 F・5　EEPROM のメモリ作用

えるようになっている．このメモリデバイスにおいて，メモリ信号を消去するときのエネルギーバンド図を図 F・5(a) に示す．この図に示すように半導体側に非常に薄い酸化膜 I (1) が使われており，蓄えられていた電子がこの酸化膜をトンネルして半導体側に放出できるようになっている．なお，不揮発性デバイスのメモリ機能は，図 F・5(b) に示すしきい値電圧の変化 ΔV_{th} によって得られている．すなわち，浮遊ゲートに電荷を蓄えている場合とそうでない場合で，図 F・5(b) に示すようにしきい値電圧に差 ΔV_{th} が生じるので，これがメモリ信号に使われている．

参　考　書

1) A. S. Grove, "Physics and Technology of Semiconductor Devices", John Wiley & Sons (1967).
   半導体デバイスの物理が基礎から丁寧に説明してある．半導体デバイスに携わる人々にとって長年の間"座右の書"であったと言われている．
2) S. M. Sze, "Physics of Semiconductor Devices", John Wiley & Sons (1981).
   半導体デバイスの物理が詳しく論じられている．上記の Grove の本に比べるとやや専門的である．また，光デバイスなども含まれており，カバーする範囲も広い．
3) E. H. Nicollian and J. R. Brews, "MOS Physics and Technology", John Wiley & Sons (1982).
   MOS デバイスの物理が詳しく論じてある．酸化膜トラップ，固定電荷，界面トラップについては測定法なども含めて詳しく説明している．
4) S. M. Sze（編），"VLSI Technology", McGraw-Hill (1983).
   VLSI 技術が結晶（ウェーハ）からパッケージまでオールラウンドに述べてある．内容はベル研究所の若手研究者に対する講義をまとめたものであると聞いている．
5) 古川静二郎，松村正清，"電子デバイス〔Ⅰ〕"，昭晃堂 (1979).
   半導体デバイスの物理と各種の半導体デバイスの動作原理がわかりやすく説明されている．
6) E. S. Yang（後藤俊成，中田良平，岡本孝太郎訳），"半導体デバイスの基礎"，マグロウヒル好学社 (1981).
   半導体デバイスの物理がわかりやすく丁寧に記述してある．太陽電池や集積回路デバイスについての記述もある．
7) 岸野正剛，小柳光正，"VLSI デバイスの物理"，丸善 (1986).
   半導体デバイスの基礎と MOS デバイスの物理が述べてある．MOS デバイスの中にはショートチャネル MOST についての詳しい説明がある．
8) 小柳光正，"サブミクロンデバイス Ⅰ, Ⅱ"，丸善 (1987).
   VLSI デバイスのあらゆる問題が基礎から高度な専門まで述べてある．ことに微細な MOST の諸現象についての説明はかなり詳しいところまで記述されている．
9) 青木昌治，"応用物性論"，朝倉書店 (1969).
   半導体物性を含めて電子物性全体についてわかりやすく記述されている．物性に関する量子論も述べられている．

索　引

あ

アインシュタインの関係　12
アクセプタ　31
アクセプタイオン　31
アクセプタ準位　31,40
アクセプタ密度　32
浅い準位　30,40,43
後工程プロセス　196
アバランシェ降伏　91,92
アービン曲線　32
アモルファス(非晶質)　1
アルミニウムゲートプロセス　202

い

EEPROM　217
E-k 曲線　23
位置合せ　203
井戸（ウェル）　178,212
移動度　11
井戸型ポテンシャル　100
EPROM　216
イメージフォース(鏡像力)　104
インパクトイオン化　92

う

ウェーハプロセス　196
ウェル　178,212
迂回配線　198
運動エネルギー
　　自由電子の——　211
　　電子の——　16
運動速度(電子の)　208
運動範囲(キャリアの)　31
運動量　207
運動量保存則　23

え

永年方程式　17
エサキ・ダイオード　93
SRAM　215
SRAM 回路　216
SOI ウェーハ　182,183
SOS ウェーハ　183
n 形半導体　30
n チャネル MOST　152,153
n チャネル MOS トランジスタのしきい値
　　電圧　132
n-p-n トランジスタ　86

222　索　引

n-p-n バイポーラトランジスタ　86
　——のエネルギーバンド図　88
nMOS インバータ　171,204
nMOS プロセス　204
エネルギーギャップ　19
エネルギー準位　20
エネルギーバンド　19,20
　——の曲率　21
エネルギーバンド構造　23
エネルギーバンド図　19,21
　ショットキー障壁ダイオードの——　105
　SiO_2/Si 構造の——　63
　p-n 接合の——　67
　MOS 構造の——　114
　理想 MOS 構造の——　113,114
エネルギー分布(界面トラップ密度の)　60
エピタキシャルウェーハ　181
FAMOS　216
エミッタ　87
エミッタ接地回路　86
エミッタ注入効率　180
エミッタ-ベース接合　87
　——の電位障壁　87
M-S 接合　99,100,109
LSI プロセス　195,196
LSI メモリ　214
LDD　192
エレクトロン(伝導電子も見よ)　4
エンハンスメント型　155
エンハンスメント型 MOST　155

お

応答時間　173
応答速度　97

オーミック接触　102,109,110
オーミック電極　110

か

回折　17
回折波　17
階段接合　66,72,192
界面準位　57,59,118,139
界面トラップ　57,58,63,118,119,143,144,149,157
界面トラップ電荷　57,59,118,143
界面トラップ密度　60,61
　——のエネルギー分布　60
界面の電荷　138
拡散　9
　キャリアの——　69,88
拡散係数　10,11
拡散層深さ　186,189
拡散(注入)電流　84
拡散長　53,55
　正孔の——　53
　電子の——　53
拡散電流　71,80〜82,85,87
　電子の——　84
拡張ゾーン形式　19
過剰キャリア密度　53
過剰キャリア密度分布　53
過剰少数キャリア　97
　——の分布　53
活性化　36
活性化エネルギー　30,37
価電子　29,30
価電子帯　27,28
可動電荷　138〜140
過渡応答　97,173
過渡容量分光法　150

可変容量　113
可変容量コンデンサ　112, 133
環境デバイス　142
還元ゾーン形式　19
間接再結合　45
間接遷移型半導体　23, 24
貫通電流　177
緩和時間　9
　　散乱の——　5

き

寄生サイリスタ　180, 181
寄生チャネル　198, 199
寄生デバイス　179, 180, 198
寄生バイポーラトランジスタ　180
寄生MOST　198
揮発メモリ　216
擬フェルミ準位　83
逆格子　17
逆バイアス　76, 79
逆方向電流　79, 82, 85, 89, 92
逆方向電流-電圧特性　89
キャリア　4
　　——の移動　9
　　——の移動度　167
　　——の運動範囲　31
　　——の拡散　69, 88
　　——の再結合　45
　　——の散乱　5
　　——の生成　45, 149
　　——の生成-再結合中心　61
　　——の生成寿命　149
　　——の遷移　23
　　——の遷移確率　24
　　——の注入　46, 52, 85
　　——の捕獲準位　139
　　——の輸送方程式　50
　　少数——　32, 51
　　多数——　32
キャリア密度　33
　　——の温度依存性　37
　　半導体表面の——　123, 125
鏡像力　104
共有結合　3, 29
局在準位　30, 31, 39, 41, 58, 143
許容帯　19, 20, 21, 26
禁制帯　19, 26
金属　27

く

空間電荷領域　68, 116
空帯　19
空乏　115, 117, 126
空乏近似の式　164
空乏層　69, 77, 115, 146
　　——の電荷密度　127
空乏層幅　74〜76, 124
　　最大の——　124
空乏層容量　77, 78, 137
　　——の過渡特性　150
空乏層領域　68
グラジュアルチャネル近似　163
　　——の式　164
クーロン散乱　7
群速度　208

け

結合状態　20
結合手　29, 57, 59, 92
　　——の密度　61
結晶結合　29

224　索　引

結晶格子　17
結晶面　3, 61
ゲート　112, 152
ゲート加工　203
ゲート酸化膜　201, 203
ゲート長　153
ゲート電圧　112, 154
ゲート電極　112
　——の電荷密度　127
ゲート容量　170
原子密度　3
元素
　V族の——　29
　III族の——　30
　IV族の——　29
検波器　67

こ

格子間シリコン　142
格子欠陥　39
格子振動　24
　——による散乱　9
格子ポテンシャル　9, 100
高水準注入　46, 47
高抵抗負荷型　216
光電効果　100
光電子　100
光伝導効果　48, 50
降伏電圧　89, 90
降伏電界　91
V族の元素　29
固定酸化膜電荷　139, 142
コレクタ　87

さ

再結合
　キャリアの——　45
　光を伴う——　46
再結合過程　45
再結合寿命　48, 50
再結合速度(割合)　45
再結合中心　45
再結合電流　82, 83
最大空乏層幅　124, 146
最大電界　74, 75, 91, 96
SIMOX ウェーハ　183
サイリスタ　213
サブスレッショルド電流　190
サブスレッショルド特性　189
サブスレッショルド領域　190
酸化の三角形　143
酸化膜中の電荷　138
酸化膜トラップ電荷　139, 141
酸化膜容量　112, 115, 123, 133, 134
III族元素　30
散乱
　——の緩和時間　5
　キャリアの——　5
　格子振動による——　9
　不純物原子による——　7
散乱体　5, 7, 14

し

G-R センター(生成-再結合中心)　40, 116
紫外線照射　217
しきい値電圧　132, 188
自己整合プロセス　203

索　引　225

仕事関数　14,100
仕事関数差　131
下敷き酸化膜　200
室温の熱エネルギー　37
実効状態密度　34
質量作用の法則　35
C-t 曲線　148
C-V 曲線　133,135,143
　——のヒステリシス　139,141
CMOS インバータ　175〜178,182,205
CMOS 型 SRAM　216
CMOS トランジスタ　175
CMOS プロセス　205
しゃ断周波数　169,170
しゃ断領域　155
シャント抵抗　181
周期ポテンシャル　15,22
重金属不純物　97
自由電子　13
　——の運動エネルギー　211
充電時間　173
充満帯　19
縮退した半導体　93
出力信号　172,173
寿命　47
　少数キャリアの——　46,48
シュレーディンガー方程式　15
順バイアス　67,82
　——の電流　85
順方向電流　82,85
少数キャリア　32,51
　——に対する連続の方程式　51
　——の寿命　46,48,97
少数キャリアデバイス　86
少数キャリア密度　35,123
　——の分布　55,81
状態数　26,211

状態密度　33,211
衝突電離　92
消費電力　177,179
障壁の高さ　101
障壁の幅　92
Shockley-Read モデル　41
ショットキー効果　104
ショットキー障壁　101
　——高さ　102,110
ショットキー障壁ダイオード　105
　——のエネルギーバンド図　105
　——の電流-電圧特性　105,108
ショートチャネル効果　187,188
ショートチャネル MOST　159,186
SiO_2-Si 構造　138
　——のエネルギーバンド図　63
SiO_2/Si の界面　59,60
シリコン結晶　3
シリコンゲートプロセス　201〜203
シリーズ抵抗　169
真性キャリア密度　28,35
真性半導体　28
真性フェルミ準位　28

す

スイッチング回路　96
スイッチング作用　154
スイッチング時間　97,170
スイッチングスピード　170
スイッチング素子　67,96
スイッチング特性(MOS インバータの)
　172
スピン数　209

せ

正孔　4, 21, 29〜31
　　——の拡散長　53
　　——の寿命　46
　　——の電流密度　11
　　——の密度　32, 35
正孔放出　41, 42
正孔捕獲　41, 42
静止容量　134
生成(キャリアの)　45, 148
生成-再結合速度　44
生成-再結合中心　40, 44, 116
　　キャリアの——　61
生成寿命　48
　　キャリアの——　149
生成速度(割合)　44, 45
生成電流　80, 82, 90
成長接合法　197
整流器　67
整流作用　66, 67
整流性　71, 105
　　——の起源　71
絶縁体　27
接合の降伏現象　92
接合容量　76, 77
接触抵抗(特性)　109
せん亜鉛鉱構造　3
線形領域　155, 164
全電荷密度　127, 128
全表面電荷密度　161

そ

相互コンダクタンス　168, 169
増倍率　92
増幅作用　154
相補型 MOST　175
測定周波数　135
測定周波数依存性　136, 138
ソース　152
ソフト　89
存在確率　212

た

ダイヤモンド　28
ダイヤモンド構造　3
多結晶　2
多結晶シリコン　201
多数キャリア　32
多数キャリアデバイス　108, 151
多数キャリア密度　123
多層配線技術　198
単位格子　3
ダングリングボンド——→未結合手
単結晶　1

ち

蓄積　115, 117, 126
窒化膜　111, 112, 200
チャネル　152
　　——の抵抗　163
チャネルイオン打込み　204
チャネルコンダクタンス　168, 169
チャネルストッパー　201
チャネルストッパーイオン打込み　199
チャネル長　153, 160
チャネル長変調　165, 167
チャネルドープイオン打込み　204
チャネル幅　153
チャネルホットエレクトロン　191

索引　227

中性 n　69
中性半導体　32
中性 p　69
直接傾斜接合　66, 75, 192
直接再結合　45, 46
直接遷移型半導体　23, 46

つ

ツェナー降伏　91, 92
強い反転　129

て

低温アニールの効果　145
抵抗負荷型　171
抵抗率　6, 32
定在波　18
定常状態　43, 52, 81
低水準注入　46, 47
DRAM　214
デバイ長　128
デバイのしゃへい距離　136
出払い領域　37
デプレッション型　155
デプレッション型 MOST　155, 156
　　――のしきい値電圧　156
電圧制御デバイス　151
添加（ドープ）　29
電界　11
　　――によるドリフト　10
電界効果　63, 117, 118
電界分布　73, 74, 121
電荷の中性条件　32, 51, 68
電荷分布　121
電荷密度　72, 121, 127
　　空乏層の――　127
　　ゲート電極の――　127
　　反転層の――　127
電気抵抗　2
電気伝導度　6, 27, 28, 48, 49
電子
　　――の運動エネルギー　16, 207, 208
　　――の運動速度　208
　　――の拡散長　53
　　――の拡散電流　84
　　――の電流密度　11
　　――の密度　35
電子準位　20
電子親和力　100
電子-正孔対　28
　　――の形成　137
　　――の発生　45
電子波　17
電子放出　41, 42
電子捕獲　41
伝導帯　28
伝導電子　4, 14, 25, 29
電流成分　106
電流電圧　171
電流-電圧特性　66
電流密度　6, 10, 106
　　正孔の――　11
　　電子の――　11
電流利得　181

と

凍結領域　38
ドナー　30
ドナーイオン　30, 65
ドナー準位　30, 40
ドナー密度　32
ドーパント　29

ドープ　29
トラップ　39, 41, 44, 141
トランジスタ作用　154
ドリフト移動度　7
ドリフト速度　7
ドレイン　152
ドレインアバランシェホットキャリア
　　191
ドレイン電圧　154
ドレイン電界　160, 187, 192
ドレイン電流　154, 164, 165, 167, 190
トンネル　95
トンネル確率　213
トンネル現象　212, 213
トンネル効果　110
トンネルダイオード　93
　　——の電流-電圧特性　94
トンネル電流　93, 95, 107

な

内部電位　71, 74, 75, 78, 87, 101
内部電界　69, 70
なだれ　92
なだれ増倍率　92
ナトリウムイオン　138
NAND 回路　197, 204

に

2 安定デバイス　213
2 極端子　66
2 次近似　17
2 次元配線　198
入射波　17
入力信号　172, 173
入力電圧　176

ね

熱エネルギー　95
熱酸化　142
熱平衡状態　38

の

NOR 回路　197
ノーマリーオフ型　155
ノーマリーオン型　155

は

配線プロセス　198
バイポーラトランジスタ　86
パウリの排他律　25, 210
波数ベクトル　207
パッシベーションプロセス　205
バックワードダイオード　94
発光デバイス　24
発振デバイス　94
ハード　89
波動関数　15, 212
貼り合せ Si ウェーハ　183
バルクの深い準位　149
反結合状態　20
反転　117, 126, 127
反転しきい値電圧　131, 132
反転層の電荷密度　127
反転層容量　137
半導体　2
　　——の容量　112, 133, 137
　　——表面のキャリア密度　123, 125
　　縮退した——　93
バンド間再結合　45

索　引　229

バンドギャップ　19,28,90
半導体容量　116

ひ

p-n 接合　65
　——のエネルギーバンド図　67
　——の逆方向特性　89
　——の降伏現象　90
　——の障壁の高さ　76
　——の整流性　76
　——の電流-電圧特性　78,86
p-n 接合ダイオード　66
p-n-p トランジスタ　86
GaAs　3,24
p 形半導体　31
光を伴う再結合　46
微細デバイス　142
微細 MOST　185,188,190
　——の利得　193
非晶質　1
ヒステリシス　140,141
　C-V 曲線の——　139,141
p チャネル MOST　152,153
p チャネル MOS トランジスタのしきい値
　　電圧　132
微分容量　134
非平衡状態　43
pMOS インバータ　171
表面　57
表面再結合速度　62
表面準位　58,61〜63
表面ポテンシャル　121,123,125,127,
　　161,162
ビルトインポテンシャル　71
ピンチオフ　165
ピンチオフ電圧　155,165

ピンチオフ領域　155

ふ

フィールド酸化膜　198,200
フェルミ・エネルギー　26,33
フェルミ準位　26,33,36
　——の固定　119,158
フェルミ-ディラック統計　32,209
フェルミ-ディラック分布関数　210
フェルミ統計　32
フェルミ分布関数　33,210
フェルミ・ポテンシャル　121
フェルミ粒子　25,209
フォノン　24
深い準位　40
負荷抵抗　171,172
負荷 MOST　172
負荷容量　177
不揮発性メモリ　216
不純物原子　7
　——による散乱　7
不純物半導体　29
負性抵抗　94
不飽和 MOS 型　172
浮遊ゲート　216
ブラッグの式　17
フラットバンド条件　129
フラットバンド電圧　130
プランクの定数　207
プレーナ技術　197
プロセスステップ　205
ブロッホの定理　16
Flotox　217

へ

平均自由時間　5
平衡　126
平面波　13
　——の運動　13
ベース　87
ベース-コレクタ接合　87
ベース電圧　88
ベース電流　88

ほ

ポアソンの方程式　72,120,128
ボーア半径　31
放出確率　42
飽和電圧　164
飽和電流　82,89,164
飽和MOS型　172
飽和領域　37,155,164
捕獲準位　141
捕獲断面積　41,42
捕獲中心——トラップ
保持電圧　213
保持電流　214
ボース-アインシュタイン統計　209
ボース-アインシュタイン分布関数　210
ボース粒子　209
ホットエレクトロン　191
ホットキャリア　107,191
ホットキャリアデバイス　107
ホットホール　191
ポテンシャル　72
ポテンシャル井戸　99
ポテンシャルエネルギー　104
ポテンシャル障壁　14,212

ポテンシャル分布　14,73,120,121
ホール——正孔
ボルツマン分布　11
ボンド——結合手

ま

前工程プロセス　196

み

未結合手　57,58
MIS構造　111
ミッドギャップ　59
ミラー指数　3

め

メモリ機能　218
メモリ信号　214,218
メモリセル　214

も

MOSインバータ　170,171
　——のスイッチング特性　173
　——の伝達特性　173
MOSキャパシタ　112
MOS構造　111
　——のエネルギーバンド図　114
　実際の——　130
　理想——　113,114
MOS・C-t 特性　147
MOS・C-t 法　148
MOS・C-V 曲線　134
MOS・C-V 特性　135
MOSダイオード　112,133

——の容量　133, 147
MOS 電界効果　114
MOS 電界効果トランジスタ　151
MOST　151
　　　——の記号　157
　　　——の構造　152
　　　——の抵抗　168
　　　——の電流-電圧特性　154, 158
　　　——の動作　154
MOS トランジスタ　151
MOSFET　151
MOS 容量　134, 147, 148

ゆ

有効質量　21, 22, 207, 209
輸送方程式（キャリアの）　50
ユニポーラデバイス　151

よ

容量　112
　　空乏層の——　137
　　酸化膜の——　112, 115, 123, 133, 134
　　反転層の——　137
　　半導体の——　112, 133, 137
　　MOS ダイオードの——　147
弱い反転　129, 190
IV族の元素　29

ら

ライフタイムキラー　97
ラッチアップ現象　180
ラッチアップ対策　182, 183

り

リーキィ　89
リーク電流　90
理想 MOS 構造　113, 114
　　——のエネルギーバンド図　114
リチャードソン-ダッシュマンの式　107
リチャードソン定数　106
リフレッシュ　215
流束　50, 51
両ウェル構造　178
リン処理　141

れ

連続分布　60

ろ

LOCOS プロセス　199, 200
ROM　216
ロングチャネル MOST　159
ロングチャネルモデル　159, 160
論理回路　197

岸 野 正 剛

姫路工業大学 名誉教授

半導体デバイスの物理

平成 7 年 3 月 15 日　発　　　行
令和 5 年 9 月 5 日　第19刷発行

著作者　　岸　野　正　剛

発行者　　池　田　和　博

発行所　　丸善出版株式会社
　　　　　〒101-0051　東京都千代田区神田神保町二丁目 17 番
　　　　　編集：電話(03)3512-3262／FAX(03)3512-3272
　　　　　営業：電話(03)3512-3256／FAX(03)3512-3270
　　　　　https://www.maruzen-publishing.co.jp

© Seigo Kishino, 1995

組版／富士美術印刷株式会社
印刷・製本／大日本印刷株式会社

ISBN 978-4-621-08264-5 C3055　　　Printed in Japan

本書の無断複写は著作権法上での例外を除き禁じられています。